AF566071

G. Wirnsberger

Beschusszeichen

Beschusszeichen von Gerhard Wirnsberger
ISBN: 978-3-936632-25-2
4. überarbeitete Auflage – alle Rechte vorbehalten

Druck:
Bosch-Druck GmbH, Festplatzstraße 6, 84030 Ergolding

Vorwort

Bei jeder in der Bundesrepublik Deutschland gekauften Handfeuerwaffe sind an den wesentlichen Teilen verschiedene Marken ersichtlich. Es handelt sich hierbei um Beschuss- und Prüfzeichen der einzelnen Beschussämter. Das Anbringen dieser Zeichen und die Prüfung der Waffen wird nach dem deutschen Beschussgesetz geregelt. Es wurde am 19. Mai 1891 in Kraft gesetzt und wie folgt kommentiert:

„Das Gesetz über die amtliche Prüfung der Läufe und Verschlüsse der Handfeuerwaffen, welches bestimmt ist, unserer heimischen Waffenindustrie einen neuen Aufschwung zu geben und sie exportfähiger zu machen, in gleicher Weise aber auch das kaufende Publikum vor unsoliden Fabrikaten zu schützen, verändert die bis jetzt maßgebenden Bedingungen der Waffenfabrikanten und des Waffenhandels in einschneidender Weise."

Aus diesen Zeilen geht der eigentliche Sinn des Beschusswesens hervor. Zwischenzeitlich wurden in fast allen europäischen Ländern und teilweise auch in Übersee eine staatliche Prüfung angeordnet, die von den meisten Staaten gegenseitig anerkannt wird. Verständlicherweise sind die Gesetze in den einzelnen Ländern unterschiedlich, jedoch das Grundkonzept ist annähernd dasselbe.

Das Wichtigste für Jäger und Schützen ist die Möglichkeit der genauen Identifizierung der Beschusszeichen auf älteren Waffen. Hier ist besonders darauf zu achten, ob die jeweilige Waffe für Nitro- oder Schwarzpulver geprüft wurde, denn die modernen Treibladungsmittel ergeben bei Weitem höhere Gasdrücke wie zum Beispiel die alten mit Schwarzpulver geladenen Patronen. Selbstverständlich spielt auch der Zustand und die Handhabungssicherheit der Waffe eine große Rolle. Die einzelnen Kapitel sind so gewählt, dass die zeitlichen Abschnitte abgegrenzt sind, sodass eine Altersbestimmung der einzelnen Waffen möglich ist, sofern nicht das Beschussdatum aus dem Zeichen hervorgeht.

Da Baron Engelhardt den Grundstock dieser vorliegenden Zusammenstellung bereits 1955 abgeschlossen hat, war es notwendig, die zwischenzeitlichen Ergänzungen und Gesetzesänderungen nachzutragen, was zwangsläufig in einigen Kapiteln zu Widersprüchen führt, die aber trotzdem sachlich richtig sind.

Gerhard Wirnsberger

Vorwort zur 3. Auflage

Durch immer wieder eingeführte Ergänzungen war es notwendig, diese auch hier bei den bestehenden Beschusszeichen anzufügen. Aber es sind nicht nur die Ergänzungen der schon behandelten Länder, es kamen auch einige neue Staaten hinzu. Weiter brachten die politischen Veränderungen neue Länder hervor.

Ein Beispiel dafür ist das damalige Österreich-Ungarn. Daraus sind Österreich, Ungarn, Tschechoslowakei und Jugoslawien entstanden. Aus der Tschechoslowakei sind nun die Tschechische Republik und die Slowakische Republik hervorgegangen. Durch diese Aufteilungen überschneiden sich natürlich auch die Beschusszeichen. Eine Waffe die zu Beispiel vom Beschussamt in Prag beschossen wurde, kann demnach Beschussstempel von Österreich-Ungarn, von der Tschechoslowakei, oder von der Tschechischen Republik aufweisen.

Weiter wurde jetzt das internationale Beschusswesen berücksichtigt, indem die C.I.P - Ständige internationale Kommission für die Prüfung von Handfeuerwaffen - mit einbezogen wurde. Dieses Regelwerk der einzelnen Mitgliedsländer ist in nationalen Gesetzen festgeschrieben, hat somit amtliche Eigenschaft und wird gegenseitig anerkannt. Zur Prüfung der Handfeuerwaffen kam auch die der Munition hinzu, wofür teilweise ein eigenes Zeichen geschaffen wurde, Aufmerksame Leser werden feststellen, dass sich zwischenzeitlich auch die Schreibweise des Wortes „Beschuß“ in „Beschuss“, geändert hat.

Die Zusammenstellung der einzelnen Beschusszeichen, geordnet nach der Dachorganisation C.I.P und nach deren Mitgliedsländer sowie der Staaten, die nicht der C.I.P angehören, erfolgte äußerst gewissenhaft. Dennoch kann keine Gewähr auf ihre Richtigkeit gegeben werden.

Gerhard Wirnsberger

Vorwort zur 4. Auflage

Die bei Drucklegung der 3. Auflage dieses Buches noch nicht erlassene deutsche Allgemeine Verordnung zum Beschussgesetz (Beschussverordnung – BeschussV) wird nun hier in ihren, für Jäger, Schützen und Sammler wesentlichen Ausführungen berücksichtigt. Auf einige Anlagen wurde daher bewusst verzichtet. Diese speziellen Details können im Bundesgesetzblatt I S. 1474 und I S. 1643 nachgelesen werden.
Weiter wurde der Text des deutschen Beschussgesetzes durch die neueste Version ersetzt, da zwischenzeitlich vier Ergänzungen hinzugekommen sind.

Vollkommen neu sind einheitliche Beschusszeichen für alle Länder die der C.I.P. – „Commission Internationale Permanente pour l´ Epreuve des Armes` a Feu portatives“ angeschlossen sind. Diese Zeichen sind für alle Mitgliedsstaaten gleich und werden nur mit dem Zeichen der jeweiligen Beschussanstalt ergänzt.
Somit gibt es erstmals in der Geschichte des europäischen Beschusswesens einheitliche Beschusszeichen für alle Mitgliedsländer.

Weiter hat sich ein erstes asiatisches Land der C.I.P. angeschlossen. Die Vereinigten Arabischen Emirate mit dem Beschussamt in Abu Dhabi sind seit. 24.November 2010 als zweites nichteuropäisches Land Mitglied der C.I.P (Chile ist seither als einziges außereuropäisches Land in der C.I.P.).
Hier kommen nun bereits die neuen C.I.P. – Beschusszeichen mit dem Amtszeichen der Beschussanstalt als stilisierter Turm zur Anwendung.

In der Russischen Förderation wurde ein weiteres neues Beschussamt eingerichtet, nämlich Klimovsk II, das ein eigenes Amtszeichen verwendet.

Gerhard Wirnsberger

Einführung

Die Entstehung der Beschussmarken reicht weit ins XVI. Jahrhundert hinein, vielleicht sogar noch weiter zurück. Der Beschuss der Feuerwaffen als solcher kann sogar noch weiter zurückgeführt werden, doch sind uns aus früheren Epochen keine diesbezüglichen Marken bekannt geworden. In ihren ersten Anfängen sind die Beschussmarken häufig nicht von den Kontrollmarken der Zünfte oder der städtischen Kontrollorgane zu unterscheiden. So sind z. B., um nur von deutschen Städten zu reden, die Marken von Augsburg und Nürnberg städtische »Beschau«-Marken, während diejenigen von Essen und Suhl echte »Beschussmarken« sind. Die ersteren wurden nach einer allgemeinen Besichtigung der Waffen aufgeschlagen, die letzteren aber erst nach dem aus der Waffe wirklich geschossen worden war, und zwar meist mit verstärkter Ladung. So interessant aber das Studium dieser alten Beschussmarken auch ist - es existiert auf diesem Gebiet noch kein zusammenhängendes Werk über den Beschuss und seine Stempel in allen europäischen Ländern (ein kurz gehaltenes Werk darüber vom selben Verfasser ist eben in englischer Sprache in USA am Erscheinen - The Story of European Proofmarks in The Gun Digest, 1255 S. Wabesh, Chicago 5, Fll. USA) so bietet es doch heute nur dem Spezialisten auf dem Gebiete der Erforschung alter Waffen, genügendes Interesse. Der moderne Jäger ist dagegen mehr an den jetzigen Beschussmarken interessiert, da er wissen will, was die Stempel auf seinem Gewehr bedeuten. Besonders in den heutigen Zeiten, wo, bedingt durch den allgemeinen Gewehrmangel, so manche alte Flinte aus Großvaters Zeiten noch Dienst tun muß, wo vielleicht auch nicht wenige alte Gewehre aus dem Ausland eingeführt werden, ist es wichtig, sowohl für Jäger als auch für Büchsenmacher zu wissen, ob, wann und wie sie geprüft worden sind. So beschränke ich mich nun in dieser Broschüre nicht nur auf die heute noch in Gebrauch befindlichen Beschussmarken der verschiedenen europäischen Staaten - USA hat bis heute noch keinen staatlichen Beschuss und die Beschussmarken der einzelnen Fabriken sind von den europäischen Beschussanstalten nicht anerkannt, derartig beschossene Gewehre müssen also vor ihrem Verkauf erst von einer anerkannten Beschussanstalt nochmals beschossen werden - sondern erwähne auch diejenigen, die zwar schon außer

Gebrauch sind, aber die doch noch auf Waffen, die sich heute noch vollkommen gebrauchsfähig im Verkehr befinden könnten, vorkommen und deren Kenntnis deshalb wichtig ist. Gleichfalls gebe ich Beschussmarken - dazu gehören einige spanische und französische, die anzeigen, dass Waffen, die sie tragen vor so langer Zeit hergestellt worden sind, dass ihr Gebrauch nur nach gründlicher fachmännischer Untersuchung durch einen sachverständigen Büchsenmacher erfolgen sollte. In einigen Ländern ist auch die Möglichkeit gegeben, mittels der Beschussmarken oder deren Zusammenstellung das ungefähre, manchmal sogar das genaue Alter der betreffenden Waffen festzustellen.

Die heute wichtigste Angabe der Beschussmarken ist aber die, zu zeigen, ob das betreffende Gewehr für den Gebrauch von rauchlosem Pulver geprüft ist oder nicht. Heutzutage ist der Druck der Beschusspulverladung auf Laufwände und Verschluss durch die Bestimmungen der internationalen Beschusskonventionen in Brüssel vom 15. Juli 1914 und 1924 bestimmt, und haben die einzelnen Länder, die diesen Konventionen angeschlossen sind, auch dementsprechend ziemlich gleichartige Bestimmungen, alle aber haben sie noch nebenbei einzelne für das betreffende Land charakteristische Merkmale. So verlangen z. B. die internationalen Bestimmungen für den zweiten oder endgültigen Beschuss einer Flinte mit Schwarzpulver, dass sie anstandslos einen Druck 620 kg/qcm aushält. Für den rauchlosen Beschuss wird dagegen ein Druck von 850 kg/qcm verlangt. (Diese Bestimmungen waren bis vor kurzem vollständig genügend. Aber nach dem Erscheinen der amerikanischen extra stark geladenen Patronen, deren Druck in einzelnen Fällen den der normalen Beschussladung erreicht, muß vor Verwendung derartiger Munition in normal beschossenen Flintenläufen dringend gewarnt werden.) In manchen Ländern besteht noch ein besonderer Beschuss, dessen Druck auf 900 kg/qcm festgesetzt ist. In allen wirklich fortschrittlichen Beschussordnungen ist aber der endgültige Schwarzpulverbeschuss für Doppelflinten abgeschafft und jede Flinte, für die rauchlose Patronen im Handel sind, muß für den Gebrauch von rauchlosem Pulver geprüft werden. Das englische Gesetz vom 3. August

1925 machte damit, allerdings in etwas verschleierter Form, den Anfang, dann folgte das tschechische und das ausgezeichnete deutsche Gesetz vom 7. Juni 1939, das noch heute als das beste der Welt gilt, und ihm folgte das österreichische vom 30. Juli 1951.

In der Frage der Kugelpatronen hat man sich darauf geeinigt, dass die Beschussladungen für Büchsenpatronen im allgemeinen einen Überdruck von 30 % über den normalen haben müssen, während der Überdruck bei Faustfeuerwaffen Beschusspatronen bei Schwarzpulver auf 30, bei rauchschwachem Pulver auf 50 % festgesetzt ist. Sehen wir uns jetzt die Beschussordnungen der einzelnen Länder an.

Buenos Aires, im Dezember 1955 Baron Engelhardt

Inhaltsverzeichnis

Ständige internationale Kommission für die Prüfung von Handfeuerwaffen – C.I.P.

Gegenseitige Anerkennung des staatlichen Beschusses

Gemäß einer internatonalen Übereinkunft, die am 15. Juli 1914 in Brüssel zwischen den Ländern Belgien, Frankreich, Deutschland und Italien unterzeichnet wurde, entstand eine Regelung, die den staatlichen Beschuss zum internationalen Recht vorgesehen hat. Ratifiziert wurde dieser Vertrag am 15. Mai 1925 von Belgien, am 14. Mai 1926 von Frankreich, am 12. August 1927 von Deutschland und 1929 von Italien. Am 16. Mai 1923 kamen Spanien, am 27. August 1928 Ungarn und am 21. September 1929 Österreich zu dieser Gemeinschaft hinzu. Der Beschuss von Waffen wurde entsprechend dieser Beschusskonvention von den Unterzeichnerstaaten gegenseitig anerkannt. Das war aus rechtlicher – aber auch aus wirtschaftlicher Sicht – ein wichtiger Schritt in Richtung Sicherheit und internationale Qualität.

Daraus ist die **„Ständige internationale Kommission für die Prüfung von Handfeuerwaffen"**, beziehungsweise in der französischen Dienstsprache die **„Commission Internationale Permanente pour l´Epreuve des Armes à Feu portatives"** entstanden. Die gebräuchliche Kurzbezeichnung lautet **„C.I.P"**.

Da die Konvention vom 15. Juli 1914 nicht mehr den Erfordernissen der modernen Technik entsprach, haben die Regierungen von Deutschland, Österreich, Belgien, Chile, Spanien, Frankreich, Italien und der Tschechoslowakei mit Übereinkommen vom 1. Juli 1969 ein neues Regelwerk erstellt. Hierin sind nun die Grundlagen (Geschäftsordnung, Mitgliedsländer, Beschusszeichen usw.), Arbeitsweise (Arbeitsverfahren), Messmethoden (Messung mit Stauchzylinder und mittels mechanisch-elektrischer Wandler, Maximalgasdrücke, Beschussgasdrücke usw.), Munitionskontrolle (Kontrolle der Gebrauchsmunition und ihrer Abmessungen), Beschuss der Waffen (Normalbeschuss, verstärkter Beschuss), Einzelprüfung der Waffen (Wiederholungsbeschuss usw.), Typenprüfung und die Auflistung der Patronen und

Patronenlager mit Maßangaben, aufgeführt. Alle diese Bestimmungen sind in den Mitgliedsländern in nationalen Gesetzen festgeschrieben.

Das hat zur Folge, dass alte, staatliche Beschusszeichen, die durch neue Beschusszeichen ersetzt wurden, weiterhin Gültigkeit haben. So hat zum Beispiel ein deutsches Beschusszeichen aus der Zeit um 1900, genauso Gültigkeit, wie ein Beschusszeichen auf einer zivilen Waffe aus dem Zeitraum von 1939 bis 1945 – allerdings nur für die Art des Beschusses, für die das jeweilige Zeichen steht!

Wie die nachfolgende Liste der derzeitigen Mitgliedsstaaten zeigt, handelt es sich, bis auf Chile, nur um europäische Länder, die den Beschuss gegenseitig anerkennen. Waffen, die aus anderen Staaten in den Geltungsbereich der C.I.P. eingeführt werden, müssen demnach hier beschossen werden.

In den Vereinigten Staaten von Amerika gibt es seit 1926 das Sporting Arms and Ammunition Manufacturers Institute – SAAMI. Diese Einrichtung der Waffen- und Munitionsindustrie der USA arbeitet Empfehlungen für Waffen und Munition aus, die jedoch nicht wie in Europa durch die C.I.P., in nationalen Gesetzen festgeschrieben sind. So sind entsprechende Stempel zum Beispiel auf Waffen aus den USA nur werksinterne Marken, die besagen, dass dort eine Prüfung durchgeführt wurde.

Um der EU – Waffenrichtlinie Rechnung zu tragen wurde eine einheitliche Kennzeichnung für Waffen und dazugehörige Munition angestrebt.
Die Unterkommission hat vorgeschlagen, nach einer Übergangsfrist vereinheitlichte Beschusszeichen in fünf Kategorien für Waffen und ein einheitliches Prüfzeichen für Munition zu verwenden. Das bedeutet, dass es künftig drei Kennzeichnungen auf Waffen gibt: das C.I.P. - einheitliche Beschusszeichen, das Kennzeichen der Beschussanstalt und das Jahr des Beschusses. Spätestens drei Jahre nach Inkrafttreten dieses Beschlusses sind alle Mitgliedsstaaten verpflichtet, die folgenden einheitlichen C.I.P – Kennzeichen zu verwenden.

Bis dahin können die länderspezifischen Beschusszeichen bis zum Ablauf der Einspruchsfrist weiter angebracht werden.

Die Beschusszeichen der C. I. P.

Normaler Beschuss	CIP N
Verstärkter Beschuss bei Flinten	CIP S
Schwarzpulverbeschuss	CIP PN
Beschuss < Stahlschrot >	CIP
Typenzulassung	CIP T
Munitionsprüfung	CIP M

Im Jahre 2011 sind folgende Staaten Mitglied der C.I.P.:

Königreich Belgien
Republik Chile
Bundesrepublik Deutschland
Republik Finnland
Republik Frankreich
Vereinigtes Königreich von Großbritannien und Irland
Republik Italien
Republik Österreich
Russische Föderation
Republik Slowakei
Königreich Spanien
Republik Tschechien
Republik Ungarn
Vereinigte Arabische Emirate

Es werden derzeit folgende Beschusszeichen verwendet:

1. Belgien

Vorderladerflinten	Beschuss obligatorisch	Normal	Lauf	
			Schwanzschraube	
		Verstärkt	Lauf	
			Schwanzschraube	

Hinterladerflinten	Wahlweiser Vorbeschuss des Laufes			
	Beschuss obligatorisch	Lauf	Normal	
		Verschluss	Verstärkt	

Zimmergewehre	Beschuss P. N.		Lauf	
			Verschluss	
	Beschuss PSF		Lauf, Verschluss	

Flinten und gezogenen Gewehre	Beschuss obligatorisch		Lauf, Verschluss	

Revolver	Bocchucc P. N.	Lauf, Rahmen 
		Trommel 
	Beschuss PSF	Lauf, Rahmen, Trommel 
Automatische Pistolen	Beschuss PSF	Lauf, Beschusspflichtige Teile 
Pistolen für „Flobert“ oder für Revolvermunition	Beschuss P. N.	Lauf, Beschusspflichtige Teile  
	Beschuss PSF	Lauf, Beschusspflichtige Teile 
Ausländische Waffen	Lauf, beschuss- pflichtige Teile	Normal 
		Verstärkt 
Armeewaffen		Lauf 
		Beschusspflichtige Teile 

Die gehärteten Teile
können markiert sein

Zurückweisung der Waffen

Munitionskontrolle

Prüfung bestimmter Handfeuerwaffen
und tragbarer Schußapparate

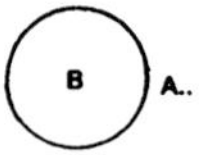

Beschuss „Stahlschrot“ der Waffen
mit glatten Läufen

Anmerkung: PN Schwarzpulver
PSF Nitropulver

Neue C.I.P. – einheitliche Beschusszeichen siehe Seite 17.

2. Chile

Beschusszeichen für alle Waffe
Prüfung tragbarer Schussapparate

Munitionskontrolle

Beschuss Stahlschrot der Waffen
mit glatten Läufen

Neue C.I.P. – einheitliche Beschusszeichen siehe Seite 17.

3. Bundesrepublik Deutschland

Endbeschuss mit Schwarzpulver

Endbeschuss mit Nitropulver

Verstärkter Beschuss
mit Nitropulver

Beschuss von Waffen die zum Verschießen
anderer Substanzen als fester Geschosse dienen

Wiederholungsbeschuss

Zeichen der verschiedenen Beschussämter

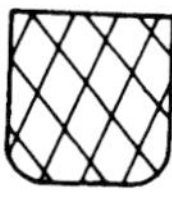

ULM BERLIN KIEL HANNOVER MÜNCHEN MELLRICHSTADT KÖLN SUHL

Typprüfzeichen für Patronen

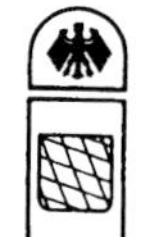

ULM HANNOVER KIEL MÜNCHEN MELLRICHSTADT KÖLN SUHL

Typenprüfzeichen für bestimmte Waffen und Geräte

Anmerkung:
Diese Auflistung wurde von der C.I.P. nicht aktualisiert. Es fehlt der Stempel für den freiwilligen Beschuss (Bundesadler mit „F“). Beim Beschuss mit Schwarzpulver gehören anstelle der Buchstaben „SP“, die Buchstaben „PN“. Weiter fehlt das Prüfzeichen für Handfeuerwaffen zum Verschießen von Stahlschrotpatronen mit verstärkter Ladung, das Zulassungszeichen für Schreckschuss-, Reizstoff- und Signalwaffen, das Prüfzeichen auf Schussapparate und nicht tragbare Geräte, das Kennzeichen für Schusswaffen, deren Geschosse eine Bewegungsenergie unter 7,5 Joule liegt, sowie das Zulassungszeichen für pyrotechnische Munititon. Das Ortszeichen für Berlin (Berliner Bär) entfällt. Siehe dazu Abschnitt „Bundesrepublik Deutschland“.

Neue C.I.P. – einheitliche Beschusszeichen siehe Seite 17.

4. Finnland

Beschuss mit Nitropulver

Beschuss mit Schwarzpulver

Verstärkter Beschuss

Munitionskontrolle

Beschuss mit „Stahlschrot"
der Waffen mit glatten Läufen

Neue C.I.P. – einheitliche Beschusszeichen siehe Seite 17.

5. Frankreich

Freiwilliger Beschuss.

Normaler Beschuss
fertig zusammengearbeiteter Läufe

Doppelter Beschuss
fertig zusammengearbeiteter Läufe

Dreifacher Beschuss
fertig zusammengearbeiteter Läufe

Obligatorischer Beschuss
Typenprüfung von waffenähnlichen Geräten

Normaler Beschuss
der fertigen Waffen mit Schwarzpulver

Zusatzzeichen für Waffen, die beim Beschuss
in lieferfähigem Zustand waren

Normaler Beschuss der fertigen Waffen
mit Nitropulver

Beschuss mit „Stahlschrot“ der Waffen
mit glatten Läufen

Verstärkter Beschuss der fertigen Waffen
mit Nitropulver

Beschuss der Langwaffen mit gezogenen Läufen

Wiederholungsbeschuss der Langwaffen
mit gezogenen Läufen

Wiederholungsbeschuss der fertigen Waffen
mit Schwarzpulver

Wiederholungsbeschuss mit Nitropulver

Wiederholungsbeschuss mit
Nitropulver; verstärkter Beschuss

Beschuss der Kurzwaffen

Wiederholungsbeschuss der Kurzwaffen

Munitionskontrolle

Zurückweisung von Waffen

Neue C.I.P. – einheitliche Beschusszeichen siehe Seite 17.

6. Großbritannien

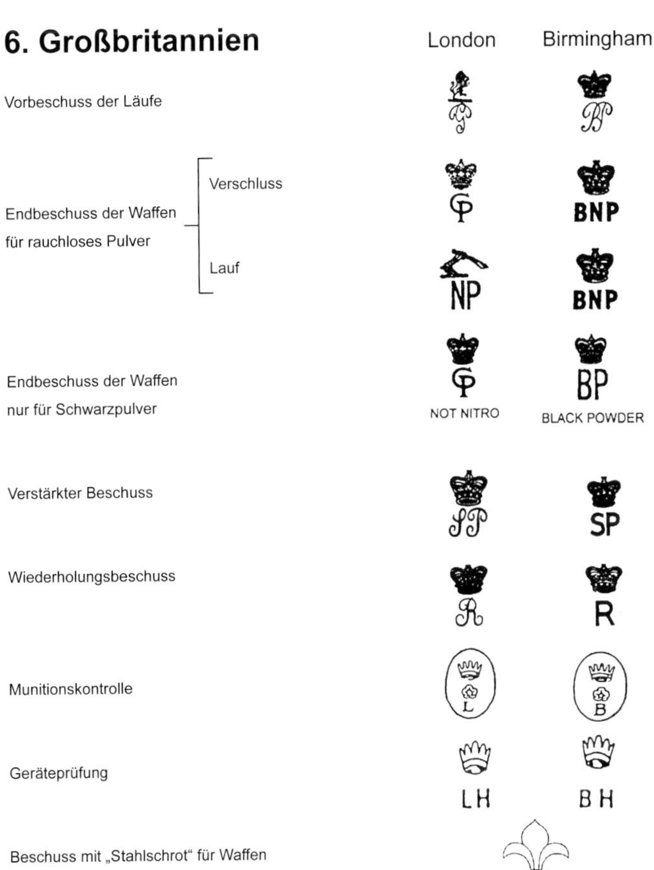

Anmerkungen: Der Gebrauchsgasdruck, für den die Waffe geprüft wurde, wird in Tonnen pro Quadratzoll auf dem Lauf angegeben, wie zum Beispiel 3 Tons. Das Nominalkaliber und die Länge des Patronenlagers werden ebenfalls auf dem Lauf angegeben: 12,2 ½". *Neue C.I.P. – einheitliche Beschusszeichen siehe Seite 17.*

7. Italien

Zeichen des Beschussamtes Gardone; wird auf allen Waffen angebracht

Endbeschuss mit Schwarzpulver

Endbeschuss mit Nitropulver

Fakultativer verstärkter Beschuss mit Nitropulver

Zusätzliches Prüfzeichen für die Prüfung der fertigen Waffe

Munitionskontrolle

Beschuss mit „Stahlschrot“ für Waffen mit glatten Läufen

Neue C.I.P. – einheitliche Beschusszeichen siehe Seite 17.

8. Österreich

WIEN FERLACH

Vorbeschuss der Läufe für Waffen mit glatten Läufen und der kombinierten Waffen

Endbeschuss aller fertigen Waffen mit Schwarzpulver

Endbeschuss mit Nitropulver aller Waffen, die zum Verschießen mit rauchlosem Pulver bestimmt sind

Rückgabe der Waffen

V F

Verstärkter Beschuss für Waffen mit glatten Läufen (fakultativ)

Munitionsprüfung

Prüfung bestimmter Handfeuerwaffen und tragbarer Schussapparate

Beschuss „Stahlschrot“ für Waffen mit glatten Läufen

Neue C.I.P. – einheitliche Beschusszeichen siehe Seite 17.

9. Russische Förderation

Beschuss der Waffen und der Munition
Beschussamt Ishevsk

Beschuss der Waffen und der Munition
Beschussamt Klimovsk

Beschuss der Waffen und der Munition
Beschussamt Krasnozavodsk

Beschuss mit „Stahlschrot“ der Waffen
mit glatten Läufen

Neue C.I.P. – einheitliche Beschusszeichen siehe Seite 17.

10. Slowakische Republik

Einzelbeschuss der Signalwaffen, Alarmwaffen und Betäubungswaffen sowie sonstiger Expansionsapparate

Einzelbeschuss der Vorderladerwaffen mit Schwarzpulver

Einzelbeschuss der Hinterladerwaffen mit Nitropulver

Verstärkter Beschuss der Waffen

Zulassung von Handfeuerwaffen und tragbarer Schussapparate

Munitionskontrolle

Pulverkontrolle

Beschuss »Stahlschrot« der Waffen mit glatten Läufen

Neue C.I.P. – einheitliche Beschusszeichen siehe Seite 17.

11. Spanien

Zeichen des Beschussamtes Eibar
wird an allen Waffen angebracht

Beschusszeichen für Vorderladerwaffen
(Schwarzpulver)

Freiwilliger Schwarzpulverbeschuss
für Hinterladerwaffen

Obligatorischer Beschuss mit Nitropulver
auf Hinterladerwaffen mit glatten Läufen

Zusätzlicher Beschuss mit Nitropulver für Hinterlader-
waffen mit glatten Läufen

Beschuss von Zimmerstutzen und Zimmerpistolen
(mit dem normalerweise verwendeten Pulver)

Obligatorischer Beschuss für Waffen mit gezogenem Lauf

Beschuss ausländischer Waffen ohne
C.I.P.-Beschussstempel

Munitionskontrolle

Prüfung bestimmter Handfeuerwaffen
und tragbarer Schussapparate

Beschuss mit „Stahlschrot" der Waffen mit glatten Läufen
Neue C.I.P. – einheitliche Beschusszeichen siehe Seite 17.

12. Tschechische Republik

Einzelbeschuss der Signalwaffen, Alarmwaffen und Betäubungswaffen sowie sonstiger Expansionsapparate

Munitionskontrolle der Gaswaffen

Einzelbeschuss der Vorderladerwaffen mit Schwarzpulver

Einzelbeschuss der Hinterladerwaffen mit glatten Läufen mit Schwarzpulver

Verstärkter Beschuss der Waffen mit glatten Läufen

Einzelbeschuss der Hinterladerwaffen mit gezogenen Läufen mit Nitropulver

Zulassung der Waffen und Expansionsapparate

Munitionskontrolle

Pulverkontrolle

Wiederholungsbeschuss aller Handfeuerwaffen

Beschuss mit „Stahlschrot“ der Waffen mit glatten Läufen

Beschussamt Prag

Neue C.I.P. – einheitliche Beschusszeichen siehe Seite 17.

13. Ungarn

Vorbeschuss (freiwillig)

Endbeschuss der weißfertigen oder lieferfähigen Waffen

Wiederholungsbeschuss

Verstärkter Beschuss

Munitionskontrolle

Beschuss der Signalwaffen.
Beschuss der Alarmwaffen, Startwaffen, Gaswaffen
Beschuss von Gas- oder Druckluftwaffen, die
Kartuschen oder eine Munition mit einer Geschossenergie
unter 7,5 Joule verwenden.

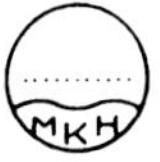

Prüfung bestimmter Handfeuerwaffen und tragbarer
Schussapparate

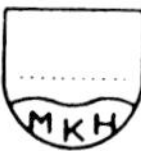

Endbeschuss mit Schwarzpulver

Beschuss mit „Stahlschrot“ der Waffen mit glatten Läufen

Neue C.I.P. – einheitliche Beschusszeichen siehe Seite 17.

14. Vereinigte Arabische Emirate

Amtszeichen	
Normaler Beschuss	CIP N
Verstärkter Beschuss bei Flinten	CIP S
Schwarzpulverbeschuss	CIP PN
Beschuss < Stahlschrot >	CIP
Typenzulassung	CIP T
Munitionsprüfung	CIP M

Deutschland (Deutsches Reich)

Wie in einem Lande, wo das Büchsenmacherhandwerk von alters her in so hohem Rufe stand, nicht anders zu erwarten war, finden wir schon im alten Deutschen Reich römischer Nation sehr frühe Nachweise über den Beschuss von Handfeuerwaffen. Die meisten Marken sind allerdings städtische oder Innungs-Beschauzeichen und keine Beschussstempel. So sind die Marken von Nürnberg, Augsburg, Amsterdam, Utrecht – damals noch deutsche Städte – und viele andere Beschaumarken, die meist nur den Ursprung aus der betreffenden Stadt bestätigen und manchmal noch die korrekte handwerksmäßige Anfertigung. Sie bestätigen aber nicht die Haltbarkeit des oder der Läufe, auf die es bei einer Feuerwaffe jedoch hauptsächlich ankommt.

An wirklichen Beschussmarken habe ich aus der Zeit vor 1850 nur drei finden können, was allerdings nicht besagen will, dass es nicht noch mehr gibt. So finden wir eine echte Beschussmarke in Suhl schon vor 1600. Sie bestand aus der städtischen Marke, einer stilisierten Henne – dem Wappen der Grafschaft Henneberg, in der Suhl gelegen war – und dem Stempel SVL, später SUL. Die Stadt hatte seit 1655 einen besonderen Beamten angestellt, der alle in der Stadt hergestellten Läufe mit einem oder zwei Schuss beschießen musste; daher sind obige Marken als Beschussmarken anzusehen. Auf in Suhl gearbeiteten Militärwaffen finden wir zwischen 1600 und 1690 – und das obwohl Suhl 1634 von einer Abteilung kaiserlicher Kroaten niedergebrant worden ist und das Büchsenmacherhandwerk ruiniert war – das Wappen der Stadt, die Sohle mit Pickel, geschlagen. Dasselbe Wappen wurde nach dem Gesetz von 1939 wieder in Gebrauch genommen, wie wir später sehen werden, und ist noch heute in Kraft. Dann scheint aber eine lange Pause eingetreten zu sein, denn während des ganzen 18. Jahrhunderts hört man nichts mehr von Suhler Beschussmarken und erst 1893 gründet die königlich preußische Regierung dort wieder eine Beschussanstalt.

Höchst interessant sind auch die Beschussmarken der Stadt Essen. Dort finden wir schon 1545 eine Verordnung, die jedem Laufschmied befahl, seine Läufe mit seinem Zeichen zu versehen. Die Schäfter, Schlossmacher, etc. mussten schwören, keine Läufe zum Garnieren anzunehmen, die nicht ordnungsgemäß vom Laufmacher mit seinem Stempel versehen waren. Aber damit nicht genug. Schon 1544 hatte der Rat von Essen beschlossen, dass keine Feuerwaffe dort verkauft werden durfte, die nicht mit der städtischen Beschussmarke versehen war. Ebenso wie später in Suhl hatte der Magistrat einen besonderen vereidigten Angestellten, der das Beschießen ausführen musste. Leider ist mir nichts über die Bedingungen, unter denen dieser Beschuss stattfand, bekannt geworden. Die Beschussmarke selbst war ein Schwert mit rundem Knauf. STØCKEL in seinem großen Werk über Beschussmarken gibt zwei derartige an. Siehe auch mein „The story of european proofmarks" in Nummer 7 des „Gun Digest". Damit ist die Essener Beschussordnung eine der ersten in Europa eingeführten, früher als in London oder Lüttich. Im Jahre 1676 wurde verfügt, dass außerhalb Essens hergestellte Läufe nicht mit dem Essener Stempel versehen werden durften, so, als ob sie in Essen hergestellt worden wären. Auch musste seitdem auf alle Läufe das Kaliber, in Form der Anzahl von Kugeln im Pfund aufgeschlagen werden. Jeder Handwerker der bei der Herstellung einer Waffe beteiligt war, also nicht nur die Laufschmiede, sondern auch die Schlossmacher, Schäfter, Garnierer etc. waren gehalten, ihre persönliche Marke anzubringen. 1695 wurde befohlen, dass alle nach dem Beschuss angenommenen Läufe auf der oberen Laufseite gestempelt werden mussten, wobei besonders gute außer dem Schwert noch mit einer Krone gestempelt wurden. Im 18. Jahrhundert tragen viele bekannte Essener Läufe außer dem Beschussstempel die Marken verschiedener Kaufleute. Anfang des 19. Jahrhunderts, unter französischer Herrschaft, findet man den Stempel „Manufacture d' Essen". Die Fabrik, die ihn anwandte, wurde 1803 gegründet. In Essen hergestellte Handfeuerwaffen hatten einen guten Ruf und wurden weithin ausgeführt, unter anderem auch in die Vereinigten Staaten, bis Napoleons Kontinentalsperre und die englischen Gegenmaßregeln das Geschäft ruinierten. Nach Napoleons Fall verfiel auch die Essener Gewehrindustrie und im Jahre 1840 wurden die letzten Essener Büchsenmacher erst nach Saarn (Ruhr) und später nach Erfurt übergeführt, wo sie den Grundstock zur späteren Erfurter Gewehrfabrik legten. Bemerkenswert ist, dass unter den Büchsenmachermeistern in Essen zwischen dem 16. und 18. Jahrhundert der Name Krupp recht häufig ist.

Die dritte deutsche Stadt in der ein Beschuss von Flintenläufen bestand, ist Bourg (Berg?) im Herzogtum Berg. Leider ist es uns nicht gelungen, die Beschreibung oder eine Abbildung derselben zu erhalten. Eine Nachricht aus dem Jahre 1769 aber befasst sich mit der Beschreibung der Güte der dort hergestellten Schrotläufe und warnt die Verbraucher, nur solche Läufe als echt anzusehen, die die Marke der dortigen Büchsenmacher tragen, da „skrupellose Leute aus Lüttich und Essen ihre schlechten Läufe für gute Bourg'sche Ware auszugeben pflegten!" Augenscheinlich wusste man schon damals die Reklametrommel nicht weniger kräftig zu rühren wie in unseren Tagen.

Die nächste Nachricht die wir über Beschussmarken in Deutschland haben finden können, ist die über die königlich preußische Beschussanstalt in Solingen, im Gebrauch im Jahre 1867, bestehend aus einem stilisierten preußischen Adler, darunter die Buchstaben „SP" – Solinger Probe – alles in einem Oval eingeschlossen.

Am 30. November 1890 reichte die Regierung des Deutschen Reiches dem Reichstag den Entwurf eines Beschussgesetzes zur Begutachtung ein. Dieser Entwurf basierte auf den damals in Kraft befindlichen Gesetzen in England und Belgien. Nach den offiziellen Quellen zu urteilen, war der Hauptgrund zur geplanten Einführung eines Beschusses für alle im Reich hergestellten Handfeuerwaffen, der Wunsch der Industrie, mit ausländischen Waffen aus Ländern, in denen ein Beschusszwang bestand – damals nur England, Belgien und Österreich – unter günstigeren Bedingungen konkurrieren zu können. Wenn man auch an der Berechtigung dieser Meinung nicht zweifeln kann, so möchte ich doch darauf aufmerksam machen, dass auch das belgische Gesetz von 1672 und die englischen Gesetze von 1813 und 1815 denselben Zweck verfolgten und dennoch von der Industrie schwer angegriffen wurden, weil sie eben notwendiger Weise einen gewissen Zwang enthielten und enthalten mussten, wenn sie wirksam sein sollten. Leider steht mir keine Literatur aus dem Ende der 1880er- und Anfang der 1890er-Jahre zur Verfügung, die diese Frage überhaupt behandelt. Selbst Oberländer, der in seinen Werken manchmal auf Fragen zurückgreift, die in dieser Zeit in der Entwicklung begriffen waren, schweigt sich darüber vollkommen aus. So ist es mir unmöglich, festzustellen, wie sich die Industrie und die Jägerschaft damals zu dieser Frage stellten. Eine derartige Untersuchung hätte heute natürlich nur noch historischen Wert – denn das ist heute jedem klar, ein Beschussgesetz, und zwar ein nicht zu mildes, war damals wie auch heute, eine dringende Notwendigkeit. Seine segensreichen Folgen sind unbestreitbar, trotz aller Unzulänglichkeiten des damaligen ersten Gesetzes. Seine Weiterentwicklung, das Gesetz vom Jahre 1939, brachte Deutschland das beste Beschussgesetz der Welt, das allgemein als Muster anerkannt wird. Aber fürs erste haben wir uns noch mit dem Gesetz vom Jahre 1891 zu befassen, wie es damals am 19. Mai 1891 vom Reichstag verabschiedet wurde.

Die Ausführungsbestimmungen kamen am 22. Juni 1892 heraus und das Ganze trat am 1. April 1893 in Kraft. Obgleich es ursprünglich auf den damaligen englischen und belgischen Gesetzen beruhte, hatte es doch die zwischen seiner Ausarbeitung und seinem Inkrafttreten eingetretenen Veränderungen dort nicht in Betracht gezogen. So war schon in England im Gesetz von 1887 und in Belgien in der königlichen Verordnung von 1891 ein Beschuss mit rauchschwachem Pulver vorgesehen. Freilich erlaubte auch das deutsche Gesetz den freiwilligen Beschuss mit „einer anderen von dem Einsender angegebenen Pulversorte", doch machten praktisch die dafür erforderlichen Bedingungen, eine solche fast unmöglich. So sagte schon Georg Koch in seinem Kommentar zu diesem Gesetz Folgendes: „... So würde beispielsweise, wenn eine Prüfung von Läufen Kal. 16 mit Walsroder rauchschwachem Pulver verlangt würde und die vorschriftsmäßige Ladung hierfür 1,6 Gramm Pulver und 30 Gramm Blei beträgt, bei der ersten Probe eine Ladung von 4,8 Gramm Pulver und 60 Gramm Schrot, und wenn eine solche Nachprüfung nur bei dem zweiten Beschuss gefordert wird (Anmerkung des Verfassers: Wie es wohl meistens geschehen sein wird und auch vollkommen genügt), eine solche von 3,2 Gramm Pulver und 40 Gramm Schrot zur Anwendung kommen. (Eine Gewaltprobe, der wohl mancher Lauf und manchor Verschluss zum Opfer fallen dürfte, da bei den Nitropulvern eine Überschreitung der vorschriftsmäßigen Ladung um 0,1 g schon zerstörende Wirkung hervorbringen kann). Es dürfte bei der immer steigenden Verwendung der Nitropulver wohl bald der Erlass besonderer Bestimmungen über die Prüfung der Läufe und Verschlüsse mit diesen Pulverarten zu erwarten sein, da sich die für Schwarzpulver anwendbaren Normen wohl kaum für die Nitropulver werden festhalten lassen ..." So sagte Koch schon 1892, aber es bedurfte noch langer Kämpfe, bis endlich 1912 die Bestimmungen für den rauchschwachen Beschuss so weit abgeändert wurden, dass sie der weiteren Entwicklung keinen Hemmschuh mehr anlegten. Das höhere Gewicht deutscher Flinten im Vergleich zu ausländischen, über das damals und auch später noch häufig geklagt wurde, dürfte wohl zum Teil auf diese absurden Bestimmungen zurückgeführt werden.

Die Ausführungsbestimmüngen schreiben ferner vor, dass die Beschussladung in letztgenannten Fall auf die obere Laufflläche zu schlagen ist. Zum Beispiel bei einer Gebrauchsladung von 2,2 g Schultze-Pulver und 35 g Schrot wurde $\frac{\text{6,6 gr. Sch. P.}}{\text{70 gr. Bl.}}$ gestempelt, was zu nicht wenigen Verwechslungen und Laufsprengungen geführt haben dürfte.

Wir haben hier vielleicht den wundesten Punkt des ganzen Gesetzes herausgegriffen – und wollen uns nun der genaueren Beschreibung desselben widmen. Laut Artikel 1 dürfen Handfeuerwaffen jeder Art nur dann feilgehalten oder in den Verkehr gebracht werden, wenn ihre Läufe und Verschlüsse nach den Vorschriften dieses Gesetzes in amtlichen Prüfungsanstalten geprüft und mit Prüfungszeichen versehen sind. Nicht zu verstehen sind unter dieser Bezeichnung Waffen, welche zu wissenschaftlichen Zwecken oder ihres Kunstwertes wegen, etc. aufbewahrt werden, ohne zum praktischen Gebrauch zu dienen. Dieselben unterliegen daher keiner Prüfung und können unbeschränkt feilgehalten oder in den Verkehr gebracht werden. Diese durchaus vernünftig klingende Bestimmung hat allerdings einen Haken und mag unwissentlich schon so manches Mal übertreten worden sein, ohne dass sich der „Übeltäter“ überhaupt der Übertretung einer Vorschrift bewusst war. Wo ist der wirklich passionierte Waffensammler, der nicht aus seinen alten Waffen geschossen hat? Und wie häufig geschieht das im Kreise von Freunden, die vielleicht auch noch den einen oder anderen Schuss mit einer solchen Waffe abgeben. Wie viele Jungjäger haben noch zu einer Zeit, wo der Hinterlader längst allgemein in Gebrauch war, mit Vaters oder Großvaters altem Vorderlader ihre ersten Versuche gemacht oder gar an ihren ersten Treibjagden teilgenommen? Im Sinne des Gesetzes ist das aber durchaus ein „In-Verkehr-bringen“ und folglich strafbar! Denselben Artikel hat übrigens auch das neue Gesetz von 1939 übernommen – und folglich besteht diese Vorschrift heute noch.

Ob sie je auf derartige Fälle angewandt worden ist, weiß ich allerdings nicht. Der Besitz und wahrscheinlich auch der Gebrauch unter Bedingungen, die nicht ein In-Verkehr-bringen darstellen, sind aber erlaubt.

Nach Koch ist es auch fraglich, ob derartige Waffen von Privatpersonen frei verkauft werden dürfen – Gewerbetreibende, die sie in ihren Geschäftsräumen haben, dürfen es jedenfalls nicht, wohl aber Antiquare.

Bei der Beratung im Reichstag gab es auch wieder die üblichen Versuche, die ganz billigen Exportwaffen niedrigster Qualität von der Prüfung auszunehmen. Glücklicherweise wurden diese Versuche alle abgelehnt und die obligatorische Prüfung aller Handfeuerwaffen wurde angeordnet, mit alleiniger Ausnahme der in einer ausländischen Beschussanstalt ordnungsgemäß geprüften und gestempelten Waffen, aber auch hier immer vorausgesetzt, dass die ausländischen Prüfungen den inländischen mindestens gleichwertig waren. Wie wir schon unter Belgien gesehen haben, wurde durch diese Bestimmung die belgische Prüfung nicht mehr anerkannt und die Belgier mussten ihre Beschussbedingungen verstärken. Daraufhin sind die belgischen Beschusszeichen in Deutschland seit 1893 anerkannt.

Wichtig ist auch noch, dass zu Kriegszwecken angefertigte Handfeuerwaffen, auch fremdländische, die bei der Abnahme von einer Militärkommission ordnungsgemäß geprüft waren, beim In-Verkehr-bringen und Besitzübergang in Privathand keiner Nachprüfung unterliegen, es sei denn, dass am Kaliber oder Verschluss Änderungen vorgenommen werden, in welchem Falle sie geprüft werden müssen. Auf Vorrat hergestellte Militärwaffen, die an Privatpersonen verkauft werden, müssen aber staatlich geprüft werden, bevor ein Verkauf zulässig ist.

Nach Artikel 2 besteht die Prüfung aus einer Beschussprobe mit verstärkter Ladung. Terzerole und Revolver unterliegen nur einer einmaligen Prüfung. Für alle anderen Handfeuerwaffen findet eine zweimalige Prüfung statt, von denen die erste mit vorgerichteten Läufen, die zweite nach der Fertigstellung derselben und ihrer eventuellen Vereinigung und nach Anbringen der Verschlussstücke stattfinden. In diesem Zustand können sie auf Antrag des Einsenders auch nur einmal geprüft werden. In diesem Fall werden die Läufe im Zustand für die zweite Probe mit der Ladung der ersten geprüft und mit B gestempelt. Die Haftung für eventuelle Schäden an den Läufen, bedingt durch die schärfere Prüfung, geht zu Lasten des Einsenders.

S Zeichen für die Prüfung von glatten Schrotläufen

Im Sinne des englischen Gesetzes unterliegen Würgebohrungsläufe einer anderen Behandlung als zylindrisch gebohrte. Ihr Kaliber wird an einem 22 cm von der Basküle entfernt gelegenen Punkt gemessen – bei allen anderen Läufen an der Mündung. Würgebohrungsläufe müssen unter allen Umständen zweimal geprüft werden. Ist der verengte Teil eines Würgebohrungslaufes glatt, so wird der Lauf mit der dem Kaliber des hinteren weiteren Teiles entsprechenden Ladung beschossen, ist er dagegen im verengten Teil ganz oder teilweise gezogen, so ist er mit einem im vorderen Drittel konischen Bleigeschoss von dem 1,5-fachen Gewicht der dem Laufkaliber entsprechenden Schrotladung zu beschießen. Sowohl die Beschuss- als auch die Gebrauchsladungen ergeben sich aus der dem Gesetz beigegebenen Tafel. Wir geben hier die Ladungen mit Schwarzpulver für die gebräuchlichsten Kaliber für glatte Läufe wieder:

Kalibernummer	Durchmesser in mm	1. Beschussladung Gramm		2. Beschussladung Gramm		Gebrauchsladung Gramm	
		Pulver	Schrot	Pulver	Schrot	Pulver	Schrot
12	18,52	17,4	71,0	11,6	47,3	5,8	35,5
16	16,81	14,7	56,6	9,8	37,7	4,9	28,3
20	15,62	13,2	49,6	8,8	33,1	4,4	24,8
24	14,71	10,8	42,5	7,2	28,3	3,6	21,25
28	13,97	10,8	42,5	7,2	28,3	3,6	21,25
32	13,36	8,1	28,4	5,4	18,9	2,7	14,2

Genau wie bei der englischen Kalibertafel, der die deutsche nachgebildet ist, sind auch hier die einzelnen Kaliber von 4 bis 10 in drei Größen unterteilt, von 11 bis 17 in zwei und in den kleineren Kalibern gibt es nur eine einzige Kaliberbezeichnung. In der Tafel figurieren noch vollkommen ungebräuchliche Kaliber, wie 5, 7 etc. Noch sonderbarer muten aber die in der im Auszug untenstehenden, zweiten Tafel an, in welcher die Kaliber für Läufe mit Einzelgeschoss angeführt sind. Sie beginnen mit Nr. 1 bei 38,10 mm beziehungsweise 42,39 mm Durchmesser und gehen bis Kaliber 50 mit 11,51 mm beziehungsweise 11,45 mm, wobei jedes Kaliber noch zwei- bis dreimal unterteilt ist und die Ladungen mit denjenigen für glatte Läufe nicht übereinstimmen. Dann folgen die Ladungen für die Kaliber von 11,43 mm bis 7,62 mm, die aber nicht im Millimeterdurchmesser, sondern nach der für glatte Läufe üblichen Bezeichnung geschlagen wurden.

Beschusstafel

Beschussproben von Läufen für Einzelgeschosse und Verzeichnis der für die einzelnen Kaliber passenden vorschriftsmäßigen Ladungen.

Kalibernummer	Bohrungsdurch-messer in mm	1. Beschussprobe		2. Beschussprobe (Endprobe)		Vorschriftsmäßige Ladung	
		Pulver g	Geschoß g	Pulver g	Geschoß g	Pulver g	Geschoß g
48	11,66	16,5	46,3	11,0	46,3	5,5	34,7
49	11,58	16,5	46,3	11,0	46,3	5,5	34,7
50	11,51	16,5	46,3	11,0	46,3	5,5	34,7
	11,45	16,5	46,3	11,0	46,3	5,5	34,7
51,05	11,43	16,5	46,3	11,0	46,3	5,5	34,7
54,61	11,18	16,5	43,6	11,0	43,6	5,5	32,7
58,50	10,92	16,5	40,9	11,0	40,9	5,5	30,7
62,78	10,67	16,5	38,1	11,0	38,1	5,5	28,6
67,49	10,41	16,5	35,5	11,0	35,5	5,5	26,6
72,68	10,16	16,5	32,8	11,0	32,8	5,5	24,6
78,41	9,91	10,8	31,2	7,2	31,2	3,6	23,4
84,77	9,65	10,2	29,5	6,8	29,5	3,4	22,1
91,83	9,40	9,3	27,9	6,2	27,9	3,1	20,9
99,70	9,14	8,7	26,1	5,8	26,1	2,9	19,6
108,49	8,89	8,1	24,4	5,4	24,4	2,7	18,3
118,35	8,64	7,5	22,9	5,0	22,9	2,5	17,2
129,43	8,38	6,9	21,2	4,6	21,2	2,3	15,9
141,95	8,13	6,3	19,5	4,2	19,5	2,1	14,6
156,14	7,87	5,7	17,7	3,8	17,7	1,9	13,3
172,28	7,62	5,4	16,1	3,6	16,1	1,8	12,1

Welchen praktischen Wert haben derartige Bezeichnungen, die nur für den Fachmann und nicht einmal für diesen in allen Fällen verständlich sind? Zum Schluss folgt eine Liste von Ladungen für Büchsenläufe mit verstärkter Ladung – Expressläufe nach demselben System. Wir geben nur einige davon zum Vergleich. Vergleiche auch mit den Ladungen bei Einzelgeschosse.

12	18,52	18,3	78,7	12,2	78,7	6,1	59,0	
20	15,62	16,5	50,4	11,0	50,4	5,5	37,8	
24	14,66	16,5	46,3	11,0	46,3	5,5	34,7	
24	14,66	32,1	51,9	21,4	51,9	10,7	38,9	Express (engl. .577)
37	12,70	16,5	46,3	11,0	46,3	5,5	34,7	
37	12,70	29,1	38,0	19,4	38,0	9,7	28,5	Express (engl. .500)
51,05	11,43	16,5	46,3	11,0	46,3	5,5	34,7	
51,05	11,43	23,4	37,2	15,6	37,2	7,8	27,9	Express (engl. .450)
72,68	10,16	16,5	19,1	11,0	19,1	5,5	14,3	
99,7	9,14	9,75	11,2	6,5	11,2	3,25	8,4	

Für alle in der Kalibertafel nicht angegebenen Kaliber hat der Einsender die vorschriftsmäßige Ladung an Pulver und Blei schriftlich anzugeben oder die zugehörigen Patronen kostenlos zur Verfügung zu stellen.

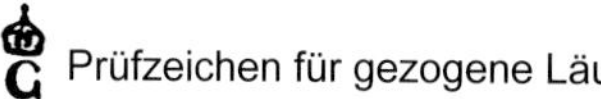

Artikel 3 bezieht sich auf die beim Beschuss möglicherweise auftretenden Schäden, die eine Waffe zum Gebrauch ungeeignet machen, und ob und wie ihre totale Unbrauchbarmachung zu erfolgen hat, respektive in welchem Fall eine nochmalige Prüfung nach Abstellung der Schäden zulässig ist. Zu derartigen Schäden gehören Unganzheit oder Aufbauchung an Lauf oder Verschluss. Falls solche auftreten, sind die betreffenden Teile zu zersägen oder zu zerschlagen.

Werden während oder nach der Herstellung an einer bereits geprüften Waffe an Lauf oder Verschluss Veränderungen des Kalibers vorgenommen, muss nach Artikel 4 die Waffe neu beschossen werden, und zwar mit der dem Kaliber des neuen Patronenlagers entsprechenden Ladung, selbst wenn das Kaliber des Laufes unverändert geblieben ist. Das Zeichen dafür ist

R

Die zur Zeit der Einführung dieses Gesetzes schon vorhandenen fertigen Waffen werden, nach Artikel 5, soweit sie noch erfassbar sind, von einer noch näher festzustellenden Behörde mit einem sogenannten Vorratszeichen abgestempelt – es besteht aus  und sind dann von einer weiteren Prüfung frei. In Österreich war man darin weniger großzügig. Das dortige Vorratszeichen schützte die Waffe nur auf ein Jahr vor der Prüfung, währenddessen musste sie zum Beschuss vorgestellt werden. Aber auch in Deutschland werden wohl die meisten im Lande verbliebenen so gestempelten Waffen einem nachträglichen Beschuss unterworfen und entsprechend gestempelt worden sein, da das kaufende Publikum ungeprüfte Waffen als minderwertig zurückwies.

Artikel 6 schreibt vor, dass mit diesem Vorratszeichen versehene Waffen, ebenso wie aus dem Ausland eingeführte, welche die Stempel einer in Deutschland anerkannten ausländischen Beschussanstalt tragen oder von einer Militärbehörde oder in deren Auftrage hergestellt sind, einem neuen Beschuss nicht mehr unterliegen – falls an ihnen keine Änderungen an Verschluss oder Kaliber vorgenommen sind.

Artikel 7 bestimmt, dass das Verfahren bei der Prüfung, die Beschussstempel usw. vom Bundesrat näher zu bestimmen sind. Er führt auch die damals anerkannten ausländischen Beschussstempel an; die wir unter den betreffenden Ländern genauer beschreiben. Die A.-B. bemerken dazu, dass die

Prüfung von Revolvern mit einem Schuss aus jedem Patronenlager der Walze erfolgt, und zwar mit den Gebrauchspatronen, deren Ladung so weit verstärkt wird, als es die Länge der Patronenlager gestattet. Terzerole werden mit der eineinhalbfachen Gebrauchsladung und dem Gebrauchsgeschoss geprüft. Bei Waffen, für die eine zweimalige Prüfung vorgesehen ist, beträgt die Pulverladung der ersten Probe (Zeichen der ersten Prüfung) das Dreifache,

bei der zweiten das Doppelte

(Zeichen der zweiten Prüfung und Untersuchungsstempel)

der vorschriftsmäßigen Patrone – nicht einer eventuell geringeren der Gebrauchspatrone – und die Schrotladung aus Weichschrot von 2,5 mm Durchmesser, die im Falle der ersten Probe das Doppelte, für die zweite das Eineindrittelfache der Schrotladung der dem Laufkaliber entsprechenden Patrone beträgt. Für Läufe, aus denen Einzelgeschosse verfeuert werden sollen, wird ein Weichbleizylinder benutzt, dessen Gewicht für beide Proben das Eineindrittelfache der dem Laufkaliber entsprechenden Ladung betragen soll. Diese sollen im Durchmesser ungefähr 0,2 mm schwächer sein als der Laufdurchmesser und müssen in ihrem vorderen Drittel konisch zulaufen.

Artikel 8 enthält Vorschriften über die Gründung von Beschussanstalten und ihre Funktion, Artikel 9 die Strafbestimmungen für Übertretungen des Gesetzes, und Artikel 10 die Bestimmung über das Inkrafttreten desselben. Die Mängel dieses Gesetzes, insbesondere die fehlenden zeitgemäßen Bestimmungen über den Beschuss mit rauchschwachem Pulver sowohl bei Schrotläufen als auch in Läufen für Mantelgeschosse, die damals schon im Gebrauch standen, waren offenkundig. Man griff daher zu allerhand Mitteln, um sie wenigstens halbwegs brauchbar zu machen. So wurden geringere Gebrauchsladungen aufgeschlagen, um die Beschussladungen innerhalb erträglicher Grenzen zu halten, langsamer verbrennende Pulver benutzt und manches andere mehr. Schließlich beschloss das Beschussamt in Zella-

Mehlis vom 1. September 1911 an, ein neues Verfahren einzuführen, das vom April 1912 an auch bei der Beschussanstalt in Suhl in Gebrauch kam.

Danach wurden sowohl Schrot- als auch Kugelläufe mit besonderen Beschusspulvern beschossen, welche von der Köln-Rottweiler Pulverfabrik hergestellt wurden. Diese Pulver ergaben mit einer Ladung von 1,85 g und 30 g Schrot in einem Lauf Kaliber 16 900 kg/cm^2 und denselben Druck in Kaliber 12 bei einer Ladung von 2,35 g Pulver und 35 g Schrot. Für gezogene Läufe wurde ein Pulver gebraucht, das in der Infanterie-Patrone Modell 88 bei einer Ladung von 2,75 g hinter einem 14,7 g schweren Mantelgeschoss 4000 at Druck entwickelte. Die Bestimmungen über den Beschuss wurden vereinfacht, die Stempel blieben aber dieselben und wurden noch durch den neuen Stempel

„NITRO" oder **N** für rauchschwach geprüfte Waffen vermehrt.

Nitro

Für den Gebrauch mit rauchschwachem Pulver bestimmte Flinten wurden beim zweiten Beschuss mit einer Pulverladung beschossen, die hinter der Gebrauchsschrotladung einen Druck von 900 kg/cm^2 hatte. So geprüfte Läufe erhielten das Zeichen „N" mit Krone oder Nitro auf den Läufen an der flachen Unterseite und N mit Krone auf der Basküle geschlagen. Dasselbe Zeichen wurde auch auf gezogene Läufe geschlagen, wenn sie die rauchschwache Prüfung mit dem oben erwähnten Pulver überstanden hatten. Außerdem wurde auf den Lauf die Art des Geschosses – St für Stahlmantelgeschoss, Km für Kupfermantel und Bl für Blei – sein Gewicht in g und Zehntel g

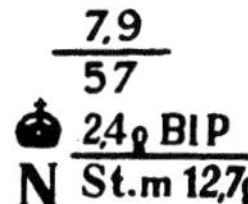

ein Beispiel sowie das Kaliber und die Länge der Hülse, beide in mm, aufgeschlagen.

Eine 8-mm-Büchse, Modell 88, für ein 14,7 g schweres Stahlmantelgeschoss würde also folgende Stempel tragen: N mit Krone für den rauchschwachen Beschuss; $\frac{\text{8 mm}}{57}$ als Kaliber- (auch 7,9 oder 7,8 kommt vor) und Hülsenlängen-Angabe und schließlich: $\frac{\text{St. M.G.}}{\text{14,7 g}}$ als Bezeichnung für Art und Gewicht des Geschosses. Die Beschussanstalt in Zella-Mehlis schlug noch Monat und Jahr des Beschüsses auf, etwa 4. 12 für April 1912.

Es war damals gerade die Zeit der Normalisierung der deutschen Büchsenhülsen, und eine der ersten die normalisiert wurden, war die viel geführte 9,3×72, heute 9,3×72 R, die damals unter den verschiedensten Bezeichnungen in verschiedenen Formen, die sich alle nur wenig voneinander unterschieden, hergestellt wurde. Sie verschwanden damals alle und wurden durch die normalisierte 9,3×72 Normal ersetzt, die sich nur so wenig von ihnen allen unterschied, dass es ganz wenig Nacharbeiten des Patronenlagers bedurfte, um sie in allen Lagern, die für die anderen Formen gearbeitet waren, verwenden zu können. Um den Normalisierungsbestrebungen noch mehr entgegen zu kommen, wurde beschlossen, dass die Umänderung des Patronenlagers auf 9,3×72 Normal keinen nochmaligen Beschuss bedurfte. Man konnte nach der Umänderung die neue und die alte Hülse verwenden. Nur für Schwarzpulver geprüfte Schrotläufe trugen seitdem

Adler mit Krone  und die Kaliberbezeichnung. 

Dieses System bewährte sich durchaus und blieb bis zur Einführung des Gesetzes von 1939 in Kraft. Lediglich die Namen der verwendeten Patronen wurden 1912 und 1913 abgeändert und das R als Bezeichnung von Hülsen mit Rand eingeführt. Soweit das Beschussgesetz von 1891.

Wir kommen jetzt zum lange erwarteten Gesetz von 1939. Es enthält wohl so ziemlich alles, was das Büchsenmacherhandwerk und die Jägerschaft sich wünschen konnten. Sein wichtigster Punkt ist vielleicht das Verschwinden des Schwarzpulverbeschusses für alle Waffen, für die rauchschwachen Patronen im Handel sind und in Verbindung damit die Kündigung der Anerkennung aller ausländischen Beschussstempel für Schwarzpulverbeschuss. Das Gesetz wurde am 7. Juni 1939 veröffentlicht, die Ausführungsbestimmungen dazu am 8. Juli 1939. Es trat in Deutschland am 1. April 1940 in Kraft und am 1. Juni desselben Jahres für Österreich und das Sudetenland, während durch einen Erlass vom 23. Juli 1940 die Beschussstempel der Prager Beschussanstalt anerkannt wurden. Außer dem Gesetz selbst und den dazu gehörigen Ausführungsbestimmungen gehören noch verschiedene Erlasse dazu. Die wichtigsten sind: die Beschussordnung, die Bestimmungen über Maßhaltigkeit der Patronenlager, Laufdurchmesser und Gasdrucktabellen für Büchsenpatronen und die Beschussladungen für Flintenläufe.

Das Gesetz, erschienen im Reichsgesetzblatt Nr. 126 vom 15. Juli 1939, bestätigt den alten Grundsatz, dass keine Handfeuerwaffe, die nicht in einer staatlich anerkannten Beschussanstalt geprüft worden ist, zum Verkauf zugelassen oder in den Verkehr gebracht werden darf. Jede Waffe die ordnungsgemäß beschossen ist, muss die betreffenden Beschussstempel tragen. Diese Beschusspflicht wird jetzt auch auf die wichtigsten Teile der Waffe ausgedehnt, falls sie getrennt von dieser einer Prüfung unterliegen sollen.

Als Handfeuerwaffen gelten alle Kurz- und Langwaffen aus denen Patronen oder sonstige Ladungen mit Geschossen (Schrot, Einzelgeschosse, Feuerwerk, Gas etc.) abgefeuert werden können. Ausgenommen sind Schreckschusswaffen, aus denen nur Knallpatronen verfeuert werden können – also ohne Geschoss –, Handfeuerwaffen für Zimmerstutzenpatronen und solche die nur wissenschaftlichen oder Sammelzwecken dienen.

Als wesentliche Teile von Handfeuerwaffen gelten fertige auswechselbare Läufe, Verschlüsse und als Patronenlager dienende Trommeln. Als auswechselbar gelten nur solche wesentlichen Teile, die ohne Sonderwerkzeug auswechselbar sind. Auch auswechselbare Teile des Verschlusses, die der

Herstellung eines sicheren Verschlusses und bei Selbstladewaffen auch solche, die dem sicheren Arbeiten und der sicheren Begrenzung des Rücklaufes dienen, sollen wie wesentliche Teile behandelt werden. Diese werden beim Endbeschuss in für sie passenden Waffen beschossen und erhalten die entsprechenden Beschussstempel.

Der Beschuss muss in einer öffentlichen Beschussanstalt oder einer ihrer Nebenstellen erfolgen. Beschussämter gibt es in Oberndorf am Neckar, Suhl und Zella-Mehlis. Das Beschussamt in Frankfurt an der Oder wird stillgelegt. Nach dem 1. Juni 1940 kamen dann noch die Beschussämter in Ferlach, Weipert und Wien dazu. Jedes dieser Beschussämter hat ein besonderes Zeichen, mit dem dort beschossene Waffen gestempelt werden müssen.

Diese sind:

Oberndorf a. N.	Hirschhorn (siehe Beschussstempel 1952 unter Ulm)
Suhl	Sohle mit Hacke (siehe unter 1950)
Zella-Mehlis	Herz mit auf dem Kopf stehender Tanne (siehe Beschussstempel 1939 unter Zella-Mehlis)
Ferlach	Das Wappen von Kärnten (siehe Abbildung unter Österreich)
Wien	Im Schilde ein Kreuz (siehe Abbildung unter Österreich)
Weipert	Im Schild eine stürzende Tanne, über dem Schilde Schlegel und Eisen (siehe Abbildung unter Österreich)

Die Zeichen der Nebenstellen sollten vom Reichswirtschaftsminister bestimmt werden, doch ist es zu deren Gründung nicht gekommen, mit der einzigen Ausnahme vielleicht von Steyr, wo schon immer eine Zweigstelle des Wiener Beschussamtes bestand, die den Wiener Stempel benutzte. Handfeuerwaffen, oder Teile von solchen, die durch eine Beschussbehörde geprüft werden sollen, sind mit Einlieferungsscheinen, die bei den betreffenden Behörden zu erhalten oder nach deren Muster anzufertigen sind, frei einzuliefern. Für auswärtige Einzeleinlieferer kann die Behörde ausnahmsweise den Einlieferschein gebührenpflichtig ausfüllen. Auf dem Einlieferschein sind anzugeben:

a) die genaue Adresse des Einlieferers;
b) die Patronenart, für welche die Waffe bestimmt ist;
c) bei Waffen, für deren Patronen ein höchstzulässiger Normaldruck nicht festgesetzt ist, der Gebrauchsdruck der zu verwendenden Patrone, der dem Beschussdruck zugrunde zu legen ist, ferner auf Verlangen der Beschussbehörde die Ladung der Patrone (Pulversorte und Gewicht) und Art, Länge und Gewicht des Geschosses;
d) bei instandgesetzten Waffen, welche Arbeiten an ihnen ausgeführt worden sind;
e) gegebenenfalls ob es sich um im Ausland hergestellte oder im Inland zusammengesetzte Waffen handelt, bei denen im Ausland gefertigte Teile benutzt worden sind.

Diese Bestimmung wäre zum Beispiel auf alle gezogenen Läufe anzuwenden gewesen, als nach dem Zweiten Weltkrieg in Deutschland die Herstellung verboten war, und Läufe aus dem Ausland eingeführt werden mussten.

Auf dem Einlieferschein kann der Einlieferer auch den Beschuss mit Ladungen beantragen, die über die nach dem Gesetz erforderlichen Beschussladungen hinausgehen (verstärkter Beschuss).

In Zweifelsfällen kann die Behörde den Nachweis verlangen, dass der Hersteller oder Instandsetzer die behördliche Genehmigung zur Herstellung oder Instandsetzung von Handfeuerwaffen besitzt.

Ist die inländische Herkunft der eingelieferten Handfeuerwaffen nicht ohne Weiteres klar, so kann die Beschussbehörde einen Nachweis über den Herstellungsort verlangen.

Ferner haben die Beschussanstalten vor der Prüfung festzustellen, ob folgende äußere Fehler an den eingelieferten Waffen vorhanden sind:

a) ob der Werkstoff nach seinem Aussehen einwandfrei ist und außer Schönheitsfehlern keine Beschädigungen vorhanden sind;
b) ob bei Handfeuerwaffen mit mehreren Läufen die Laufverbindung einwandfrei ist,
c) ob die Verschlusseinrichtungen richtig arbeiten und einen sicheren Verschluss der Läufe gewährleisten;
d) ob die Schlagstifte oder Schlagbolzen sich leicht in ihren Führungen bewegen, nicht über die Stoßfläche hervorragen und an ihrer Spitze ebenso wie die Stoßfläche an der Bohrung für die Spitze frei von jeglichem Grat sind;
e) ob bei Magazinwaffen und bei Selbstladern der Mechanismus einwandfrei arbeitet, die Patronen sich anstandslos in den Lauf und in das Magazin einführen lassen und die Sicherheit beim Laden und Abfeuern ausreichend gewährleistet ist;
f) bei Revolvern, ob die Drehvorrichtung sicher arbeitet, die Patronenlagerwalze fertig bearbeitet ist und die Patronenlager selbst sauber und glatt sind.

Bei Handfeuerwaffen, für die Richtmaße festgesetzt sind, ist vor dem Endbeschuss mit den vorgesehenen Lehren festzustellen, ob die Innenmaße der Läufe und Patronenlager diesen Richtmaßen entsprechen. Bei Flinten und Büchsläufen ist überdies vor dem Endbeschuss zu prüfen, ob das Patronenlager und die beigefügten Patronenhülsen in Form und Abmessungen übereinstimmt, ob die fertigen Patronen sich in das Patronenlager einführen lassen ohne zu klemmen; ob der Übergangskegel eine gerade Mantellinie hat. Die Höchstmaßlehrpatrone, die der Patrone mit dem größten im Handel üblichen Geschoss entspricht, muss sich ohne Zwang einführen lassen.

Geprüft wird durch Beschuss der fertigen Waffe mit verstärkter Ladung (Endbeschuss), dem sämtliche Handfeuerwaffen unterliegen. Bei einigen Waffengattungen muss dem Beschuss der fertigen Waffe ein Beschuss der rohen Läufe (Vorbeschuss) zwecks Prüfung der Werkstoffe vorausgegangen sein. Für diesen müssen die rohen Läufe außen fertig abgedreht, innen glatt gebohrt und gerieben und mit einer Verschlussschraube versehen sein, deren Zündkanal einen Durchmesser von nicht über 1,6 mm hat. Der hintere Laufteil muss äußerlich so weit vorgefräst sein, dass durch die nachträgliche Bearbeitung keine wesentliche Schwächung an der Laufwand eintritt. Für den Vorbeschuss wird ein Schuss Schwarzpulver verwendet, desen Stärke je nach dem Kaliber bemessen wird und die in der Ladungstabelle angegeben ist. Nach dem Vorbeschuss, wo dieser vorgeschrieben ist, in jedem Fall aber bevor eine Waffe zum Endbeschuss zugelassen wird, findet eine Vorprüfung statt. Sie erfolgt an der fertigen Waffe, wobei der in seinen Innen- und Außenmaßen fertiggestellte Lauf mit Verschluss in weiß- oder gebrauchsfertigem Zustand schon als fertige Waffe gilt. Bei der Vorprüfung wird die Maßhaltigkeit der Läufe und Patronenlager, das Vorhandensein der vorgeschriebenen Kennzeichnung und das Prüfzeichen des Vorbeschusses, wo solcher vorgeschrieben ist, festgestellt. Enthalten die Maßtafeln keine Angaben über das Kaliber, so entfällt die Prüfung der Maßhaltigkeit.

Als nicht maßhaltig gelten Kipplaufgewehre für Patronen ohne Rand. Doch kann der Beschussrat Ausnahmen von dieser Regel gestatten. Das ist besonders wichtig für ausländische Besteller, die aus Gründen des Munitionsersatzes sich eventuell gezwungen sehen können, derartige Patronen für ihre Waffen vorzuschreiben. Das Gesetz will den deutschen Büchsenmachern kein Hindernis zur Annahme derartiger Bestellungen schaffen, da ohnehin an solche Waffen meist sehr hohe Anforderungen gestellt werden und dieselben dementsprechend teuer sind.

Nachdem die Waffe die Vorprüfung und eventuell den Vorbeschuss überstanden hat, wird sie zum Endbeschuss zugelassen. Dieser wird ausgeführt:

a) bei Flintenläufen mit einem Schuss Schwarzpulver und zwei Schuss Nitropulver;
b) bei Büchsenläufen für Zentralfeuerpatronen und bei Selbstladepistolen mit zwei Schuss Nitropulver und
c) bei allen anderen Waffen mit einem Schuss Nitropulver, soweit für diese Waffen Patronen mit Nitropulver im Handel sind, sonst mit einem Schuss Schwarzpulver.

Der Beschuss von Büchsenläufen wird grundsätzlich mit dem Beschusspulver 1847 durchgeführt. Reicht das Pulver nicht aus, um den geforderten Beschussdruck zu erzielen, so kann die Chemisch-Technische Reichsanstalt für diesen Fall ein anderes Pulver zulassen.

Besteht der Beschuss aus zwei Schüssen aus dem gleichen Patronenlager, so sind diese beiden Schüsse in der Regel ohne Zwischenuntersuchung abzugeben. Bei mehrläufigen Waffen sind die Schüsse aus jedem Lauf einzeln abzugeben. Der Beschuss gilt als nicht vorgenommen, wenn anzunehmen ist, dass der Schuss in der Waffe nicht den beabsichtigten Druck entwickelt hat, das heißt wenn sich beim Vorbeschuss von Läufen die Verschlusseinrichtungen gelöst haben und wenn Zweifel bestehen, ob die beschossene Handfeuerwaffe fehlerfrei ist. In diesen Fällen kann die Beschussbehörde noch Schüsse über die vorgeschriebene Zahl hinaus abgeben und zwar je nach den Umständen mit Gebrauchs- oder mit Beschusspatronen.Handfeuerwaffen, die wiederholt versagen oder bei denen der Schuss vorzeitig losgegangen ist, sind dem Einlieferer ohne weitere Prüfung zurückzugeben.

Die Schwarzpulverladungen werden nach der Ladungstabelle bemessen und 9,8 g dieses Pulvers müssen an der Meßstelle I des internationalen Druckmessers hinter einer Schrotladung von 38 g 3,5-mm-Schrot und einem Filzpfropfen bei Kaliber 16 einen Druck von mindestens 700 at ergeben. Der Beschuss mit Nitropatronen wird mit besonderen Beschusspatronen ausgeführt. Die Beschusspatronen für Einzelgeschosse müssen einen Überdruck von mindestens 30% gegenüber dem Druck ergeben, den die stärkste mit Schwarzpulver oder rauchlosem Pulver geladene Gebrauchspatrone des gleichen Kalibers entwickelt. Der höchstzulässige Normaldruck liegt in einer besonderen Tabelle dem Gesetz bei. Die Beschusspatronen für Schrot müssen im internationalen Gasdruckmesser an der Meßstelle I einen Gasdruck von mindestens 850 at für Kaliber 16 und größere Kaliber, von mindestens 900 at für kleinere Kaliber ergeben. Dabei darf an der Meßstelle II der Druck 300 at nicht übersteigen. Bei Waffen mit Patronenlagern von einer Länge über 70 mm erhöht sich der vorschriftsmäßige Gasdruck an der Messstelle I für jede 5 mm Verlängerung um je 100 at.

Die Prüfung, die sich den geltenden internationalen Bedingungen anschloss, genügte damals selbst für die schwersten im Handel befindlichen Patronen. Seitdem sind aber in den USA besonders stark geladene Patronen von 70 mm Länge in den Handel gekommen, meist unter dem Namen „Heavies" bekannt, die einen über dem der europäischen Patronen liegenden Druck ergeben, der sich in einzelnen Fällen dem Druck der Beschussladung so sehr nähert, dass, wenn derartige Patronen in einer normal geprüften Flinte verschossen werden sollen, es ratsam wäre, die Waffe einer Nachprüfung zu unterziehen.

Bei Vorlage einer Waffe mit Büchsenläufen zum Nitrobeschuss ist dem Beschussamt die Gebrauchspatrone, deren Ladung in Bezug auf Pulversorte, Geschossgewicht und Geschossart sowie deren Gasdruck auf dem Einlieferungsschein, anzugeben. Auf Verlangen sind dem Beschussamt passende Gebrauchspatronenhülsen und Geschosse oder fertige Gebrauchspatronen zu liefern. Für die Angabe der Patronenart sind die handelsüblichen Bezeichnungen zu verwenden und zwar bei Büchsenpatronen die metrische Kaliberbezeichnung in mm (unter Kaliber ist der Laufdurchmesser in den Zügen zu verstehen) sowie gegebenenfalls die Zusätze für besondere Gestaltung, wie beispielsweise R für Hülse mit Rand, JS für die Patrone 8×57 respektive 8×57JRS mit S-Kaliber (das engere Kaliber für 8-mm-Patronen ist seit Einführung des Gesetzes verboten). Außer der durch das Waffengesetz vom 18. März 1938 vorgeschriebenen Kennzeichnung (Firma des Herstellers auf dem Lauf, Fabriknummer) haben Waffen zu tragen:

a) Faustfeuerwaffen die Kaliberbezeichnung in mm oder die handelsübliche Patronenbezeichnung;
b) Im Inland hergestellte Langwaffenläufe – ausgenommen solche von Kleinkalibergewehren und Flobertgewehren – das DIN-Zeichen des Laufwerkstoffes;
c) Flintenläufe außer der Kennzeichnung gemäß b) die Angabe des Kalibers und der Patronenlänge;
d) Büchsenläufe außer der Kennzeichnung gemäß b) die handelsübliche Bezeichnung der für die Waffe im Handel befindlichen stärksten Gebrauchspatrone;
e) Flobertgewehre die Bezeichnung: Flobert.

Das Beschusszeichen ist auf Lauf und Verschluss so anzubringen, dass die Brauchbarkeit der Waffe beeinträchtigende Verformungen vermieden werden. Das Zeichen für den Beschuss der Läufe

ist so anzubringen, dass es bei der weiteren Bearbeitung des Laufes sichtbar und erhalten bleibt. Bei Verschlüssen ist das Beschusszeichen auf den größeren, zum sicheren Abschluss des Laufes notwendigen Teilen anzubringen, bei Revolvern auch auf der Patronenwalze.

Das Zeichen für den Instandsetzungsbeschuss ist bei geänderten Teilen unter oder neben den vorhandenen Beschusszeichen anzubringen. Ersetzte Teile erhalten nur das Instandsetzungszeichen. Bei neu gefertigten Waffen, an denen der Hersteller einen beschusspflichtigen Teil durch einen anderen ersetzt hat, ist beim erneuten Beschuss nur der ersetzte Teil zu stempeln und zwar wie bei neuen Waffen.

Falls ein Jahreszeichen aufgeschlagen wird, so besteht es aus den beiden letzten Stellen der Jahreszahl. Ihm kann die Monatszahl vorgesetzt werden.

Alle Handfeuerwaffen sollen zum Einschlagen der Beschusszeichen geeignete Stellen haben. Ist das nicht der Fall, so sollen die Waffen ohne Beschusszeichen zurückgegeben werden. Dies stellt eine sehr schwere Strafe dar, da es faktisch die Ungültigkeit des Beschusses bedeutet.

Das Zeichen der Beschussbehörde und das Jahreszeichen werden auch auf mehrläufigen Waffen nur einmal eingeschlagen. Wird eine Waffe ohne Beschusszeichen zurückgegeben, so wird nur das Zeichen der Beschussanstalt aufgeschlagen. Ist eine bereits mit einem Beschusszeichen versehene Waffe oder ein Teil einer solchen zu beanstanden, so ist das nachstehende Entwertungszeichen auf das Beschusszeichen zu schlagen: **X**. In beiden letztgenannten Fällen darf eine eventuelle Nachprüfung nur in derselben Beschussanstalt stattfinden.

Nach jedem Beschuss wird dessen Wirkung auf die Waffe festgestellt (Nachprüfung). Ergeben sich Mängel, welche die Haltbarkeit der Waffe zu beeinträchtigen drohen, so wird sie ohne Prüfzeichen zurückgegeben, sind die Mängel aber derart, dass sie ohne Gefahr für die Haltbarkeit der Waffe nicht beseitigt werden können, so können die mangelhaften Waffenteile vor der Rückgabe unbrauchbar gemacht werden.

Als derartige Mängel sind anzusehen: Aufbauchungen, Dehnungen*, Risse und Fehler im Stahl, ebenso Schiefer, Äscher, unganze Stellen usw.

Bei Läufen mit Verschlüssen ist nach dem Vor- und Endbeschuss zu prüfen:

1) bei Selbstladern oder Mehrladern, ob der Mechanismus beim Beschuss einwandfrei gearbeitet hat, ob die Patronen ungehindert aus den Magazinen in den Lauf eingeführt wurden und die Hülsen nicht geklemmt haben und ob die Zündung sicher erfolgte;

2) bei Langwaffen,
   a) ob die Patronenlager Dehnungen zeigen;
   b) ob die Patronenhülsen sich anstandslos ausziehen lassen;
   c) ob das Patronenlager nach Länge und Weite der angegebenen Patronenhülse entspricht;
   d) ob bei mehrläufigen Waffen die Verbindung der Läufe an allen Stellen unversehrt ist;

*) Eine Dehnung des Patronenlagers ist bei allen Kipplaufwaffen, bei sonstigen Büchsenläufen, soweit sie Patronen mit einem Gebrauchsdruck von über 3500 kg/cm^2 haben und bei allen Waffen, bei denen der Leiter der Beschussanstalt dies für angebracht hält, mit Hilfe von Stichmaßen zu messen, mit denen im vorderen und hinteren Drittel des Patronenlagers gemessen werden kann. Vor und nach dem Beschuss ist die Lage des Durchmessers des Stichmaßes in Bezug auf einen Anhaltspunkt, wie Laufende, Ausschnitt im Schloss usw. festzustellen. Um unrunde Stellen zu ermitteln, sind bei jeder Messung zwei Ablesungen bei um 90° gedrehter Stellung des Stichmaßes auszuführen. Aus dem Unterschied (L) der Lage des Durchmessers vor und nach dem Schuss ist die Dehnung (d) nach der Formel zu berechnen:

$$d \quad L \ \frac{P1 - P2}{P}$$

Hierbei bedeutet P die Länge des Patronenlagers, P1 dessen vorderen und P2 dessen hinteren Durchmesser.

Nach Veröffentlichung der DIN-Zeichen für den Laufwerkstoff kann die Beschussbehörde bei noch zu bestimmenden Laufwerkstoffen und Wandstärkenverhältnissen von der Prüfung auf Dehnung in der Weite absehen.

Dies gilt aber nicht für Kipplaufwaffen. Beträgt die Dehnung mehr als 0,2 % des Durchmessers, so ist die Waffe zu beanstanden.

e) ob an den Verschlüssen Verformungen eingetreten sind;

3) bei Kurzwaffen, ob bei Revolvern die Drehvorrichtung sicher gearbeitet hat und an der Patronenlagerwalze in keinem Patronenlager unganze Stellen, Risse, Äscher, sichtbare Aufbauchungen oder Dehnungen entstanden sind. Im Notfall werden Verformungen an den Verschlüssen, die mit dem bloßen Auge nicht sichtbar sind, mit Lehrpatronen für den höchstzulässigen Verschlußabstand nachgeprüft.

Die Beschussämter können Waffen auch dann ohne Prüfzeichen zurückgeben oder vor der Rückgabe unbrauchbar machen, wenn die Waffen den Beschuss zwar ausgehalten haben, bei weiterem Gebrauch aber die körperliche Sicherheit des Schützen zu gefährden drohen. Bei einer Rückgabe sind die Waffe oder deren beanstandete Teile amtlich zu kennzeichnen. Dies ist eine der weisesten Klauseln des Gesetzes, die bei richtiger Anwendung viel Unheil vermeiden kann.

Wer an bereits geprüften Waffen wesentliche Teile verändert oder instandsetzt, ist verpflichtet, die Waffe erneut durch Endbeschuss prüfen zu lassen (Instandsetzungsbeschuss). Dieser muss stattfinden, wenn an der Waffe die Läufe, Verschlüsse oder als Patronenlager dienende Trommeln verändert oder instand gesetzt werden oder an der Waffe nachträglich Zielfernrohre angebracht werden oder ähnliche Arbeiten ausgeführt werden und dabei Einschnitte in den Lauf oder in andere wesentliche Teile der Waffe vorgenommen worden sind. Auf den Instandsetzungsbeschuss finden die Vorschriften über den Endbeschuss sinngemäß Anwendung.

Ist bei mehrläufigen Waffen nur ein Lauf verändert oder instandgesetzt worden, ohne dass dabei ein anderer Lauf in irgend einer Weise in Mitleidenschaft gezogen worden ist, kann ein erneuter Endbeschuss auf diesen Lauf beschränkt werden. Sind die übrigen Läufe der Waffe jedoch entgegen den Vorschriften dieses Gesetzes noch nicht mit Nitropulver beschossen worden oder ist der vorgeschriebene Endbeschuss dieser Läufe an Hand der an ihnen angebrachten Prüfzeichen nicht nachzuweisen, so sind sämtliche Läufe einem erneuten Endbeschuss zu unterwerfen.

Ein Instandsetzungsbeschuss findet jedoch nicht statt, wenn in eine Waffe lediglich mit Prüfzeichen versehene wesentliche Teile eingesetzt werden, oder wenn es sich um die Beseitigung leichter äußerer Schäden oder die Erneuerung der Deckmittel handelt.

Bestimmte Veränderungen oder Instandsetzungen können allgemein verboten werden. Waffen, die einem solchen Verbot zuwider verändert oder instand gesetzt worden sind, dürfen nicht beschossen werden; sie können durch die Beschussämter eingezogen werden. Zu derartigen verbotenen Veränderungen gehören Schweißungen am Lauf oder der überstehenden Schiene, der Verschlusshülse oder der Kammer, bei Kipplaufwaffen am Scharnier, im Kastenwinkel (Baskülwinkel) oder an anderen besonders wichtigen Teilen. Derartige Waffen sind nicht beschussfähig.

Als Schweißung gilt jede Wärmebehandlung, die geeignet ist, die Festigkeit des Laufwerkstoffes wesentlich herabzusetzen, und dadurch die Sicherheit der Waffe zu gefährden. Ein Ausfüttern von Läufen und Patronenlagern ist nur an Waffen für Randfeuerpatronen Kaliber .22 gestattet.

Es war höchste Zeit, dass diese Bestimmungen gesetzlich verankert wurden. Kein verantwortungsbewusster Büchsenmacher hätte auch früher schon solche Art „Instandsetzungen“ ausgeführt, vorgekommen sind sie aber doch.

Das Gesetz ermächtigte ferner den Reichswirtschaftsminister, im Einvernehmen mit dem Reichsminister des Innern, anzuordnen, dass Waffen, deren Prüfung länger als eine von ihm zu bestimmende Frist zurücklag, erneut geprüft werden müssen. Bei genauerem Studium dieser Frage scheint es selbstverständlich, dass die Dauer der Anerkennung der erfolgten Prüfung zeitlich begrenzt wird, da – abgesehen von Müdigkeitserscheinungen im Material – die Einführung neuer Treibmittel, die Veränderung der Ladungen usw. eine vor vielen Jahren unter ganz anderen Bedingungen durchgeführte Prüfung vollständig illusorisch machen können.

Trotzdem fehlte eine derartige Verfügung in allen europäischen Gesetzen. Das deutsche Gesetz brachte sie zum ersten Mal, aber auch hier blieb es bei der Ankündigung – zur Feststellung einer Frist für die Erneuerung alter Prüfungen ist es nicht mehr gekommen. Auch in Österreich, dessen neuestes Beschussgesetz einige der wichtigsten Bestimmungen des deutschen übernommen hat, besteht diese Bestimmung – aber auch dort ist noch keine Frist für eine erneute Prüfung bestimmt worden. England hat sich bisher mit einem Appell an Büchsenmacher und Waffenbesitzer begnügt. Es bleibt abzuwarten, ob das dort in Vorbereitung befindliche neue Beschussgesetz etwas Neues bringen wird. Gerade dort ist eine derartige Verfügung von besonderer Wichtigkeit, weil viele nur für eine Ladung von 30 g Schrot in Kaliber 12 gebaute Flinten Läufe haben, die im vorderen Drittel so schwach im Material sind, dass sie den Druck selbst sonst durchaus normaler Ladungen progressiven Pulvers nicht aushalten, obgleich sie mit den alten schnell – also im Patronenlager oder doch in dessen Nähe – verbrennenden Pulvern durchaus sicher waren.

Von den Bestimmungen dieses Gesetzes ausgenommen, sind, wie so ziemlich überall, Waffen, die für eine Armee oder in deren Auftrag hergestellt, verändert oder instand gesetzt wurden und nur für deren Zwecke Verwendung finden. Dieser Nachsatz bedeutet also, dass derartige Waffen, wenn sie aus dem Besitz der betreffenden Armee ausscheiden und in den Handel, respektive in den Besitz von Privatpersonen kommen, ebenso wie alle anderen Waffen einer Beschusspflicht unterliegen. Diese Frage sollte rechtzeitig den wahrscheinlich recht zahlreichen Besitzern deutscher und ausländischer Heereswaffen, die in Jagdwaffen umgearbeitet worden sind oder nicht, ins Gedächtnis gerufen werden, ehe sie sich aus Unwissenheit strafbar machen.

Ferner unterliegen in Deutschland die Waffen keiner Beschusspflicht, die Beschussstempel von Staaten tragen, die dem Abkommen vom 15. Juli 1914 zwischen dem Deutschen Reich, Belgien, Frankreich und Italien, betreffend die gegenseitige Anerkennung der Beschusszeichen für Handfeuerwaffen, beigetreten sind. Seit Inkrafttreten dieses Gesetzes sind diese Zeichen aber nur anerkannt, wenn sie den Beschuss mit rauchschwachem Pulver nachweisen. Seit 1914 sind diesem Abkommen Spanien und Österreich beigetreten, deren Beschusszeichen also auch in Deutschland anerkannt sind. Ungarn ist gleichfalls beigetreten, doch gehen die Ansichten der mir zugänglichen Quellen darüber auseinander, ob die ungarischen Beschusszeichen in Deutschland anerkannt waren oder nicht. Die Tschechoslowakei ist dem Abkommen nie beigetreten, ihre Zeichen waren also bis 1940 nicht in Deutschland anerkannt. Ob die damals erfolgte Anerkennung nach 1945 widerrufen worden ist, ist mir unbekannt. Die englischen Beschusszeichen waren in Deutschland, ebenso wie die deutschen in England, durch eine Reihe besonderer Abkommen anerkannt. England kündigte diese Anerkennung einseitig am 22. Mai 1946 und hat diese Kündigung bis zu diesem Augenblick noch nicht rückgängig gemacht.

Wie die Frage der Anerkennung der deutschen Beschusszeichen, England ausgenommen, heute steht, ist mir trotz aller Bemühungen nicht gelungen festzustellen, ebensowenig, ob Deutschland die Beschusszeichen der ehemaligen Feindstaaten noch anerkennt oder nicht.

Sehr richtig bestimmt das Gesetz vom Jahre 1939, dass Patronen für Handfeuerwaffen gewerbsmäßig nur angeboten oder anderen überlassen werden dürfen, wenn sie den Vorschriften über Maßhaltigkeit, Kennzeichnung und Verpackung genügen. Patronen, die für oder im Auftrag einer Militärbehörde hergestellt worden sind, sind von dieser Bestimmung ausgenommen.

Für Waffen und Schießgeräte, die nach diesem Gesetz keiner Prüfung unterliegen, kann eine solche beantragt werden. Die Beschussämter sind gehalten, derartigen Anträgen nach Möglichkeit stattzugeben.

Diese Bestimmungen sind wie folgt: Patronen für Büchsenläufe dürfen nur in verschlossenen Packungen gewerblich feilgehalten oder anderen überlassen werden. Die Packungen müssen durch ein dauerhaftes Verschlussmittel so gesichert sein, dass ohne Verletzung desselben Patronen der Packung nicht entnommen werden können. Das Verschlussmittel hat den Namen des Herstellers und die handelsübliche Bezeichnung der in der

Packung enthaltenen Patronen zu tragen, zum Beispiel 8×57 RS. Ausgenommen von diesen Bestimmungen ist das Überlassen von Patronen auf einem polizeilich genehmigten Schießstand zur Benutzung nur auf demselben.

Als Hersteller im Sinne dieser Verfügung gilt auch derjenige, unter dessen Fabrikmarke die Patronen in den Verkehr gebracht werden und der die Verantwortung dafür übernimmt, dass sie den gesetzlichen Vorschriften entsprechen.

Patronen für Büchsenläufe, deren Gasdruck den in der dem Gesetz beigegebenen Tabelle übersteigt, und Flintenpatronen, bei denen der Gasdruck mehr als 75% des Beschussdruckes beträgt, dürfen ausnahmslos nur in verschlossenen Packungen feilgehalten werden oder anderen überlassen werden, bei denen das Verschlussmittel außer den sonstigen Angaben auch die Tatsache des Überdrucks und die Aufschrift:

„ACHTUNG! In Normalgeprüften Waffen nicht verwendbar"

enthält. Die Einzelpatronen sind außerdem am Bodenrand mit einer deutlich erkennbaren Riffelung zu versehen.

Unter diese Bestimmungen würden also auch sinngemäß amerikanische Patronen des Typs „Heavies" fallen – jedenfalls würde eine Anwendung dieser Vorschrift auf dieselben im Interesse der Sicherheit besonders bei dem Gebrauch älterer Flinten sehr zu wünschen sein.

Auf Patronen, die nachweisbar ins Ausland ausgeführt werden, finden diese Vorschriften keine Anwendung.

Als Gasdruck der Patronen gilt das Mittel der gemessenen Drücke einer Reihe von mindestens zehn Patronen, festgestellt in einem für die laufende Fabrikationskontrolle in den Munitionsfabriken geeigneten Verfahren, das von der Regierung anerkannt worden ist. Eine Abweichung des Spitzendrucks vom Gebrauchsdruck ist unbeachtlich, soweit der Spitzendruck nicht um 15% höher ist als der Gebrauchsdruck.

Es folgen dann die Strafbestimmungen für Übertretungen des Gesetzes, die aus Geldstrafen oder Gefängnis bis zu sechs Monaten bestehen. Neben der Strafe kann auf Einziehung der Waffe oder Patronen erkannt werden, auch wenn sie dem Täter nicht gehören. Kann keine bestimmte Person verfolgt werden, so kann auf Einziehung selbstständig erkannt werden, wenn im Übrigen die Voraussetzungen dafür vorliegen.

Es folgen dann die Übergangsbestimmungen und einige Schlussvorschriften, die zum großen Teil bereits erledigt sind, andererseits aber heute allenfalls nur noch ein sehr bedingtes historisches Interesse haben, da sich die Bedingungen, unter denen sie erlassen wurden, heute vollständig geändert haben, sie also einfach nicht mehr anwendbar sind. Wir übergehen sie infolgedessen, wollen aber doch angeben, dass auf Grund dieser Vorschriften für die Vereinheitlichung von Waffen und Patronen erlassen werden konnten und tatsächlich wurden, die aber heute augenscheinlich nicht mehr angewandt werden.

Im Jahre 1945 wurde den Deutschen von den Alliierten jegliche Herstellung und der Gebrauch von Handfeuerwaffen aller Art untersagt. Aber schon sehr bald danach, jedenfalls vor dem Jahre 1948, begann man in Suhl, in der russischen Besatzungszone, wieder mit der Herstellung von Flinten, wobei das Gesetz aus dem Jahr 1939, in den Punkten, die sich auf Flinten bezogen, in Kraft blieb.

Nur die Beschusszeichen wurden geändert – sie sind in der Tabelle zu finden. Eine Zeitlang wurde das Zeichen für den Endbeschuss mit Schwarzpulver (Sohle mit Hacke und den Buchstaben SP darüber) auf alle Flinten aufgeschlagen, auch den eigentlich für rauchschwaches Pulver bestimmten, da nach Angabe der Beschussanstalt kein Pulver für den rauchschwachen Beschuss vorhanden war. Im Allgemeinen würde es sich empfehlen, derartig gestempelte Waffen einem rauchschwachen Nachbeschuss zu unterwerfen und entsprechend stempeln zu lassen.

Erst im Jahre 1952 wurde die Herstellung von Handfeuerwaffen in Westdeutschland unter gewissen Beschränkungen wieder gestattet. Eine Beschussanstalt wurde in Ulm eingerichtet, die als Nachfolgerin der Beschussanstalt in Oberndorf am Neckar angesehen wird, und dementsprechend das Hirschhorn als Zeichen führt. Das Gesetz vom Jahre 1939 bleibt in Kraft, nur die Beschusszeichen werden durch neue ersetzt, die in der Tabelle angeführt sind.

Zusammenfassung

Jede in gutem Zustande befindliche deutsche Flinte kann mit der für sie bestimmten Patrone der richtigen Länge, falls sie das Beschusszeichen N mit Krone oder Nitro führt, mit rauchschwachem Pulver geladenen Patronen gebraucht werden. Nach 1912 geprüfte Flinten müssen, wenn sie mit 70 mm langen Patronen benutzt werden sollen, die Zahl 70 auf Lauf und Basküle tragen. Tun sie das nicht, so sind sie nur für 65 mm lange Hülsen zu benutzen. Kurze Hülsen in langen Kammern zu verschießen, ist bei Gewehren mit scharf begrenztem Patronenlager nicht ratsam, bei eigens dafür gebohrten oder überhaupt bei Patronenlagern mit langem und flachem Übergang dagegen ungefährlich. Allerdings bedingt ein derartiger Gebrauch eine etwas geringere Leistung, durch Vergrößerung der Streuung, was ja häufig gerade der Grund zu einer solchen Verwendung ist und verlangt eine sehr sorgfältige Reinigung des Patronenlagers sowie des Übergangs nach Gebrauch. So ist beim Tontaubenschießen der Gebrauch kürzerer Patronen im rechten Lauf zur Verminderung des Rückstoßes durchaus zu rechtfertigen, besonders auf kürzere Entfernungen.

Sollen jedoch in einer Flinte mit 70 mm langen Patronenlagern amerikanische Patronen mit einer Ladung über 36 g Schrot, leicht zu erkennen durch den Aufdruck auf dem Schlussblättchen einer Ladungsangabe von über 1¼ oz (Unzen) in Kal. 12 und 1 oz in Kal. 16, so müssen auf derartige Waffen die Bestimmungen des Gesetzes Anwendung finden, nach denen Patronen mit über 75% des Beschussdruckes in normal geprüften Waffen nicht verwendet werden dürfen. Es handelt sich hierbei nicht um die verstärkte Schrotladung – auch viele deutsche Patronen waren vor dem Krieg mit über 37 g Schrot geladen – sondern um die, diesen Patronen eigentümlichen erhöhten Drücke, wie sie den amerikanischen Pulvern eigen sind. Die meisten besseren deutschen Flinten dürften den verstärkten Druck ohne Weiteres aushalten – aber Vorsicht ist besser als Nachsicht.

Bei Büchsen, besonders bei solchen unbekannter Herkunft, ist besonderes Gewicht auf die Verwendung der richtigen Patrone, nach Hülsenlänge, Ladung und Geschossgewicht zu legen und deswegen im Zweifelsfalle ein erfahrener Büchsenmacher zu Rate zu ziehen. Die Annahme, dass sich Patronen, die sich in einen Büchsenlauf einführen lassen, auch ohne Weiteres darin gebrauchen lassen, ist durchaus falsch und kann häufig zu Sprengungen der Waffe führen, wobei meistens der Schütze schwer verletzt werden wird. Also Vorsicht!

Deutsche Beschussstempel seit 1891

1891	1912[1])	1939	1950	1952
V	—	—	—	—

Vorratszeichen, auf alle vor der Einführung des Gesetzes von 1891 im Handel vorhandenen Waffen zu schlagen.

Erster vorläufiger Beschuss der rohen Läufe, seit 1939 Vorbeschuss oder Materialbeschuss genannt.

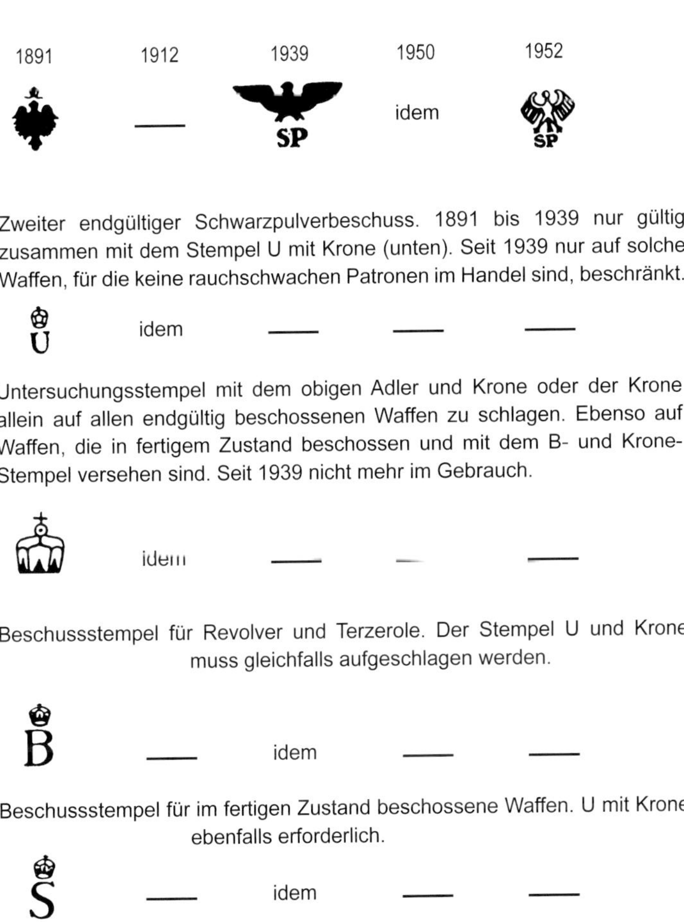

1891	1912	1939	1950	1952
	—	SP	idem	SP

Zweiter endgültiger Schwarzpulverbeschuss. 1891 bis 1939 nur gültig zusammen mit dem Stempel U mit Krone (unten). Seit 1939 nur auf solche Waffen, für die keine rauchschwachen Patronen im Handel sind, beschränkt.

1891	1912	1939	1950	1952
U	idem	—	—	—

Untersuchungsstempel mit dem obigen Adler und Krone oder der Krone allein auf allen endgültig beschossenen Waffen zu schlagen. Ebenso auf Waffen, die in fertigem Zustand beschossen und mit dem B- und Krone-Stempel versehen sind. Seit 1939 nicht mehr im Gebrauch.

1891	1912	1939	1950	1952
	idem	—	—	—

Beschussstempel für Revolver und Terzerole. Der Stempel U und Krone muss gleichfalls aufgeschlagen werden.

1891	1912	1939	1950	1952
B	—	idem	—	—

Beschussstempel für im fertigen Zustand beschossene Waffen. U mit Krone ebenfalls erforderlich.

1891	1912	1939	1950	1952
S	—	idem	—	—

Beschussstempel für glatte Läufe

1891	1912	1939	1950	1952
W	—	idem	—	—

Beschussstempel für Würgebohrungsläufe.

1891	1912	1939	1950	1952
G	—	idem	—	—

Beschussstempel für gezogene Läufe.

1891	1912	1939	1950	1952
SW	—	idem	—	—

Beschussstempel für gezogene Würgebohrungsläufe.

1891	1912	1939	1950	1952
E	—	idem	—	—

Beschussstempel für Expressbüchsenläufe.

1891	1912	1939	1950	1952
(12)	—	idem	—	—

Kaliberbezeichnung bei Läufen von Hinterladern mit glatten Läufen.

1891	1912	1939	1950	1952
24	—	idem	—	—

Kaliberbezeichnung bei Läufen für Einzelgeschosse.

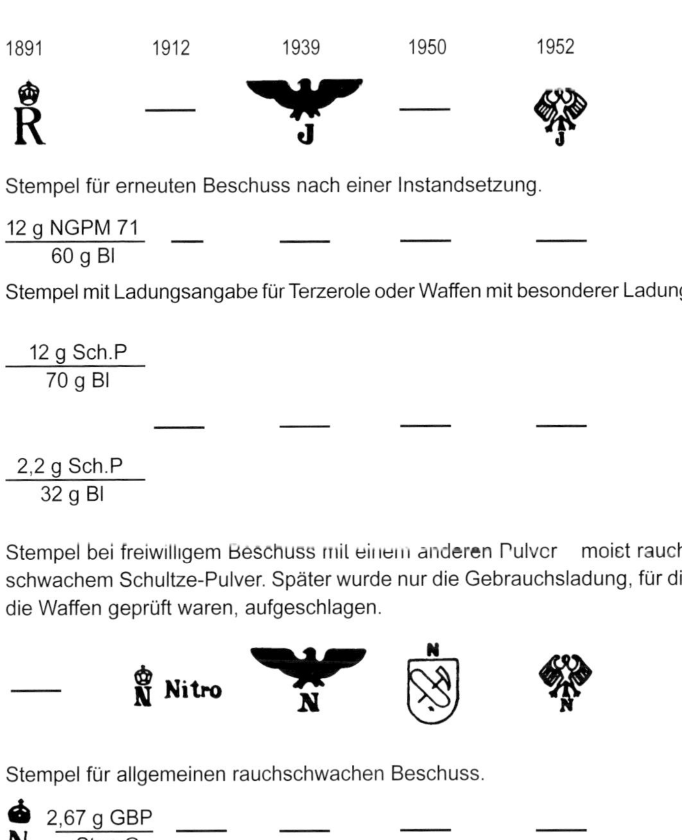

1891 1912 1939 1950 1952

Stempel für erneuten Beschuss nach einer Instandsetzung.

12 g NGPM 71 / 60 g Bl

Stempel mit Ladungsangabe für Terzerole oder Waffen mit besonderer Ladung.

12 g Sch.P / 70 g Bl

2,2 g Sch.P / 32 g Bl

Stempel bei freiwilligem Beschuss mit einem anderen Pulver meist rauchschwachem Schultze-Pulver. Später wurde nur die Gebrauchsladung, für die die Waffen geprüft waren, aufgeschlagen.

Nitro

Stempel für allgemeinen rauchschwachen Beschuss.

N 2,67 g GBP / St m G

Beschussstempel für mit rauchlosem Pulver (4000-at-Pulver) beschossene gezogene Läufe mit Stahlmantelgeschoss, seit 23. Juli 1893.

1891	1912	1939	1950	1952
——	**N oder Nitro** **St m G** **12 g**	——	——	——

Stempel für rauchschwachen Beschuss von Büchsenläufen für Stahlmantelgeschosse. N mit Krone oder Nitro und das Gewicht des Geschosses in g.

——	**N oder Nitro** **K m G** **12,7 g**	——	——	——

Idem für Kupfermantelgeschosse.

——	**N oder Nitro** **Bl G** **14 g**	——	——	——

Idem für Bleigeschosse.

——	**8** **57**	**Kaliberangabe u. handelsübl. Länge des Patronenlagers**	——	——

Zudem wird die Kaliberangabe und die Hülsenlänge in mm gestempelt.

Beschussstempel für den freiwilligen Beschuss von Handfeuerwaffen, die sonst dem Beschuss nicht unterliegen.

1891	1912	1939	1950	1952

Stempel der Beschußanstalt Ferlach[2])

SIEHE ÖSTERREICH

Stempel der Beschußanstalt Frankfurt a. d. O.

1891	1912	1939	1950	1952
–	–	Seit 1939 nicht mehr erwähnt		

Stempel der Beschußanstalt Oberndorf a. N.

1891	1912	1939	1950	1952
–	–	SIEHE ULM	–	–

Stempel der Beschußanstalt Suhl

1891	1912	1939	1950	1952
–	–		 15 DR L	—

Stempel der Beschußanstalt Ulm

1891	1912	1939	1950	1952
–	–	–	–	

Stempel der Beschußanstalt Weipert[2])

SIEHE ÖSTERREICH

Stempel der Beschußanstalt Wien[2])

SIEHE ÖSTERREICH

Stempel der Beschußanstalt Zella-Mehlis

1891	1912	1939	1950	1952
–	Z und M verschlungen		–	–

1891	1912	1939	1950	1952
—	—		—	
Beschussstempel für Flobertgewehre				
—	—	N	—	
Beschussstempel für Kleinkalibergewehre				
—	**4. 12[2])**	—	**10. 50**	—
Monat und Jahr des Beschusses				
—	**576[3])**	—	—	—
Journalnummer				

Außerdem müssen seit 1939 tragen:

Faustfeuerwaffen die Kaliberbezeichnung in mm oder handelsübliche Patronenbezeichnung.

Im Inland hergestellte Langwaffen außer Kleinkaliber und Flobert das DIN-Zeichen des Laufwerkstoffes. Flobertläufe die Bezeichnung „Flobert“.

Flintenläufe außer den oben erwähnten die Kaliberbezeichnung und Patronenlagerlänge.

Büchsenläufe außer den oben erwähnten noch das Kaliber und die handelsübliche Bezeichnung der für die Waffe im Handel befindlichen stärksten Gebrauchspatrone.

1) Zella-Mehlis seit 1. September 1911; Suhl seit April 1912. Frankfurt a. d. O. benutzte Troisdorfer Pulver.
2) Die Beschussanstalten Wien, Weipert und Ferlach nur von 1. Juni 1940 bis 1945.
3) Das Beschussdatum und die Journalnummer wurden nur in Zella-Mehlis seit 1. September 1911 benutzt. Dieser Gebrauch ist seit 1939 aufgegeben.

Bundesrepublik Deutschland

Im Jahre 1952 wurde dann noch eine Beschussnebenstelle in Eckernförde eingerichtet, wohin die Firma Sauer & Sohn aus Suhl umgezogen war. Sie benutzt die im Gesetz festgelegten Beschussmarken und außerdem noch als besonderes Erkennungszeichen ein Eichenblatt  . Sie ist berechtigt,alle Arten von Feuerwaffen zu beschießen.

Im Jahre 1953 wurde eine weitere Beschussnebenstelle in Hannover eingerichtet. Bis zum 21. April 1955 – dem Datum meiner letzten Nachricht darüber[1] – war sie nur zum Beschuss von Kleinkaliber- und Flobertgewehren zugelassen, man hofft aber, dass sie in Kürze in Zusammenarbeit mit der Physikalisch-Technischen Bundesanstalt in Braunschweig auch alle anderen Kaliber, einschließlich Handfeuerwaffen, zum Beschuss erhalten wird. Sie benutzt als Beschussmarken den „Bundesadler" mit N für Kleinkaliberwaffen und ohne Buchstaben für Flobertgewehre. Als Ortsbezeichnung führt sie das niedersächsische springende Pferd.  Amüsant ist, dass diese der Colt-Schutzmarke sehr ähnlich ist, nur dass ihm der Blitzstrahl fehlt.

[1]) Von der Polizeidirektion Hannover durch freundliche Vermittlung von Herrn Carl Kohler.

1961 wurde durch eine Verordnung der Beschussstempel für „Handfeuerwaffen für besondere Zwecke" geändert. Unter den Bundesadler kam noch der Buchstabe „S". Das „S" steht für „Sonderwaffen". Im Jahre 1968 trat das neue Bundeswaffengesetz (BWaffG) in Kraft. Gleichzeitig mit der Schaffung des neuen Waffengesetzes wurde das Beschussgesetz überarbeitet, den neuen Gegebenheiten angepasst und mit in das Bundeswaffengesetz aufgenommen. Nach dem Bundeswaffengesetz besteht nach wie vor eine Beschusspflicht für Waffen, die gewerbsmäßig hergestellt, eingeführt oder sonstwie in

Prüfzeichen des Beschussamtes Ulm

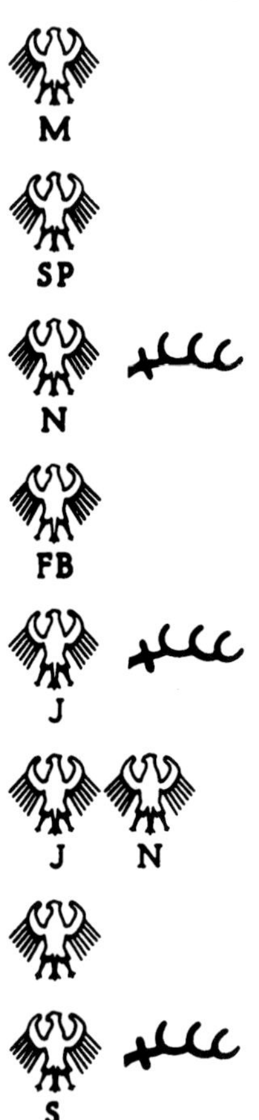

Vorbeschuss mit Schwarzpulver
(Flinten und mehrläufige Gewehre)

Endbeschuss mit Schwarzpulver

Endbeschuss mit Nitropulver
(Flinten, Büchsen und mehrläufige Gewehre)

Freiwilliger Beschuss

Instandsetzungs-Beschuss
(ohne Erneuerung von Lauf oder Verschluss)

Instandsetzungs-Beschuss
(mit Erneuerung von Lauf oder Verschluss)

Flobertgewehre

Handfeuerwaffen für besondere Zwecke
(Leucht- und Signalpistolen, Gas-, Betäubungs - und Scheintodwaffen, Beschussapparate zur Betäubung oder Tötung von Tieren)

den Geltungsbereich dieses Gesetzes verbracht werden. Ebenso für Waffen, an denen wesentliche Teile ausgetauscht oder instand gesetzt wurden (§ 21 BWaffG).

Neu ist jedoch, dass das neue Gesetz diverse Ausnahmen von der Beschusspflicht vorsieht. Darunter fallen beispielsweise Einsteckläufe in allen Randfeuerkalibern für Waffen mit glatten Läufen (Flinten) und Einsteckläufe für Waffen mit gezogenen Läufen, sofern der höchstzulässige Gebrauchsgasdruck der Patrone des Einstecklaufes nicht höher ist als der der Patrone des Wirtlaufes. Weiterhin fallen darunter: Bolzensetzgeräte und Viehbetäubungsapparate. Alle diese Dinge unterliegen jetzt nur noch einer Bauartprüfung.

Für Gas- und Schreckschusswaffen ist die Beschusspflicht kaliberabhängig. Vom Beschuss freigestellt sind hier Waffen bis zu einem Patronenlagerdurchmesser von 6 mm und einer Patronenlagerlänge bis 6 mm. Der gravierendste Unterschied zum alten Gesetz von 1939 besteht jedoch darin, dass alle Handfeuerwaffen, die in Ländern exportiert werden, die nicht der C.I.P. angehören, von nun an nicht mehr der Beschusspflicht unterliegen. Das ist erstaunlich, denn ursprünglich hat man die Beschusspflicht ja eingeführt, um durch diese staatliche Qualitätskontrolle den deutschen Handel im Ausland zu fördern.

Im BWaffG von 1968 hat man völlig auf eine Qualitätskontrolle verzichtet. Bei der Beschussprüfung werden nur noch folgende Punkte überprüft: Kennzeichnung, Maßhaltigkeit, Handhabungssicherheit, Haltbarkeit und Funktion.

1. Kennzeichnung

Jede Waffe, die zum Beschuss vorgelegt wird, muss die gesetzlich vorgeschriebene Kennzeichnung tragen. Diese besteht aus:

1) einer fortlaufenden Seriennummer (Waffennummer);
2) der Kaliberbezeichnung, die vollständig und eindeutig sein muss, und
3) dem Namen des Händlers oder Herstellers, und wenn die Waffe importiert wurde, den Namen oder das eingetragene Warenzeichen eines im Geltungsbereich dieses Gesetzes ansässigen Importeurs.

2. Maßhaltigkeit

überprüft werden diejenigen Maße, deren Unter- oder Überschreitung die Waffe und somit auch den Schützen gefährden können. Diese Maße sind für die einzelnen Kaliber im BWaffG festgelegt. Es sind dies im einzelnen:

1. Minimalmaße der Feld-Zug-Kaliber bei gezogenen Läufen.
2. Minimalmaße aller Patronenlagerabmessungen bei gezogenen Läufen.
3. Minimaler und maximaler Verschlussabstand bei allen Waffen.
4. Minimaler Übergangskegel bei gezogenen Läufen.
5. Minimaler Laufdurchmesser bei glatten Läufen.
6. Minimale und maximale Patronenlagerabmessungen bei glatten Läufen. Das neue Gesetz schafft, wie man sieht, viele Erleichterungen, indem es den Waffenherstellern die Maximalmaße bei den Punkten 1, 2, 4 und 5 nicht mehr vorschreibt. Zum Punkt 5 gibt es eine Ausnahmeregelung, die vorsieht, dass man den Minimaldurchmesser unterschreiten darf, wenn man die Waffe mit „verstärktem Beschuss“ prüfen lässt und gleichzeitig das tatsächliche Laufkaliber deutlich sichtbar auf dem Lauf aufbringt.

Durch das BWaffG wurden fast alle Verschlussabstandsmaße um $^{5}/_{100}$ mm bis $^{1}/_{10}$ mm verringert.

3. Handhabungssicherheit

Jede Waffe, die zum Beschuss vorgelegt wird, muss „handhabungssicher“ sein, das heißt, die Waffe muss sich ohne Gefahr für den Schützen laden, handhaben und abfeuern lassen.

Das setzt voraus, dass eine vorhandene Sicherung funktionieren muss, der Abzug nicht so weich eingestellt ist, dass der Schuss schon beim Schließen der Kammer losgeht oder bei mehrläufigen Waffen durch die Erschütterungen des ersten Schusses der zweite Lauf mit losgeht (Doppeln).

4. Haltbarkeit

Die Haltbarkeit aller Waffen wird beim Beschuss mit Überdruckpatronen (Beschusspatronen) geprüft. Das BWaffG sieht für alle Waffen nur noch den

Nitrobeschuss vor. Der Schwarzpulverbeschuss ist völlig weggefallen. Auch weggefallen ist der Vorbeschuss von Läufen in halbfertigem Zustand (Rohlinge). Die neuen legierten Werkstoffe und die modernen Lauffertigungsmethoden haben ihn überflüssig werden lassen.

Man unterscheidet den „normalen“ und den „verstärkten“ Beschuss. Beim „normalen“ Beschuss werden Nitrobeschusspatronen verwendet, deren Gasdruck 30% über dem gesetzlich festgelegten „höchstzulässigen Gebrauchsgasdruck“ liegt. Waffen, die „normal“ beschossen wurden, werden mit Bundesadler und „N“ gestempelt. Das „N“ unter dem Adler bedeutet also nicht mehr wie früher „Nitro“, sondern „normal“ im Gegensatz zu „verstärkt“. Nach diesem Gesetz ist der Nitrobeschuss sowieso obligatorisch, deshalb kann auf den Hinweis „Nitro“ generell verzichtet werden.

Dem „verstärkten“ Beschuss werden Flinten unterworfen, aus denen Magnumpatronen verschossen werden sollen, wie 12/76 Magnum, 20/76 Magnum und dergleichen, oder deren Laufinnendurchmesser den gesetzlich festgelegten Wert unterschreiten. Der Beschussdruck für den „verstärkten“ Beschuss von Flinten liegt durchschnittlich 50% über dem des höchstzulässigen Gebrauchsgasdruckes der entsprechenden Standardpatrone.

Ein „verstärkter“ Beschuss von Waffen mit gezogenen Läufen ist ebenfalls vorgesehen, findet jedoch nur auf Antrag statt. Der Antragsteller bestimmt in diesem Fall auch die Höhe des Überdruckes. Auf gezogene Läufe wird der Gasdruck des verstärkten Beschusses aufgeschlagen. Bei glatten Läufen wird hinter die Kaliberbezeichnung das Wort „Magnum“ aufgebracht. Alle Waffen, die verstärkt beschossen wurden, tragen als Beschusszeichen den Bundesadler mit „V“ für „verstärkt“.

Langwaffen mit gezogenen Läufen und Pistolen werden pro Lauf mit zwei Beschusspatronen beschossen. Wenn der höchstzulässige Gasdruck der Gebrauchspatrone jedoch unter 2500 bar liegt, wird nur eine Beschusspatrone geschossen. Revolver werden pro Trommelbohrung mit einer Beschusspatrone beschossen, unabhängig vom Gebrauchsgasdruck der Gebrauchspatrone. Langwaffen mit glatten Läufen (Flinten) werden pro Lauf mit zwei verschiedenen Beschusspatronen beschossen. Eine dieser Patronen muss im Patronenlager 30% Überdruck erzeugen; damit wird das Patronenlager und der Verschluss geprüft. Die andere Patrone ist mit einem progressiven Pulver geladen, normalerweise Schwarzpulver, und soll durch einen langanhaltenden Druck den Lauf auf seiner ganzen Länge prüfen. Von ihr wird gefordert, dass sie 162 mm vor dem Stoßboden einen Druck von 500 bar erzeugt.

5. Funktionsprüfung

Bei der Funktionsprüfung wird geprüft, ob der Mechanismus der Waffe während und nach dem Beschuss einwandfrei arbeitet. Besonders wichtig ist diese Überprüfung bei Selbstlademechanismen. Bei halbautomatischen Waffen, deren Patronen einen Gebrauchsgasdruck von unter 2500 bar haben und die deshalb nur mit einer Beschusspatrone beschossen werden, wird als zweites eine Gebrauchspatrone geladen.

Beschusszeichen

Durch das BWaffG von 1968 sind einige der 1950 eingeführten Beschusszeichen weggefallen. Als Hoheitszeichen dient weiter der Bundesadler der Bundesrepublik Deutschland. Die einzelnen Zeichen sind nachstehend aufgeführt.

Waffen, die ohne Beanstandung beschossen wurden, werden mit den entsprechenden Beschusszeichen versehen. Das Beschusszeichen besteht aus dem Adler mit dem entsprechenden Buchstaben darunter, dem Amtszeichen und der Jahreszahl des Beschusses. In der Regel wird auch noch der Monat des Beschusses aufgeschlagen. Auf Antrag können diese Zahlen mit Buchstaben verschlüsselt werden, wobei für die Zahlen 1 bis 9 die Buchstaben A bis K stehen.

Wenn eine Waffe vor oder nach dem Beschuss Mängel aufweist, wird sie mit dem amtlichen Rückgabezeichen versehen. Dies besteht aus dem Amtszeichen mit Monat und Jahr.

Teile, die durch den Beschuss so beschädigt werden, dass eine Reparatur nicht mehr möglich ist, werden neben dem Rückgabezeichen mit dem Wort „UNBRAUCHBAR“ gestempelt. Defekte, unbrauchbare oder gesprengte Waffen werden in jedem Fall dem Einlieferer zurückgegeben. Ein Zerschlagen oder Zersägen unbrauchbarer Waffen findet nicht mehr statt.

Im Juni 1971 wurde durch die „erste Änderung zur Durchführungsverordnung des Bundeswaffengesetzes“ der deutsche Bundesadler durch einen stilisierten Adler abgelöst.

Amtszeichen der Prüfämter und Beschusszeichen seit 1968
Zeichen der Prüfämter

Ulm Berlin Kiel Hannover München Köln

Bundesadler (§ 27 Absatz 1 Nummer 1)

N

1. Normalbeschuss für alle Waffen.

J

2. Instandsetzungsbeschuss nach Reparatur oder Austausch wesentlicher Waffenteile.

V

3. Verstärkter Beschuss.

L

4. Beschuss mit Ladung. Für Waffen, die statt Patronen eine Ladung oder ein Gasgemisch verwenden (Vorderlader, Böllerkanonen usw.).

5. Stilisierter Bundesadler, wird seit Juni 1971 mit den entsprechenden Buchstaben (N, I, V, L) anstelle des obigen Bundesadlers verwendet.

2. Nachtrag

Mit der Bekanntmachung der Maßtafeln für Handfeuerwaffen und Munition vom 20. Februar 1991 sowie der Neufassung der 3. Waffenverordnung vom 2. September 1991, wurden alle von der C.I.P. bis 1990 gefassten Beschlüsse in geltendes Recht umgesetzt. Das brachte erhebliche Veränderungen bei den Prüfverfahren, sowie bei den Anforderungen an Schreckschuss-, Reizstoff- und Signalwaffen.

Neben der Prüfung von Waffen, wurde auch die Prüfung der Munition gesetzlich geregelt.

Im Jahre 2000 kam dann noch das Beschusszeichen für Handfeuerwaffen zum Verschießen von Stahlschrotmunition mit verstärkter Ladung dazu.

Beschuss- und Prüfzeichen ab 1991:

Normaler Beschuss von Handfeuerwaffen, wesentlichen Teilen von Handfeuerwaffen, Einsteckläufen und Böllern, die zum Verschießen von Munition mit Nitropulver mit normalen Gebrauchsgasdruck bestimmt sind.

N

Verstärkter Beschuss von Handfeuerwaffen, wesentlichen Teilen von Handfeuerwaffen und Einsteckläufen, die zum Verschießen von Munition mit überhöhtem Gasdruck bestimmt sind.

V

Normaler Beschuss von Handfeuerwaffen, wesentlichen Teilen von Handfeuerwaffen, Einsteckläufen und Böllern, die zum Verschießen von Schwarzpulver bestimmt sind.

PN

Normaler Beschuss von Handfeuerwaffen, wesentlichen Teilen von Handfeuerwaffen, Einsteckläufen und Böllern, bei denen zum Antrieb ein entzündbares flüssiges oder gasförmiges Gemisch oder eine Treibladung verwendet wird.

L

Indstandsetzungsbeschuss von Handfeuerwaffen, wesentlichen Teilen von Handfeuerwaffen, Einsteckläufen und Böllern.

J

Freiwilliger Beschuss.

F

Kennzeichen für Schusswaffen, deren Geschosse eine Bewegungsenergie von nicht mehr als 7,5 J erteilt wird.

Zulassungszeichen für typengeprüfte Handfeuerwaffen, Schussapparate und Einsteckläufe.

Zulassungszeichen für typengeprüfte Schreckschuss-, Reizstoff- und Signalwaffen.

Zulassungszeichen für pyrotechnische Munition.

Prüfzeichen auf Schussapparaten und nicht tragbaren Geräten, in denen zum Antrieb in Hülsen untergebrachte Treibladungen verwendet werden und die für technische Zwecke bestimmt sind: Die Zahl im kleineren Quadrat bezeichnet die zwei letzten Ziffern der Jahreszahl, die Zahl in einer der Ecken des großen Quadrates das Quartal, in dem die Prüfung erfolgte.

Schusswaffen, die vom Bundesamt für Wehrtechnik und Beschaffung beschossen wurden.

Erstbeschuss von Schusswaffen, die von der Beschaffungsstelle des Bundesministers des Innern beschossen wurden.

Instandsetzungsbeschuss bei Schusswaffen, die von der Beschaffungsstelle des Bundesministers des Innern nach einer Instandsetzung erneut beschossen wurden.

Beschuss „Stahlschrot" von Handfeuerwaffen mit glatten Läufen ab 2000.

Munitionsprüfung durchgeführt vom Beschussamt Hannover.

Munitionsprüfung durchgeführt vom Beschussamt Kiel.

Munitionsprüfung durchgeführt vom Beschussamt Köln.

Munitionsprüfung durchgeführt vom Beschussamt Mellrichstadt.

Munitionsprüfung durchgeführt vom Beschussamt München.

Munitionsprüfung durchgeführt vom Beschussamt Suhl.

Munitionsprüfung durchgeführt vom Beschussamt Ulm.

Beschussamt Hannover

Beschussamt Kiel

Beschussamt Köln

Beschussamt Mellrichstadt

Beschussamt München

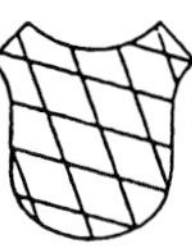

Beschussamt Suhl

Beschussamt Ulm

3. Nachtrag

Beschussgesetz; Stand 17.7.2009

Gesetz über die Prüfung und Zulassung von Feuerwaffen, Böllern, Geräten, bei denen zum Antrieb Munition verwendet wird, sowie von Munition und sonstigen Waffen (Beschussgesetz – BeschG)

BeschG

Ausfertigungsdatum: 11.10.2002

Vollzitat:
„Beschussgesetz vom 11. Oktober 2002 (BGBl. I S. 3970, 4003), das zuletzt durch Artikel 3 Absatz 7 des Gesetzes vom 17. Juli 2009 (BGBl. I S. 2062) geändert worden ist"
Stand: Zuletzt geändert durch Art. 3 Abs. 7 G v. 17.7.2009 I 2062

Inhaltsübersicht

Abschnitt 1: Allgemeine Bestimmungen

Abschnitt 2: Prüfung und Zulassung

Abschnitt 3: Sonstige beschussrechtliche Vorschriften

Abschnitt 4: Übergangsvorschriften

Abschnitt 1
Allgemeine Bestimmungen
§ 1
Zweck, Anwendungsbereich

(1) Dieses Gesetz regelt die Prüfung und Zulassung von

1. Feuerwaffen, Böllern, Geräten, bei denen zum Antrieb Munition oder hülsenlose Treibladungen verwendet werden, einschließlich deren höchstbeanspruchten Teilen,
2. Munition und
3. sonstigen Waffen zum Schutz der Benutzer und Dritter bei bestimmungsgemäßer Verwendung.

(2) Dieses Gesetz ist nicht anzuwenden auf

1. Feuerwaffen, die zum Verschießen von Munition bestimmt sind, bei der die Ladung nicht schwerer als 15 Milligramm ist,
2. veränderte Schusswaffen nach Anlage 1 Abschnitt 1 Unterabschnitt 1 Nr. 1.4 des Waffengesetzes vom 11. Oktober 2002 (BGBl. I S. 3970) in der jeweils geltenden Fassung,
3. die Lagerung der in Absatz 1 bezeichneten Gegenstände in verschlossenen Zolllagern oder in Freizonen.

(3) Der Bauartzulassung unterliegen

1. nicht tragbare Selbstschussgeräte,
2. bei anderen nicht tragbaren Geräten, in denen zum Antrieb in Hülsen untergebrachte Treibladungen verwendet werden und die für technische Zwecke bestimmt sind, nur die Auslösevorrichtungen und die Teile des Gerätes, die dem Druck der Pulvergase unmittelbar ausgesetzt sind.

Geräte nach Satz 1 Nr. 2 können außerdem der Einzelbeschussprüfung unterzogen werden.

(4) Auf Feuerwaffen, Böller, Geräte, Munition und sonstige Waffen im Sinne des Absatzes 1, die für

1. die obersten Bundes- und Landesbehörden und die Deutsche Bundesbank,
2. die Bundeswehr und die in der Bundesrepublik Deutschland stationierten ausländischen Streitkräfte,
3. die Polizeien des Bundes und der Länder,

4. die Zollverwaltung in den Geltungsbereich dieses Gesetzes verbracht oder hergestellt und ihnen oder ihren Bediensteten im Rahmen ihrer dienstlichen Tätig keit jeweils überlassen werden, sind, soweit nicht ausdrücklich etwas anderes bestimmt ist, die Vorschriften über die Prüfung und Zulassung nach diesem Gesetz nicht anzuwenden.

(5) Die Bundesregierung kann durch Rechtsverordnung, die nicht der Zustimmung des Bundesrates bedarf, eine dem Absatz 4 entsprechende Regelung für sonstige Behörden und Dienststellen des Bundes einschließlich deren Bediensteter im Rahmen ihrer dienstlichen Tätigkeit treffen. Die Bundesregierung kann die Befugnis nach Satz 1 durch Rechtsverordnung, die nicht der Zustimmung des Bundesrates bedarf, auf eine andere Bundesbehörde übertragen.

(6) Die Landesregierungen können durch Rechtsverordnung eine dem Absatz 4 entsprechende Regelung für sonstige Behörden und Dienststellen des Landes einschließlich deren Bediensteter im Rahmen ihrer dienstlichen Tätigkeit treffen. Die Landesregierungen können die Befugnis nach Satz 1 durch Rechtsverordnung auf andere Landesbehörden übertragen.

§ 2
Beschusstechnische Begriffe

(1) Feuerwaffen im Sinne dieses Gesetzes sind

1. Schusswaffen, bei denen ein Geschoss mittels heißer Gase durch den Lauf getrieben wird, oder
2. Geräte zum Abschießen von Munition oder hülsenlosen Treibladungen, bei denen kein Geschoss durch den Lauf getrieben wird.

(2) Höchstbeanspruchte Teile im Sinne dieses Gesetzes sind die Teile, die dem Gasdruck ausgesetzt sind. Dies sind insbesondere

1. der Lauf; dabei sind
   a) Austauschläufe Läufe für ein bestimmtes Waffenmodell oder -system, die ohne Nacharbeit ausgetauscht werden können,
   b) Wechselläufe Läufe, die für eine bestimmte Waffe zum Austausch des vorhandenen Laufs vorgefertigt sind und die noch eingepasst werden müssen,
   c) Einsteckläufe Läufe ohne eigenen Verschluss, die in die Läufe von Waffen größeren Kalibers eingesteckt werden können;

2. der Verschluss als das unmittelbar das Patronen- oder Kartuschenlager oder den Lauf abschließende Teil;
3. das Patronen- oder Kartuschenlager, wenn dieses nicht bereits Bestandteil des Laufs ist;
4. bei Schusswaffen und Geräten nach § 1 Abs. 3, bei denen zum Antrieb ein entzündbares flüssiges oder gasförmiges Gemisch verwendet wird, die Verbrennungskammer und die Einrichtung zur Erzeugung des Gemisches;
5. bei Schusswaffen mit anderem Antrieb und Geräten nach § 1 Abs. 3 die Antriebsvorrichtung, sofern sie fest mit der Schusswaffe oder dem Gerät verbunden ist;
6. bei Kurzwaffen das Griffstück oder sonstige Waffenteile, soweit sie für die Aufnahme des Auslösemechanismus bestimmt sind;
7. Trommeln für ein bestimmtes Revolvermodell, die ohne Nacharbeit gewechselt werden können (Wechseltrommeln).

(3) Böller im Sinne dieses Gesetzes sind Geräte, die ausschließlich zur Erzeugung des Schussknalls bestimmt sind und die keine Feuerwaffen oder Geräte zum Abschießen von Munition sind. Böller sind auch nicht tragbare Geräte für Munition nach einer Rechtsverordnung nach § 14 Abs. 1 Nr. 1 *). Gasböller sind Böller, bei denen die Erzeugung des Schussknalls durch die Explosion bestimmter Gase bewirkt wird.

(4) Schussapparate im Sinne dieses Gesetzes sind tragbare Geräte, die für gewerbliche oder technische Zwecke bestimmt sind und bei denen zum Antrieb Munition verwendet wird.

(5) Weißfertig im Sinne dieses Gesetzes sind Gegenstände, wenn alle materialschwächenden oder -verändernden Arbeiten, ausgenommen die üblichen Gravurarbeiten, beendet sind.

(6) Munition im Sinne dieses Gesetzes ist Munition nach Anlage 1 Abschnitt 1 Unterabschnitt 3 Nr. 1 des Waffengesetzes, darüber hinaus Munition, die der Definition entspricht, jedoch für technische Geräte nach Absatz 1 Nr. 2 oder nach Absatz 4 bestimmt ist.

(7) Soweit dieses Gesetz waffentechnische oder waffenrechtliche Begriffe verwendet, sind die Begriffsbestimmungen des Waffengesetzes in seiner jeweils geltenden Fassung maßgeblich, soweit sie nicht in diesem Gesetz abweichend definiert werden.

*) Tabelle 5 der Maßtafeln, veröffentlicht im Bundesanzeiger Nr. 38a vom 24. Februar 2000.

Abschnitt 2
Prüfung und Zulassung

§ 3
Beschusspflicht für Feuerwaffen und Böller

(1) Wer Feuerwaffen, Böller sowie höchstbeanspruchte Teile, die ohne Nacharbeitausgetauscht werden können, herstellt oder in den Geltungsbereich dieses Gesetzes verbringt, hat sie, bevor er sie in den Verkehr bringt, durch Beschuss amtlich prüfen zu lassen. Satz 1 gilt nicht für Gasböller, die gemäß § 7 Abs. 1 Satz 1 in ihrer Bauart und Bezeichnung zugelassen sind. Wird eine Feuerwaffe aus bereits geprüften höchstbeanspruchten Teilen zusammengesetzt, so gilt Satz 1 entsprechend, wenn einzelne Teile zu ihrer Einpassung der Nacharbeit bedürfen oder nicht mit dem für diese Waffe vorgeschriebenen Beschussgasdruck beschossen sind.

(2) Wer an einer Feuerwaffe oder einem Böller, die nach Absatz 1 geprüft sind, ein höchstbeanspruchtes Teil austauscht, verändert oder instand setzt, hat den Gegenstand erneut durch Beschuss amtlich prüfen zu lassen. Dies gilt nicht für Feuerwaffen, deren höchstbeanspruchte Teile ohne Nacharbeit lediglich ausgetauscht worden sind, sofern alle höchstbeanspruchten Teile mit dem für diese Waffen vorgeschriebenen Beschussgasdruck beschossen worden sind.

§ 4
Ausnahmen von der Beschusspflicht

(1) Von der Beschusspflicht sind ausgenommen:

1. Feuerwaffen und deren höchstbeanspruchte Teile, deren Bauart nach § 7 der Zulassung bedarf,
2. Schusswaffen mit einem Patronen- oder Kartuschenlager mit einem Durchmesser kleiner als 6 Millimeter und einer Länge kleiner als 7 Millimeter sowie zum einmaligen Gebrauch bestimmte höchstbeanspruchte Teile von Schusswaffen nach § 2 Abs. 2 Satz 2 Nr. 1, soweit die Bauart nach § 7 oder § 8 der Zulassung bedarf,
3. Feuerwaffen, die
   a) zu Prüf-, Mess- oder Forschungszwecken von wissenschaftlichen Einrichtungen und Behörden, Waffen- oder Munitionsherstellern bestimmt sind,
   b) vor dem 1. Januar 1891 hergestellt und nicht verändert worden sind,

c) aa) vorübergehend nach § 32 Abs. 1 Satz 1 des Waffengesetzes oder
   bb) zur Lagerung in einem verschlossenen Zolllager in den Geltungsbereich dieses Gesetzes mitgenommen werden oder

d) für die in § 1 Abs. 4, auch in Verbindung mit Abs. 5 oder 6, genannten Behördenmin den Geltungsbereich dieses Gesetzes verbracht oder hergestellt und ihnen oder ihren Bediensteten im Rahmen ihrer dienstlichen Tätigkeit jeweils überlassen werden, soweit eine diesem Gesetz entsprechende Beschussprüfung durch die jeweils zuständige Stelle sichergestellt ist,

4. höchstbeanspruchte Teile von im Fertigungsprozess befindlichen Feuerwaffen nach § 3 Abs. 1 sowie vorgearbeitete höchstbeanspruchte Teile und Laufrohlinge.

(2) Eine Beschusspflicht nach § 3 besteht nicht für Feuerwaffen und höchstbeanspruchte Teile, die das Beschusszeichen eines Staates tragen, mit dem die gegenseitige Anerkennung der Beschusszeichen vereinbart ist.

(3) u. (4) (weggefallen)

§ 5
Beschussprüfung

(1) Bei dem Beschuss von Feuerwaffen ist zu prüfen, ob

1. die höchstbeanspruchten Teile der Feuerwaffe der Beanspruchung standhalten, der sie bei der Verwendung der zugelassenen Munition oder der festgelegten Ladung ausgesetzt werden (Haltbarkeit),
2. die Verschlusseinrichtung, die Sicherung und die Zündeinrichtung sowie bei halbautomatischen Schusswaffen der Lademechanismus einwandfrei arbeiten und die Waffe sicher geladen, geschlossen und abgefeuert werden kann (Funktionssicherheit),
3. die Abmessungen des Patronen- oder Kartuschenlagers, der Verschlussabstand, die Maße des Übergangs, der Feld- und Zu durchmesser oder des Laufquerschnitts bei gezogenen Läufen und der Laufinnendurchmesser bei glatten Läufen den Nenngrößen einer nach § 14 Abs. 1 Nr. 1 erlassenen Rechtsverordnung entsprechen (Maßhaltigkeit) und

4. die nach § 24 Abs. 1 und 2 des Waffengesetzes vom 11. Oktober 2002 (BGBl. I S. 3970) oder die auf Grund einer Rechtsverordnung nach § 25 Abs. 1 des Waffengesetzes vorgeschriebene Kennzeichnung auf der Waffe angebracht ist.

(2) Auf Antrag ist der Beschuss von Schusswaffen mit glatten Läufen mit einem erhöhten Gasdruck (verstärkter Beschuss) oder mit Stahlschrotmunition vorzunehmen.

(3) Bei dem Beschuss von Böllern ist zu prüfen, ob

1. die höchstbeanspruchten Teile der Beanspruchung standhalten, der sie bei der Verwendung der vorgeschriebenen Ladung ausgesetzt werden (Haltbarkeit),
2. die Verschlusseinrichtung und die Abzugseinrichtung einwandfrei arbeiten und der Böller sicher geladen, geschlossen und abgefeuert werden kann (Funktionssicherheit),
3. die Rohrinnendurchmesser, Länge und Durchmesser des Kartuschenlagers, der Zündkanaldurchmesser den Bestimmungen einer nach § 14 Abs. 1 Nr. 1 erlassenen Rechtsverordnung entsprechen (Maßhaltigkeit),
4. die durch eine Rechtsverordnung nach § 14 Abs. 1 Nr. 3 des Gesetzes vorgeschriebene Kennzeichnung auf dem Böller angebracht ist.

§ 6
Prüfzeichen

(1) Feuerwaffen, Böller und deren höchstbeanspruchte Teile sind mit dem amtlichen Beschusszeichen zu versehen, wenn sie mindestens weißfertig sind und die Beschussprüfung keine Beanstandung ergeben hat. Andernfalls sind sie mit dem amtlichen Rückgabezeichen zu versehen. Höchstbeanspruchte Teile, die nicht mehr instand gesetzt werden können, sind als unbrauchbar zu kennzeichnen.

(2) In den Fällen des § 4 Abs. 1 Nr. 3 Buchstabe d sind die Gegenstände mit einem Prüfzeichen der jeweils zuständigen Stelle zu versehen

§ 7
Zulassung von Schussapparaten, Einsteckläufen und nicht der Beschusspflicht unterliegenden Feuerwaffen, Systemprüfungen von Schussapparaten und der in ihnen zu verwendenden Kartuschenmunition

(1) Schussapparate, Zusatzgeräte für diese Apparate, Gasböller, Einsätze für Munition mit kleinerer Abmessung sowie Einsteckläufe ohne eigenen Verschluss für Munition mit dem zulässigen höchsten Gebrauchsgasdruck dürfen als serienmäßig hergestellte Stücke nur dann in den Geltungsbereich dieses Gesetzes verbracht oder gewerbsmäßig hergestellt werden, wenn sie ihrer Bauart und Bezeichnung nach von der zuständigen Stelle zugelassen sind. Gleiches gilt für Feuerwaffen

1. mit einem Patronen- oder Kartuschenlager bis zu 5 Millimeter Durchmesser und bis zu 15 Millimeter Länge oder mit einem Patronen- oder Kartuschenlager kleiner als 6 Millimeter Durchmesser und kleiner als 7 Millimeter Länge, bei denen dem Geschoss eine Bewegungsenergie von nicht mehr als 7,5 Joule (J) erteilt wird, oder
2. zum einmaligen Abschießen von Munition oder eines festen oder flüssigen Treibmittels. Bei Schussapparaten, die für die Verwendung magazinierter Kartuschen bestimmt sind und in denen der Gasdruck auf einen Kolben als Geräteteil wirkt, gehört zur Bauartzulassung auch eine Systemprüfung, durch die die Eignung der zu verwendenden Kartuschenmunition im Gerät festgelegt wird. Kartuschenmunition zur Verwendung in Geräten nach Satz 3 ist einer Systemprüfung zu unterziehen.

(2) Absatz 1 gilt nicht für Schussapparate, Einsteckläufe und Feuerwaffen, die ein anerkanntes Prüfzeichen eines Staates tragen, mit dem die gegenseitige Anerkennung der Prüfzeichen vereinbart ist.

(3) Die Zulassung ist zu versagen, wenn

1. die Bauart nicht haltbar, nicht funktionssicher oder nicht maßhaltig ist oder
2. es sich um eine Schusswaffe nach Absatz 1 Satz 2 Nr. 1 handelt, die mit allgemein gebräuchlichen Werkzeugen so verändert werden kann, dass die Bewegungsenergie auf mehr als 7,5 Joule (J) erhöht wird.

(4) Die Zulassung der Bauart eines Schussapparates ist zu versagen, wenn

1. aus ihm zugelassene Patronenmunition verschossen werden kann,

2. er so beschaffen ist, dass Personen, die sich bei der Verwendung des Schussapparates in seinem Gefahrenbereich befinden, bei ordnungsgemäßer Verwendung mehr als unvermeidbar gefährdet oder belästigt werden,
3. mit ihm entgegen seiner Bestimmung in den freien Raum gezielt geschossen werden kann oder
4. der Antragsteller nicht nachweist, dass er über die für die Durchführung von Wiederholungsprüfungen erforderlichen Einrichtungen verfügt.

§ 8
Zulassung von Schreckschuss-, Reizstoff- und Signalwaffen

(1) Schusswaffen mit einem Patronen- oder Kartuschenlager bis 12,5 Millimeter Durchmesser und tragbare Geräte nach § 2 Abs. 1 Nr. 2 ohne Patronen- oder Kartuschenlager, die zum

1. Abschießen von Kartuschenmunition,
2. Verschießen von Reiz- oder anderen Wirkstoffen oder
3. Verschießen von pyrotechnischer Munition bestimmt sind, sowie Zusatzgeräte zu diesen Waffen zum Verschießen pyrotechnischer Geschosse dürfen nur dann in den Geltungsbereich dieses Gesetzes verbracht oder gewerbsmäßig hergestellt werden, wenn sie ihrer Bauart und Bezeichnung nach von der zuständigen Stelle zugelassen sind.

(2) Die Zulassung ist zu versagen, wenn

1. Patronenmunition in den freien Raum abgeschossen werden kann und die Geschosse mehr als 7,5 Joule (J) erreichen,
2. vorgeladene Geschosse verschossen werden können und ihnen eine Bewegungsenergie von mehr als 7,5 Joule (J) erteilt wird,
3. der Gaslauf der Waffe einen Innendurchmesser von weniger als 7 Millimeter hat,
4. mit der Waffe nach Umarbeitung mit allgemein gebräuchlichen Werkzeugen die in Nummer 1 oder 2 bezeichnete Wirkung erreicht werden kann,
5. die Waffe oder das Zusatzgerät den technischen Anforderungen an die Bauart nicht entspricht oder

6. den Anforderungen einer Rechtsverordnung nach § 14 Abs. 3 entsprechende Patronenmunition nach den Maßtafeln in die Kartuschenlager geladen und darin abgefeuert werden kann.

(3) Hat die Schusswaffe ein Patronen- oder Kartuschenlager mit einem Durchmesser kleiner als 6 Millimeter und einer Länge kleiner als 7 Millimeter, so ist die Zulassung der Bauart ferner zu versagen, wenn die Bauart nicht haltbar, nicht funktionssicher oder nicht maßhaltig ist. Das Gleiche gilt für höchstbeanspruchte Teile von Handfeuerwaffen nach § 2 Abs. 2 Satz 2 Nr. 1 bis 3, die zum einmaligen Gebrauch bestimmt sind.

§ 9
Anzeige, Prüfung, Zulassung von sonstigen Waffen und Kartuschenmunition mit Reizstoffen

(1) Wer

1. Schusswaffen nach Anlage 2 Abschnitt 2 Unterabschnitt 2 Nr. 1.5 zum Waffengesetz,
2. unbrauchbar gemachte Schusswaffen oder aus Schusswaffen hergestellte Gegenstände eines bestimmten Modells gewerbsmäßig erstmals herstellen oder in den Geltungsbereich dieses Gesetzes verbringen will, hat dies der zuständigen Stelle zwei Monate vorher schriftlich anzuzeigen und den Gegenstand zur Prüfung und Zulassung einzureichen.

   Soweit es sich nicht um Einzelstücke handelt, ist der Stelle ein Muster und eine Abbildung, eine Beschreibung der Handhabung und der Konstruktion sowie der verwendeten Stoffe oder der zur Änderung nach Anlage 2 Abschnitt 2 Un terabschnitt 2 Nr. 1.5 zum Waffengesetz benutzten Werkstoffe unter Angabe der Arbeitstechnik in deutscher Sprache zu überlassen. Die Stelle unterrichtet die Physikalisch-Technische Bundesanstalt schriftlich vom Ergebnis der Prüfung.

(2) Wer

1. Schusswaffen, die weder einer Prüfung nach § 3 noch einer Bauartzulassung nach § 7 noch der Prüfung und Zulassung nach Absatz 1 unterliegen,
2. Gegenstände nach Anlage 1 Abschnitt 1 Unterabschnitt 2 Nr. 1.2.1 und 2.2.1 zum Waffengesetz,
3. Gegenstände nach Anlage 1 Abschnitt 1 Unterabschnitt 2 Nr. 1.2.2 zum Waffengesetz oder
4. Kartuschenmunition mit Reizstoffen eines bestimmten Modells gewerbsmäßig erstmals herstellen oder in den Geltungsbereich dieses Gesetzes verbringen will, hat dies der zuständigen Stelle zwei Monate vorher schriftlich anzuzeigen. Der Anzeige sind beizufügen ein Muster, eine Beschreibung der Handhabung und der Konstruktion. Die verwendeten Inhaltsstoffe sind zu benennen.

(3) Der Anzeige nach Absatz 2 Satz 1 Nr. 1 bis 3 ist darüber hinaus eine Erklärung des Herstellers oder seines Bevollmächtigten in der Europäischen Union beizufügen,

1. ob und wie der Anwender die Leistung der Waffe verändern kann,
2. dass es sich im Falle des Absatzes 2 Satz 1 Nr. 2 und 3 um einen Gegenstand handelt, bei dessen Verwendung keine Gefahren für das Leben zu erwarten sind.

(4) Die zuständige Stelle kann für Gegenstände nach Anlage 1 Abschnitt 1 Unterabschnitt 2 Nr. 1.2.1, 1.2.2 und 2.2.1 zum Waffengesetz, für die in § 14 Abs. 4 und 6 bezeichneten Gegenstände sowie für Geschosse, Kartuschenmunition, Stoffe und sonstige Gegenstände mit Reizstoffen die erforderlichen Maßnahmen anordnen, um sicherzustellen, dass diese Gegenstände nicht abweichend von dem geprüften Muster oder entgegen den festgelegten Anforderungen vertrieben oder anderen überlassen werden. Sie kann die nach Absatz 3 gemachten Angaben prüfen oder mit der Prüfung oder Teilprüfung andere Fachinstitute beauftragen.

(5) Werden die in den Absätzen 1 und 2 bezeichneten Geräte durch eine staatliche Stelle ihrer Bauart nach zugelassen und umfasst die Bauartzulassung die vorgeschriebenen Prüfungen, tritt die Bauartzulassung an Stelle dieser Prüfungen.

§ 10
Zulassung von pyrotechnischer Munition

(1) Pyrotechnische Munition einschließlich der mit ihr fest verbundenen Antriebsvorrichtung darf nur dann in den Geltungsbereich dieses Gesetzes verbracht oder gewerbsmäßig hergestellt werden, wenn sie ihrer Beschaffenheit, Zusammensetzung und Bezeichnung nach von der zuständigen Behörde zugelassen ist.

(2) Bei pyrotechnischer Munition, die nach Absatz 1 zugelassen ist, sind neben der gesetzlich vorgeschriebenen Kennzeichnung die Verwendungshinweise anzubringen. Soweit sich die Verwendungshinweise auf der einzelnen Munition nicht anbringen lassen, sind sie auf der kleinsten Verpackungseinheit anzubringen.

(3) Die Zulassung ist zu versagen,

1. soweit der Schutz von Leben, Gesundheit oder Sachgütern des Benutzers oder Dritter bei bestimmungsgemäßer Verwendung nicht gewährleistet ist,
2. wenn die Munition den Anforderungen an die Zusammensetzung, Beschaffenheit, Maße, den höchsten Gebrauchsgasdruck und die Bezeichnung gemäß einer nach § 14 Abs. 2 Satz 1 Nr. 1 erlassenen Rechtsverordnung nicht entspricht,
3. soweit die Munition in ihrer Wirkungsweise, Brauchbarkeit und Beständigkeit dem jeweiligen Stand der Technik nicht entspricht,
4. wenn der Antragsteller auf Grund seiner betrieblichen Ausstattung oder wegen eines unzureichenden Qualitätssicherungssystems nicht in der Lage ist, dafür zu sorgen, dass die nachgefertigte Munition in ihrer Zusammensetzung und Beschaffenheit nach dem zugelassenen Muster hergestellt wird.

(4) (weggefallen)

§ 11
Zulassung sonstiger Munition

(1) Munition im Sinne der Anlage 1 Abschnitt 1 Unterabschnitt 3 Nr. 1.1 bis 1.3 zum Waffengesetz darf gewerbsmäßig nur vertrieben oder anderen überlassen werden, wenn sie ihrem Typ und ihrer Bezeichnung nach von der zuständigen Behörde zugelassen ist.

(2) Absatz 1 gilt nicht für

1. Munition aus Staaten, mit denen die gegenseitige Anerkennung der Prüfzeichen vereinbart ist und deren kleinste Verpackungseinheit ein Prüfzeichen eines dieser Staaten trägt,
2. Munition, die für wissenschaftliche Einrichtungen, Behörden, Waffen- Waffenoder Munitionshersteller, als Teil einer Munitionssammlung (§ 17 Abs. 1 des Waffengesetzes) oder für eine solche bestimmt, oder in geringer Menge für gewerbliche Einführer von Munition, Händler oder behördlich anerkannte Sachverständige zu Prüf-, Mess- oder Forschungszwecken hergestellt oder ihnen zu diesem Zweck überlassen wird.

(3) Die Zulassung ist zu versagen, wenn %

1. der Antragsteller oder ein von ihm beauftragtes Fachinstitut nicht die zur Ermittlung der Maße, des Gebrauchsgasdrucks oder der Vergleichswerte erforderlichen Geräte besitzt,
2. der Antragsteller oder ein von ihm beauftragtes Fachinstitut nicht über das zur Bedienung der PrüfgeraÅNte erforderliche Fachpersonal verfügt oder
3. die Prüfung der Munition ergibt, dass ihre Maße, ihr Gasdruck, die in ihr enthaltenen Reiz- oder Wirkstoffe und ihre Bezeichnung nicht den Anforderungeneiner Rechtsverordnung nach § 14 Abs. 3 entsprechen. Die Zulassung wird nach Satz 1 Nr. 1 und 2 nicht versagt, wenn der Antragsteller die Überwachung der Herstellung der zuständigen Behörde übertragen hat.

§ 12
Überlassen und Verwenden beschuss- oder zulassungspflichtiger Gegenstände

(1) Feuerwaffen, Böller und höchstbeanspruchte Teile, die nach § 3 der Beschusspflicht unterliegen, dürfen anderen nur überlassen oder zum Schießen nur verwendet werden, wenn sie das amtliche Beschusszeichen tragen. Dies gilt nicht für das Überlassen dieser Gegenstände, wenn die zuständige Behörde bescheinigt, dass die amtliche Prüfung nicht durchgeführt werden kann.

(2) Schusswaffen, Geräte, Einsätze, Einsteckläufe und Munition, die nach den §§ 7 bis 11 der Prüfung oder der Zulassung unterliegen, dürfen gewerbsmäßig anderen nur überlassen werden, wenn sie das vorgeschriebene Prüf- oder Zulassungszeichen tragen und, im Falle des § 10 Abs. 2, die Verwendungshinweise angebracht sind.

§ 13
Ausnahmen in Einzelfällen

Die für die Zulassung jeweils zuständige Behörde kann im Einzelfall Ausnahmen von dem Erfordernis der Prüfung und Zulassung nach § 7 Abs. 1, § 8 Abs. 1, § 9 Abs. 1, § 10 Abs. 1 oder § 11 Abs. 1 bewilligen oder Abweichungen von den Versagungsgründen des § 7 Abs. 3 oder 4, des § 8 Abs. 2 oder 3, des § 10 Abs. 3 Nr. 2 bis 4 oder des § 11 Abs. 3 Satz 1 Nr. 3 zulassen, wenn öffentliche Interessen nicht entgegenstehen.

§ 14
Ermächtigungen

(1) Das Bundesministerium des Innern wird ermächtigt, zur Durchführung der §§ 3, 5 und 6 durch Rechtsverordnung mit Zustimmung des Bundesrates Vorschriften zu erlassen über

1. die Maße für das Patronen- und Kartuschenlager, den Übergang, die Feld und Zugdurchmesser oder den Laufquerschnitt, den Laufinnendurchmesser und den Verschlussabstand (Maßtafeln), höchstzulässige Gebrauchsgasdrücke, Höchst- und Mindestenergien sowie die Bezeichnung der Munition und Treibladungen,
2. die Art und Durchführung der Beschussprüfung, die Gegenstände und Messmethoden sowie das Verfahren für diese Prüfung,
3. die Art, Form und Aufbringung der Prüfzeichen,
4. die Einführung einer freiwilligen Beschussprüfung für Feuerwaffen,
5. die Einbeziehung weiterer Teile von Feuerwaffen in die Beschussprüfung.

(2) Das Bundesministerium des Innern wird ermächtigt, durch Rechtsverordnung mit Zustimmung des Bundesrates zur Durchführung der §§ 7 bis 11

1. zu bestimmen, welche technischen Anforderungen
   a) an die Bauart einer Feuerwaffe oder eines Einstecklaufes nach § 7 Abs. 1 oder § 8 Abs. 2 und 3, b) an einen Gegenstand nach § 9 Abs. 1 und 2,

c) an die Zusammensetzung, Beschaffenheit, die Maße und den höchsten Gebrauchsgasdruck von pyrotechnischer Munition nach § 10 Abs. 1 und 3 Nr. 2 und

d) an die Beschaffenheit der PrüfgeraÅNte für Patronen- und Kartusche munition und Treibladungen nach § 11 Abs. 1 sowie welche Anforderungen an die Bezeichnung dieser Gegenstände zu stellen sind,

2. die Art und Durchführung der Zulassungsprüfungen und das Verfahren für die Prüfung und Zulassung zu regeln,
3. vorzuschreiben
   a) periodische Kontrollen für Munition nach § 11 Abs. 1,
   b) Kontrollen für Schussapparate und Einsteckläufe sowie das Verfahren für diese Kontrollen zu regeln,
4. weitere Feuerwaffen oder Einsteckläufe in die Bauartprüfung und -zulassung einzubeziehen,
5. Vorschriften zu erlassen über
   a) die Verpflichtung zur Aufbringung eines Zulassungszeichens sowie dessen Art und Form,
   b) die Verpflichtung von Personen, die Munition im Sinne von § 11 Abs. 1 herstellen oder in den Geltungsbereich dieses Gesetzes verbringen, zur Durchführung von Fabrikationskontrollen,
   c) Inhalt, Führung, Aufbewahrung und Vorlage von Aufzeichnungen über die in Buchstabe b genannten Kontrollen,
   d) die Anordnung einer Kontrolle und die Untersagung des weiteren Vertriebs von
      aa) zugelassener Munition nach § 11 Abs. 1 durch die zuständige Behörde und
      bb) zugelassenen Feuerwaffen, Schussapparaten, Einsteckläufen und Einsätzen durch die Physikalisch-Technische Bundesanstalt, wenn diese Gegenstände nicht den vorgeschriebenen Anforderungen entsprechen,

e) Ausnahmen von der Zulassung, der Fabrikationskontrolle und der periodischen Kontrolle von Treibladungen nach § 11 Abs. 1, wiedergeladener Munition, Beschussmunition und von Munitionstypen, die für besondere Zwecke oder bestimmte Empfänger hergestellt oder in den Geltungsbereich dieses Gesetzes verbracht werden,
f) Anforderungen an den Vertrieb und das Überlassen der in Buchstabe e bezeichneten Munition,
g) die Durchführung von Wiederholungsprüfungen für Schussapparate und Böller, die Unterhaltung von Einrichtungen zur Durchführung dieser Prüfungen, die Aufbringung eines Prüfzeichens und dessen Art und Form sowie die Beifügung einer von der Physikalisch-Technischen Bundesanstalt gebilligten Betriebsanleitung.

Soweit die Rechtsverordnung Schussapparate betrifft, ergeht sie im Einvernehmen mit dem Bundesministerium für Arbeit und Soziales.

(3) Das Bundesministerium des Innern wird ermächtigt, durch Rechtsverordnung mit Zustimmung des Bundesrates zur Abwehr von Gefahren für Leben oder Gesundheit von Menschen die zulässigen höchsten normalen und überhoÅNhten Gebrauchsgasdrücke, die Mindestgasdrücke, die Höchst- und Mindestenergien und die Bezeichnung der Munition und der Treibladungen nach § 11 Abs. 1 festzulegen. Munition, die auf Grund ihrer Beschaffenheit eine schwere gesundheitliche Schädigung herbeiführt, die über die mit der üblichen mechanischen Wirkung verbundene Schädigung hinausgeht, sowie Reiz- und Wirkstoffe, die anhaltende gesundheitliche Schäden verursachen, dürfen nicht zugelassen werden.

(4) Das Bundesministerium des Innern wird ermächtigt, durch Rechtsverordnung mit Zustimmung des Bundesrates zur Abwehr von Gefahren für Leben oder Gesundheit von Menschen vorzuschreiben, dass bei der Verbringung in den Geltungsbereich dieses Gesetzes oder bei der Herstellung von

1. Schusswaffen,
2. Gegenständen, die aus wesentlichen Teilen von Schusswaffen hergestellt werden, oder
3. Munition Anzeigen zu erstatten und den Anzeigen bestimmte Unterlagen oder Muster der bezeichneten Gegenstände beizufügen sind.

(5) Das Bundesministerium des Innern wird ermächtigt, durch Rechtsverordnung mit Zustimmung des Bundesrates zur Abwehr von Gefahren für Leben oder Gesundheit von Menschen vorzuschreiben, dass

1. Munition und Geschosse in bestimmter Weise zu verpacken und zu lagern sind und
2. deren Bestandteile oder Ausgangsstoffe nur unter bestimmten Voraussetzungen vertrieben und anderen überlassen werden dürfen.

(6) Das Bundesministerium des Innern wird ermächtigt, durch Rechtsverordnung mit Zustimmung des Bundesrates zur Abwehr von Gefahren für Leben oder Gesundheit von Menschen Vorschriften über

1. Gegenstände im Sinne von Anlage 1 Abschnitt 1 Unterabschnitt 2 Nr. 1.2.1, 1.2.2 und 2.2.1 zum Waffengesetz und über die Beschaffenheit und die Kennzeichnung von Geschossen, Kartuschenmunition oder sonstigen Gegenständen mit Reizstoffen und
2. die Zusammensetzung und höchstzulässige Menge von Reizstoffen im Sinne von Anlage 1 Abschnitt 1 Unterabschnitt 2 Nr. 1.2.2 zum Waffengesetz zu erlassen und die für die Prüfung zuständige Stelle zu bestimmen.

Abschnitt 3
Sonstige beschussrechtliche Vorschriften

§ 15
Beschussrat

Das Bundesministerium des Innern wird ermächtigt, durch Rechtsverordnung mit Zustimmung des Bundesrates einen Ausschuss (Beschussrat) zu bilden, der es in technischen Fragen berät. In den Ausschuss sind neben den Vertretern der beteiligten Bundesund Landesbehörden Vertreter von Fachinstituten und Normungsstellen, Vertreter der Wirtschaft nach Anhörung der Spitzenorganisationen der beteiligten Wirtschaftskreise und Vertreter sonstiger fachkundiger Verbände, die keine wirtschaftlichen Interessen verfolgen, zu berufen.

§ 16
Kosten

(1) Für Amtshandlungen, Prüfungen und Untersuchungen nach diesem Gesetz und nach den auf diesem Gesetz beruhenden Rechtsvorschriften werden Kosten (Gebühren und Auslagen) erhoben.

(2) Das Bundesministerium des Innern wird ermächtigt, für den Bereich der Bundesverwaltung durch Rechtsverordnung, die nicht der Zustimmung des Bundesrates bedarf, die gebührenpflichtigen Tatbestände näher zu bestimmen und dabei feste Sätze oder Rahmensätze vorzusehen. Die GebührensaÅNtze sind so zu bemessen, dass der mit der Amtshandlung, Prüfung oder Untersuchung verbundene Personal- und Sachaufwand gedeckt wird; bei begünstigenden Amtshandlungen kann daneben die Bedeutung, der wirtschaftliche Wert oder der sonstige Nutzen für den Gebührenschuldner angemessen berücksichtigt werden.

(3) In der Rechtsverordnung nach Absatz 2 kann bestimmt werden, dass die für die Prüfung oder Untersuchung zulässige Gebühr auch erhoben werden darf, wenn die Prüfung oder Untersuchung ohne Verschulden der prüfenden oder untersuchenden Stelle und ohne ausreichende Entschuldigung des Antragstellers am festgesetzten Termin nicht stattfinden konnte oder abgebrochen werden musste. In der Rechtsverordnung können ferner die Kostenbefreiung, die Kostengläubigerschaft, die Kostenschuldnerschaft, der Umfang der zu erstattenden Auslagen und die Kostenerhebung abweichend von den Vorschriften des Verwaltungskostengesetzes geregelt werden.

§ 17
Auskunftspflichten und besondere behördliche Befugnisse im Rahmen der Überwachung

(1) Wer mit Gegenständen im Sinne dieses Gesetzes umgeht, insbesondere die Herstellung und den Vertrieb von diesen Gegenständen betreibt, hat der zuständigen Behörde auf Verlangen die für die Überwachung erforderlichen Auskünfte zu erteilen. Auskunftspflichtige Personen können die Auskunft auf solche Fragen verweigern, deren Beantwortung sie selbst oder einen ihrer in § 383 Abs. 1 Nr. 1 bis 3 der Zivilprozessordnung bezeichneten Angehörigen der Gefahr der Verfolgung wegen einer Straftat oder einer Ordnungswidrigkeit aussetzen würde.

(2) Die mit der Überwachung beauftragten Personen sind befugt,

1. zu den Betriebs- und Geschäftszeiten die der Herstellung oder dem Vertrieb dieser Gegenstände dienenden Grundstücke, Betriebsanlagen und Geschäftsräume zu betreten und zu besichtigen,
2. alle zur Erfüllung ihrer Aufgaben erforderlichen Prüfungen einschließlich der Entnahme von Proben durchzuführen,
3. die zur Erfüllung ihrer Aufgaben erforderlichen Unterlagen einzusehen und hieraus Ablichtungen oder Abschriften zu fertigen. Zur Verhütung dringender Gefahren für die öffentliche Sicherheit und Ordnung können Maßnahmen nach Satz 1 auch in Wohnräumen und zu jeder Tages- und Nachtzeit getroffen werden. Der Betreiber ist verpflichtet, Maßnahmen nach Satz 1 Nr. 1 und 2 und nach Satz 2 zu dulden, die mit der Überwachung beauftragten Personen zu unterstützen, soweit dies zur Erfüllung ihrer Aufgaben erforderlich ist, sowie die erforderlichen Geschäftsunterlagen auf Verlangen vorzulegen. Das Grundrecht der Unverletzlichkeit der Wohnung (Artikel 13 des Grundgesetzes) wird insoweit eingeschränkt.

(3) Aus begründetem Anlass kann die zuständige Behörde anordnen, dass der Inhaber der tatsächlichen Gewalt über einen diesem Gesetz unterliegenden Gegenstand ihr diesen binnen angemessener, von ihr zu bestimmender Frist zur Prüfung vorzeigt.

§ 18
Inhaltliche Beschränkungen, Nebenbestimmungen und Anordnungen

(1) Zulassungen und andere Erlaubnisse nach diesem Gesetz können inhaltlich beschränkt werden, um Leben oder Gesundheit von Menschen gegen die aus dem Umgang mit Gegenständen im Sinne dieses Gesetzes entstehenden Gefahren zu schützen. Zu den in Satz 1 genannten Zwecken können Zulassungen und andere Erlaubnisse befristet oder mit Auflagen verbunden werden; die Auflagen können nachträglich aufgenommen, geändert und ergänzt werden.

(2) Die zuständige Behörde kann im Einzelfall die Anordnungen treffen, die zur Beseitigung festgestellter oder zur Verhütung künftiger Verstöße gegen dieses Gesetz oder gegen die auf Grund dieses Gesetzes erlassenen Rechtsverordnungen notwendig sind. Sie kann insbesondere die weitere Herstellung und den Vertrieb von Gegenständen im Sinne dieses Gesetzes ganz oder teilweise untersagen, wenn erstens eine

erforderliche Zulassung oder andere Erlaubnis nicht vorliegt oder die hergestellten Gegenstände nicht der Zulassung oder anderen Erlaubnis entsprechen,

2. ein Grund zur Rücknahme oder zum Widerruf einer Zulassung nach den Verwaltungsverfahrensgesetzen gegeben ist,
3. gegen Nebenbestimmungen oder Auflagen nach Absatz 1 verstoßen wird oder
4. diese Gegenstände Gefahren für Leib oder Gesundheit des Benutzers oder Dritter hervorrufen.

§ 19
Rücknahme und Widerruf

(1) Eine Zulassung oder andere Erlaubnis ist zurückzunehmen, wenn nachträglich bekannt wird, dass sie hätte versagt werden müssen.
(2) Eine Zulassung oder andere Erlaubnis ist zu widerrufen, wenn nachträglich Tatsachen eintreten, die zu ihrer Versagung hätten führen müssen. Eine Zulassung oder Erlaubnis kann auch widerrufen werden, wenn inhaltliche Beschränkungen nicht beachtet werden.
(3) Eine Zulassung kann ferner widerrufen werden, wenn der Zulassungsinhaber

1. pyrotechnische Munition abweichend von der in der Zulassung festgelegten Zusammensetzung oder Beschaffenheit gewerbsmäßig herstellt, in den Geltungsbereich des Gesetzes verbringt, vertreibt, anderen überlaÅNsst oder verwendet,
2. die zugelassene pyrotechnische Munition nicht mehr gewerbsmäßig herstellt oder die auf Grund der Zulassung hergestellten oder in den Geltungsbereich des Gesetzes verbrachten Munitionssorten nicht mehr vertreibt, anderen überlaÅNsst oder verwendet.

§ 20
Zuständigkeiten

(1) Die Landesregierungen oder die von ihnen durch Rechtsverordnung bestimmten Stellen können durch Rechtsverordnung die für die Ausführung dieses Gesetzes zuständigen Behörden bestimmen, soweit nicht Bundesbehörden zuständig sind.
(2) Zuständig für die Beschussprüfung, die Zulassung von Munition, für Kontrollen, Anordnungen und Untersagungen für Munition ist jede Behörde nach Absatz 1, bei

der ein Gegenstand zur Beschussprüfung vorgelegt wird oder bei der eine Zulassung oder Kontrolle beantragt wird. Die periodische Kontrolle der Munition ist bei der Behörde zu beantragen, welche die Zulassung erteilt hat.

(3) Zuständig für die Zulassung der in den §§ 7 und 8 und die Prüfung der in § 9 Abs. 4 bezeichneten Schusswaffen und technischen Gegenstände ist die Physikalisch-Technische Bundesanstalt; ihr gegenüber sind auch die Anzeigen nach § 9 Abs. 2 zu machen. Für die Prüfung und Zulassung der in § 10 bezeichneten pyrotechnischen Munition sowie der in § 11 Absatz 1 in Verbindung mit Anlage 1 Abschnitt 1 Unterabschnitt 3 Nummer 1.3 zum Waffengesetz bezeichneten hülsenlosen Munition ohne Geschoss ist die Bundesanstalt für Materialforschung und -prüfung zuständig.

(4) Die Physikalisch-Technische Bundesanstalt führt eine Liste der Prüfungen und Zulassungen, die folgende Angaben enthalten soll:

1. die Bezeichnung des Prüfgegenstandes,
2. die Art der Prüfung,
3. das vergebene Prüf- oder Zulassungszeichen und
4. die prüfende oder zulassende Stelle. Soweit andere Stellen als die Physikalisch-Technische Bundesanstalt für die Prüfung oder Zulassung nach den §§ 7 bis 11 zuständig sind, haben diese die hierfür erforderlichen Meldungen über die durchgeführten Prüfungen und Zulassungen an die Physikalisch-Technische Bundesanstalt zu machen. Die Liste ist bei der Physikalisch-Technischen Bundesanstalt während der Dienststunden auszulegen. Auf Verlangen eines Dritten ist diesem gegen Kostenerstattung eine Abschrift oder Vervielfältigung zu überlassen.

§ 21
Bußgeldvorschriften

(1) Ordnungswidrig handelt, wer vorsätzlich oder fahrlässig

1. entgegen § 3 Abs. 1 Satz 1, auch in Verbindung mit Satz 3, oder Abs. 2 Satz 1,jeweils auch in Verbindung mit einer Rechtsverordnung nach § 14 Abs. 1 Nr. 5, einen dort genannten Gegenstand nicht oder nicht rechtzeitig durch Beschuss amtlich prüfen lässt,

2. entgegen § 7 Abs. 1 Satz 1, auch in Verbindung mit Satz 2, oder § 8 Abs. 1, jeweils auch in Verbindung mit einer Rechtsverordnung nach § 14 Abs. 2 Satz 1 Nr. 4, oder entgegen § 10 Abs. 1 einen dort genannten Gegenstand in den Geltungsbereich dieses Gesetzes verbringt oder gewerbsmäßig herstellt,
3. entgegen § 9 Abs. 1 Satz 1 oder Abs. 2 Satz 1 eine Anzeige nicht, nicht richtig, nicht vollständig, nicht in der vorgeschriebenen Weise oder nicht rechtzeitig erstattet,
4. ntgegen § 10 Abs. 2 Satz 1 Verwendungshinweise nicht oder nicht richtig anbringt,
5. entgegen § 11 Abs. 1 die dort genannte Munition anderen überlaÅNsst oder gewerbsmäßig vertreibt,
6. entgegen § 12 Abs. 1 Satz 1 einen dort genannten Gegenstand oder einen Einstecklauf anderen überlaÅNsst oder entgegen § 12 Abs. 2 einen dort genannten Gegenstand gewerbsmäßig anderen überlässt,
7. entgegen § 17 Abs. 1 Satz 1 eine Auskunft nicht, nicht richtig, nicht vollständig oder nicht rechtzeitig erteilt,
8. entgegen § 17 Abs. 2 Satz 3 eine dort genannte Maßnahme nicht duldet, eine dort genannte Person nicht unterstützt oder eine Geschäftsunterlage nicht oder nicht rechtzeitig vorlegt,
9. einer vollziehbaren Anordnung nach § 17 Abs. 3 zuwiderhandelt,
10. einer vollziehbaren Auflage nach § 18 Abs. 1 zuwiderhandelt, wenn diese nicht bereits nach einer anderen Vorschrift bewehrt ist, oder
11. einer Rechtsverordnung nach
    a) § 14 Abs. 2 Satz 1 Nr. 3 oder 5 Buchstabe a, b, d, f oder g oder
    b) § 14 Abs. 2 Satz 1 Nr. 5 Buchstabe c oder einer auf Grund einer Rechts

verordnung erlassenen vollziehbaren Anordnung zuwiderhandelt, soweit die Rechtsverordnung für einen bestimmten Tatbestand auf diese Bußgeldvorschrift verweist.

(2) Die Ordnungswidrigkeit kann in den Fällen des Absatzes 1 Nr. 3, 4, 7, 8, 9 oder 11 Buchstabe b mit einer Geldbuße bis zu zwanzigtausend Euro, in den übrigen Fällen mit einer Geldbuße bis zu fünfzigtausend Euro geahndet werden.

(3) Verwaltungsbehörde im Sinne des § 36 Abs. 1 Nr. 1 des Gesetzes über Ordnungswidrigkeiten ist die nach § 48 Abs. 1 des Waffengesetzes zuständige Behörde.

Abschnitt 4
Übergangsvorschriften
§ 22
Übergangsvorschriften

(1) Eine vor Inkrafttreten dieses Gesetzes erteilte Zulassung im Sinne der §§ 7 bis 11 gilt im bisherigen Umfang als Zulassung nach diesem Gesetz.

(2) Ein vor Inkrafttreten dieses Gesetzes erteiltes oder anerkanntes Prüfzeichen gilt als Prüfzeichen im Sinne dieses Gesetzes.

(3) Munition, die der Anlage III zur Dritten Verordnung zum Waffengesetz vom 22. Dezember 1976 (BGBl. I S. 3770) entspricht und die ihrer Art nach am 1. Januar 1981 im Geltungsbereich des Gesetzes hergestellt oder vertrieben wurde, darf ohne Zulassung seit dem 1. Januar 1984 nicht mehr vertrieben und anderen überlassen werden. Munition nach Satz 1, die sich am 1. Januar 1981 im Geltungsbereich des Gesetzes bereits im Handel befand, darf seit dem 1. Januar 1986 nicht mehr vertrieben und anderen überlassen werden. Auf der bezeichneten Munition und ihrer Verpackung darf das auf Grund einer Rechtsverordnung nach § 14 Abs. 2 Satz 1 Nr. 5 Buchstabe a vorgeschriebene Zulassungszeichen nicht angebracht werden.

(4) § 8 Abs. 1 findet auf Zusatzgeräte zu diesen Waffen zum Verschießen pyrotechnischer Geschosse nach dem 30. Juni 2004 Anwendung.

(5) Der Umgang mit im Verkehr befindlichen Gegenständen, die durch dieses Gesetz erstmals einer Prüfpflicht unterworfen werden, ist längstens bis zum 31. Dezember 2003 ohne das vorgeschriebene Prüfzeichen zulässig.

(6) Bis zum Inkrafttreten einer Verordnung zu diesem Gesetz findet die Dritte Verordnung zum Waffengesetz in der Fassung der Bekanntmachung vom 2. September 1991 (BGBl. I S. 1872), zuletzt geändert durch die Verordnung vom 10. Januar 2000 (BGBl. I S. 38), sinngemäß Anwendung.

(7) Bis zum Inkrafttreten einer Kostenverordnung zu diesem Gesetz findet die Kostenverordnung zum Waffengesetz in der Fassung der Bekanntmachung vom 20. April 1990 (BGBl. I S. 780), zuletzt geändert durch die Verordnung vom 10. Januar 2000 (BGBl. I S. 38), sinngemäß Anwendung.

Allgemeine Verordnung zum Beschussgesetz (Beschussverordnung - BeschussV)

Ausfertigungsdatum: 13.07.2006
Stand: Zuletzt geändert durch Art. 4 V v 26.11.2010 I 1643

Eingangsformel

Auf Grund der §§ 14 und 15 des Beschussgesetzes vom 11. Oktober 2002 (BGBl. I S. 3970, 4003), von denen § 14 Abs. 2 Satz 2 durch Artikel 116 der Verordnung vom 25. November 2003 (BGBl. I S. 2304) geändert worden ist, des § 25 Abs. 1 Nr. 1 Buchstabe c und des § 36 Abs. 5 des Waffengesetzes vom 11. Oktober 2002 (BGBl. I S. 3970, 4592, 2003 I S. 1957) in Verbindung mit § 1 des Zuständigkeitsanpassungsgesetzes vom 16. August 2002 (BGBl. I S. 3165) und dem Organisationserlass vom 22. November 2005 (BGBl. I S. 3197) verordnet das Bundesministerium des Innern, soweit Schussapparate betroffen sind, im Einvernehmen mit dem Bundesministerium für Arbeit und Soziales und in Bezug auf § 36 Abs. 5 des Waffengesetzes nach Anhörung der beteiligten Kreise:

Inhaltsübersicht

Abschnitt 2
Verfahren der Beschussprüfung

§ 7 Antragsverfahren
§ 8 Überlassung von Prüfhilfsmitteln
§ 9 Aufbringen der Prüfzeichen
§ 10 Bescheinigung über das Beschussverfahren

Abschnitt 3
Bauartzulassung und Zulassung für besondere Schusswaffen und besondere Munition

§ 11 Bauartzulassung für besondere Schusswaffen, pyrotechnische Munition und Schussapparate
§ 12 Modellbezeichnung bei Bauartzulassungen
§ 13 Inverkehrbringen von Schussapparaten aus Staaten, mit denen die gegenseitige Anerkennung der Prüfzeichen vereinbart ist
§ 14 Beschaffenheit pyrotechnischer Munition
§ 15 Anforderungen an Reizstoffgeschosse, Reizstoffsprühgeräte und Reizstoffe sowie an Elektroimpulsgeräte
§ 16 Kennzeichnung der Verpackung von Reizstoffgeschossen und Reizstoffsprühgeräten
§ 17 Abweichungen vom Kennzeichnungsgrundsatz bei besonderen Munitionsarten

Abschnitt 4
Verfahren bei der Bauartzulassung

§ 18 Antragsverfahren
§ 19 Zuständigkeit und Zulassungsbescheid
§ 20 Zulassungszeichen
§ 21 Bekanntmachungen

Abschnitt 5
Periodische Fabrikationskontrolle, Einzelfallprüfung, Wiederholungsprüfung

§ 22 Periodische Fabrikationskontrollen für Schussapparate und Einsteckläufe
§ 23 Überprüfung im Einzelfall
§ 24 Wiederholungsprüfung betriebener Schussapparate
§ 25 Prüfzeichen bei Wiederholungsprüfungen

Abschnitt 6
Festlegung der Maße und Energiewerte für Feuerwaffen (Maßtafeln), Einsteck- und Austauschläufe sowie für Munition

§ 26 Zulässige und nicht zulässige Munition
§ 27 Abweichungen von den Maßtafeln

Abschnitt 7
Zulassung von Munition

§ 28 Begriffsbestimmungen
§ 29 Zulassung und Prüfung von Patronen- und Kartuschenmunition
§ 30 Antragsverfahren
§ 31 Prüfmethoden
§ 32 Form der Zulassung
§ 33 Fabrikationskontrolle
§ 34 Behördliche Kontrollen
§ 35 Überprüfung im Einzelfall
§ 36 Bekanntmachung
§ 37 Ausnahmen

Abschnitt 8
Verpackung, Kennzeichnung und Lagerung von Munition

Abschnitt 9
Beschussrat

Abschnitt 10
Ordnungswidrigkeiten und Schlussvorschriften

Abschnitt 1
Beschussprüfung von Schusswaffen und Böllern

§ 1
Prüfverfahren

(1) Feuerwaffen, Böller sowie höchstbeanspruchte Teile nach § 2 Abs. 2 des Beschussgesetzes (Gesetzes), die ohne Nacharbeit ausgetauscht werden können (Prüfgegenstände), sind nach den §§ 3 bis 6 und der Anlage I Nr. 1 und 2 amtlich zu prüfen.

(2) Die amtliche Prüfung (Beschussprüfung) nach § 5 des Gesetzes besteht aus der Vorprüfung, dem Beschuss und der Nachprüfung.

(3) Die Vorprüfung umfasst

1. die Prüfung der Kennzeichnung nach § 24 Abs. 1 des Waffengesetzes und nach § 21 der Allgemeinen Waffengesetz-Verordnung,
2. die Prüfung der Funktionssicherheit und die Sichtprüfung,
3. die Prüfung der Maßhaltigkeit,
4. die Beschaffenheitsprüfung bei Gegenständen, die auf Grund einer Zulassung oder Bewilligung nach den §§ 8 und 9 des Gesetzes hergestellt oder in den Geltungsbereich des Gesetzes verbracht wurden.

   Die Sichtprüfung besteht aus der Prüfung aller höchstbeanspruchten Teile auf Materialfehler, auf Ver- und Bearbeitungsmängel, die die Haltbarkeit beeinträchtigen können, sowie aus der Prüfung auf Lauf- und Lagerverformungen. Die Maßhaltigkeitsprüfung besteht aus der Prüfung der Maße nach Anlage I Nr. 1.1.3 in Verbindung mit den durch die Bekanntmachung des Bundesministeriums des Innern im Bundesanzeiger vom 10. Januar 2000 (BAnz. Nr. 38a vom 24. Februar 2000) veröffentlichten Maßtafeln in der jeweils geltenden Fassung. Neu zugelassene Munition nach § 27 Abs. 1 steht der in den Maßtafeln aufgeführten gleich. In der Beschaffenheitsprüfung überzeugt sich die zuständige Behörde durch Sichtkontrollen davon, ob die Prüfgegenstände die im Zulassungsbescheid festgelegten Merkmale aufweisen.

(4) Der Beschuss ist nach Maßgabe der Prüfvorschriften der Anlage I Nr. 1 und 2 vorzunehmen.

(5) Bei der Nachprüfung sind die Prüfgegenstände erneut auf Funktionssicherheit, Maßhaltigkeit und Mängel in der Haltbarkeit zu prüfen sowie einer Sichtprüfung nach Absatz 3 Satz 2 zu unterziehen.

§ 2
Prüfung von Schwarzpulverwaffen und Böllern

(1) Auf die Prüfung von Vorderladerwaffen sowie Hinterladerwaffen, die für die ausschließliche Verwendung von nichtpatroniertem Schwarzpulver oder dem Schwarzpulver in der Wirkung ähnlichen Treibladungsmitteln bestimmt sind (Schwarzpulverwaffen), sowie Böller sind die §§ 1, 3 bis 6 entsprechend anzuwenden. Es gelten folgende Besonderheiten:

1. Bei Schwarzpulverwaffen und Handböllern kann die Beschussprüfung an weißfertigen Läufen mit fertigem Verschluss und Zündkanal vorgenommen werden. Bei Schwarzpulverwaffen darf der Zündkanal an der engsten Stelle im Durchmesser nicht größer als 1 Millimeter, bei Böllern und Modellkanonen nicht größer als 2 Millimeter sein. Für Böller - mit Ausnahme der Handböller - kann die zuständige Behörde in begründeten Fällen Ausnahmen von der Durchmesserbegrenzung bewilligen.
2. Sofern die Böller Schildzapfenbohrungen aufweisen, dürfen diese nicht bis in die Rohrseele durchgehen; das gilt auch dann, wenn diese eingeschraubt, eingeschweißt, eingepresst oder eingelötet sind. Böller, deren Rohrende stumpf aufgeschweißt ist, werden nicht geprüft.
3. Die Vorprüfung bei Böllern umfasst auch die Prüfung der Kennzeichnung mit der größten zulässigen Masse in Gramm des in den Prüfgegenständen zu verwendenden Böllerpulvers mit den Kennbuchstaben SP und der größten zulässigen Masse der Vorlage in Gramm.
4. Die Prüfung der Maßhaltigkeit (§ 1 Abs. 3 Satz 1 Nr. 3 in Verbindung mit Satz 3) beschränkt sich auf die Ermittlung des Lauf- oder Rohrinnendurchmessers und auf die Prüfung, ob der Zündkanal den in Nummer 1 vorgeschriebenen höchstzulässigen Durchmesser nicht überschreitet.
5. Die Prüfung der Funktionssicherheit (§ 1 Abs. 3 Satz 1 Nr. 2) umfasst die Kontrolle des Zündkanals, die Geeignetheit und Sicherheit von Zündvorrichtungen und Zündbohrlochbohrungen und Zündkanälen, bei Revolvern die freie

Drehbarkeit und die einwandfreie Arretierung der Trommel und das richtige Eintreten des Hahns in die Sicherungs- und Spannraste, bei Böllern auch die Ladefähigkeit der Kartuschen und die Abfeuerungsvorrichtung.

(2) Der Beschuss ist nach den Bestimmungen der Anlage I Nr. 2 durchzuführen. Die Prüfung von Schwarzpulverwaffen und Böllern kann auf Antrag mit einer anderen Ladung als in den Tabellen der Anlage I Nr. 2 aufgeführt vorgenommen werden. Auf Schwarzpulverwaffen ist in diesem Fall die größte zulässige Masse Pulver in Gramm des in der Schwarzpulverwaffe zu verwendenden Schwarzpulvers mit dem Kennbuchstaben SP und die größte zulässige Masse des Geschosses in Gramm aufzubringen.

(3) Bei der Prüfung von Böllern sind folgende Auflagen in die Böller-Beschussbescheinigung über die Prüfung aufzunehmen:

1. Die minimale Pulverladung eines Böllers muss so bemessen sein, dass eine sichere Zündung grundsätzlich gewährleistet ist.
2. Eine Zündung durch die Rohrmündung ist nicht erlaubt. Die Zündung muss bei Auslösung des Zündmechanismus sofort erfolgen. Die geprüfte und zulässige Zündungsart ist in die Böller-Beschussbescheinigung aufzunehmen.
3. Als Vorlage in einem Böller dürfen nur Materialien verwendet werden, die zu keiner Überschreitung der zulässigen Masse der Vorlage entsprechend der Ladetabellen führen. Die Einbringung der Vorlage darf darüber hinaus keine Belastungserhöhung des Böllers verursachen. Zulässig sind Kork und sehr leichte, weiche und nicht brennbare Materialien.

§ 3
Mindestzustand des Prüfgegenstandes

(1) Die Beschussprüfung ist an gebrauchsfertigen Prüfgegenständen durchzuführen. Bei Mehrladewaffen gehört zur gebrauchsfertigen Waffe auch die Mehrladeeinrichtung. Die Beschussprüfung kann auch an weißfertigen Waffen und weißfertigen Teilen vorgenommen werden.

(2) Bei der Prüfung höchstbeanspruchter Teile entfällt die Prüfung der Funktionssicherheit, sofern das Teil für eine serienmäßig gefertigte Waffe bestimmt ist. Eine aus bereits beschossenen höchstbeanspruchten Teilen zusammengesetzte Feuerwaffe ist zu beschießen, wenn Nacharbeiten an diesen Teilen erfolgt sind oder wenn nicht alle diese Teile mit dem für diese Waffen vorgeschriebenen Beschussgasdruck beschossen worden sind.

Werden höchstbeanspruchte Teile als Einzelteile zur Prüfung vorgelegt, erfolgt diese in einer minimal tolerierten Referenzwaffe. Zur Identifizierung ist vom Antragsteller auf jedem höchstbeanspruchten Teil eine Nummer anzubringen.

(3) Nicht mindestens weißfertige Prüfgegenstände sind dem Antragsteller ohne Prüfung zurückzugeben.

(4) Feuerwaffen und Läufe, aus denen Munition verschossen wird, sind dem Antragsteller auch dann ohne Prüfung zurückzugeben, wenn die Munition nicht in den Maßtafeln aufgeführt ist. Dies gilt nicht, wenn

1. eine Waffe für Munition, die nach § 11 Abs. 2 Nr. 2 des Gesetzes keiner Zulassung bedarf oder auf Grund einer Ausnahmebewilligung nach § 13 des Gesetzes oder von der Behörde eines Staates zugelassen ist, mit dem die gegenseitige Anerkennung der Prüfzeichen vereinbart ist, oder
2. eine Waffe zur Beschussprüfung vorgelegt wird, deren Abmessungen noch nicht in den Maßtafeln enthalten sind; in diesen Fällen kann die Prüfung auf Grund der vom Antragsteller gelieferten Waffen- und Munitionsdaten vorgenommen werden.

§ 4
Zurückweisung vom Beschuss

Die Prüfgegenstände sind zurückzuweisen und dem Antragsteller nach Aufbringung des Rückgabezeichens entsprechend § 9 Abs. 5 zurückzugeben, wenn

1. bei der Vorprüfung festgestellt wird, dass eine der in Anlage I Nr. 1.1 genannten Anforderungen nicht erfüllt ist,
2. sie durch den Beschuss erkennbar beschädigt wurden oder
3. bei der Nachprüfung gemäß § 1 Abs. 5 unter Berücksichtigung von Anlage I Nr. 1.3 Mängel festgestellt werden.

§ 5
Instandsetzungsbeschuss

(1) Eine erneute amtliche Prüfung nach § 5 Abs. 1 des Gesetzes ist vorzunehmen, wenn

1. ein höchstbeanspruchtes Teil nach § 2 Abs. 2 Nr. 1 bis 3 des Gesetzes ausgetauscht und dabei eine Nacharbeit vorgenommen worden ist oder
2. an einem höchstbeanspruchten Teil eines Prüfgegenstandes

a) die Maße nach Anlage I Nr. 1.1.3 verändert oder

b) materialschwächende oder -verändernde Arbeiten vorgenommen worden sind. Satz 1 gilt nicht für Feuerwaffen, deren höchstbeanspruchte Teile ohne Nacharbeit lediglich ausgetauscht worden sind, sofern alle höchstbeanspruchten Teile mit dem für diese Waffen vorgeschriebenen Beschussgasdruck beschossen worden sind.

(2) Ergibt sich anlässlich der Prüfung nach Absatz 1 einer der in Anlage I Nr. 1.1 oder 1.3 angeführten Mängel, ist § 4 entsprechend anzuwenden.

§ 6
Wiederholungsbeschuss und freiwillige Beschussprüfung

(1) Böller sind vor Ablauf von fünf Jahren einer Wiederholungsprüfung zu unterziehen.

(2) Prüfgegenstände, die bereits ein Beschusszeichen tragen, sind auf Antrag einer freiwilligen Beschussprüfung zu unterziehen. Satz 1 gilt auch für Gegenstände der bezeichneten Art, die nicht der Beschusspflicht unterliegen. Eine freiwillige Beschussprüfung kann auch an einem Gegenstand nach Satz 1 durchgeführt werden, der von der Behörde eines Staates, mit dem die gegenseitige Anerkennung der Prüfzeichen vereinbart ist, geprüft worden ist und der nach dieser Prüfung keine Bearbeitung nach § 4 erfahren hat. Auf die Vornahme dieser Prüfung sind § 5 des Gesetzes sowie die §§ 1 bis 5 anzuwenden.

(3) Haben die Prüfgegenstände nach den Absätzen 1 und 2 die Beschussprüfung bestanden, so sind die Prüfzeichen nach § 9 Abs. 1 bis 4 anzubringen.

(4) Haben die Prüfgegenstände nach den Absätzen 1 und 2 die Beschussprüfung endgültig nicht bestanden, so ist auf ihnen das in § 9 Abs. 5 bezeichnete Rückgabezeichen anzubringen.

Abschnitt 2
Verfahren der Beschussprüfung

§ 7
Antragsverfahren

(1) Die Beschussprüfung ist in schriftlicher oder elektronischer Form zu beantragen; die zuständige Behörde kann in begründeten Fällen Ausnahmen zulassen. Der Antrag

kann die Prüfung mehrerer Gegenstände umfassen. Er muss folgende Angaben und Unterlagen enthalten:

1. den Namen und die Anschrift des Antragstellers,
2. die Bezeichnung des Prüfgegenstandes sowie die laufende Nummer und, soweit es sich um Gegenstände nach § 1 Abs. 3 Satz 1 Nr. 4 handelt, die zugehörigen Bescheide,
3. die Bezeichnung der zugehörigen Munition oder die Angabe der Masse und der Art des Pulvers der stärksten Gebrauchsladung oder die Zusammensetzung des entzündbaren flüssigen oder gasförmigen Gemisches sowie Art und Masse der Vorlage,
4. die Angabe, ob ein höchstbeanspruchtes Teil ausgetauscht, instand gesetzt oder verändert worden ist,
5. bei Feuerwaffen mit glatten Läufen die Angabe, ob ein verstärkter Beschuss oder die Prüfung zur Verwendung von Stahlschrotmunition mit verstärkter Ladung beantragt wird,
6. bei Feuerwaffen mit Polygonläufen die Angabe, ob die Prüfung für die Verwendung von Munition mit Massivgeschoss aus Tombak oder einem ähnlichen Werkstoff beantragt wird,
7. bei Böllern auch den Rohrinnendurchmesser in Millimeter; außerdem ist dem erstmaligen Antrag eine Skizze mit Maß- und Werkstoffangaben beizufügen,
8. bei Böllern die Ladungsstärke, wenn sie geringer sein soll als nach den Tabellen der Anlage I Nr. 2, und
9. bei Schwarzpulverwaffen die Ladungsstärke, wenn sie von den in der Anlage I Nr. 2 aufgeführten Bestimmungen abweicht.

(2) Der Antragsteller hat, wenn er für Dritte tätig wird, in dem Antrag eine Vollmacht vorzulegen, den Namen und die Anschrift seines Auftraggebers anzugeben,

1. wenn er seinen eigenen Namen, seine Firma oder seine eingetragene Marke nach § 21 Abs. 3 der Allgemeinen Waffengesetz-Verordnung auf den Prüfgegenstand angebracht hat,
2. wenn der Prüfgegenstand nicht die vorgeschriebene Kennzeichnung nach § 24 Abs. 1 Satz 1 Nr. 1 des Waffengesetzes trägt oder
3. wenn er die Beschussprüfung im Auftrag einer Person vornehmen lässt, die den Prüfgegenstand in den Geltungsbereich des Gesetzes verbracht hat.

(3) Prüfgegenstände, die nach § 4 Satz 1 oder § 5 Abs. 2 mit dem Rückgabezeichen versehen worden sind, können nur bei derselben Behörde erneut zur Beschussprüfung vorgelegt werden, es sei denn, dass diese der Vorlage bei einer anderen Behörde zustimmt.

§ 8
Überlassung von Prüfhilfsmitteln

(1) Wird in Feuerwaffen und sonstigen Prüfgegenständen Munition oder eine Ladung verwendet, die von der zuständigen Behörde nicht beschafft werden kann, so kann diese vom Antragsteller die Überlassung von Gebrauchsmunition, bei Böllern von Kartuschen, Hülsen und Zündmitteln verlangen.
(2) Zur Prüfung der Austauschläufe kann die zuständige Behörde vom Antragsteller die Überlassung der zugehörigen Waffe oder eines geeigneten Verschlusses verlangen. Einsteckläufe sind in der zugehörigen Waffe zu beschießen; wenn diese nicht vorgelegt werden kann, ist eine Bescheinigung nach § 12 Abs. 1 Satz 2 des Gesetzes auszustellen mit der Auflage, dass der Beschuss vor dem bestimmungsgemäßen Gebrauch des Einstecklaufes vorzunehmen ist. Die Bescheinigung kann mehrere gleichartige Prüfgegenstände umfassen. Satz 2 gilt auch für Einsteckläufe nach § 2 Abs. 2 Satz 2 Nr. 1 Buchstabe c des Gesetzes.
(3) Liegt ein Antrag nach § 6 vor, so kann die zuständige Behörde vom Antragsteller die Überlassung der für die Prüfung erforderlichen Hilfsmittel verlangen.
(4) Für die Prüfung eines Gasböllers ist vom Antragsteller der zuständigen Behörde eine Bescheinigung der Physikalisch-Technischen Bundesanstalt darüber vorzulegen, dass das Gerät den technischen Anforderungen nach Anlage I Nr. 2.3.2 bis 2.3.5 entspricht.

§ 9
Aufbringen der Prüfzeichen

(1) Die Prüfgegenstände sind mit dem amtlichen Beschusszeichen nach Anlage II zu versehen. In den Fällen des § 4 Abs. 1 Nr. 3 Buchstabe d des Gesetzes ist das Prüfzeichen der jeweils zuständigen Stelle auf die Prüfgegenstände aufzubringen. Beschuss- und Prüfzeichen müssen deutlich sichtbar und dauerhaft aufgebracht werden.
(2) Das Beschusszeichen nach Absatz 1 besteht aus dem Bundesadler nach Anlage II Abbildung 1 mit den jeweiligen Kennbuchstaben.

(3) Das Beschusszeichen ist auf jedem höchstbeanspruchten Teil entsprechend § 2 Abs. 2 des Gesetzes aufzubringen. Als weitere Prüfzeichen sind aufzubringen:

1. das Ortszeichen nach Anlage II Abbildung 3 auf einem höchstbeanspruchten Teil,
2. das Zeichen für die Stahlschrotprüfung nach Anlage II Abbildung 2 auf jedem Lauf zum Verschießen von Stahlschrotmunition mit verstärkter Ladung und
3. das Jahreszeichen auf einem höchstbeanspruchten Teil. Das Jahreszeichen besteht aus den beiden letzten Ziffern der Jahreszahl, denen die Monatszahl angefügt werden kann. Auf Antrag können die beiden Ziffern der Jahreszahl durch die Buchstaben A = 0, B = 1, C = 2, D = 3, E = 4, F = 5, G = 6, H = 7, I oder J = 8, K = 9 verschlüsselt werden.

(4) Jedes geprüfte höchstbeanspruchte Teil, das einzeln zur Prüfung vorgelegt wird, ist mit dem Beschusszeichen, dem Ortszeichen und dem Jahreszeichen zu versehen.

(5) Das Rückgabezeichen besteht aus dem Ortszeichen und dem Jahreszeichen; vorhandene Prüfzeichen sind durch ein "X" auf oder neben dem Prüfzeichen zu entwerten. Sind höchstbeanspruchte Teile unbrauchbar, so sind sie ebenfalls mit einem "X" zu kennzeichnen.

§ 10
Bescheinigung über das Beschussverfahren

(1) Die zuständige Behörde hat eine beschusstechnische Bescheinigung auszustellen

1. auf Antrag,
2. nach einer Beschussprüfung gemäß § 3 Abs. 4 Satz 2 Nr. 2 oder an Waffen nach § 7 Abs. 1 Satz 3 Nr. 6 oder
3. nach einer erstmaligen Prüfung und jeder weiteren Wiederholungsprüfung von Böllern.

(2) Bei Feuerwaffen, die der Beschusspflicht unterliegen oder die historische Waffen sind, kann die zuständige Behörde auf Antrag eine Bescheinigung darüber ausstellen, dass eine Prüfung nicht oder nur unter der Gefahr einer Beschädigung oder Zerstörung der Waffe durchgeführt werden kann. Die Bescheinigung muss den Hinweis enthalten, dass die Waffe zum Schießen nicht mehr verwendet werden darf.

(3) Für Prüfgegenstände, die die Beschussprüfung nicht bestanden haben, ist dem Antragsteller ein schriftlicher Prüfhinweis auszustellen,

1. aus dem die Daten des Prüfgegenstandes, der Grund der Zurückweisung und das Datum des Beschusses hervorgehen und
2. der die Forderung enthält, dass der Prüfgegenstand zum Schießen nicht mehr verwendet werden darf.

(4) Sind höchstbeanspruchte Teile nach § 9 Abs. 5 Satz 2 als unbrauchbar gekennzeichnet worden, so stellt die zuständige Behörde auf Antrag eine Bescheinigung im Sinne des Absatzes 3 aus.

Abschnitt 3
Bauartzulassung und Zulassung für besondere Schusswaffen und besondere Munition

§ 11
Bauartzulassung für besondere Schusswaffen, pyrotechnische Munition und Schussapparate

(1) Die nach § 7 des Gesetzes der Zulassung unterliegenden Schussapparate, Einsteckläufe ohne eigenen Verschluss für Munition mit einem zulässigen höchsten Gebrauchsgasdruck bis 2 100 bar und nicht der Beschusspflicht unterliegenden Feuerwaffen müssen den in Anlage I Nr. 3 bezeichneten technischen Anforderungen entsprechen. Schussapparate, die Bolzensetzwerkzeuge nach § 7 des Gesetzes sind, müssen, wenn sie einen Kolben enthalten und wenn sie zur Verwendung magazinierter Kartuschen bestimmt sind, außer der Geräteprüfung einer Prüfung des Systems aus Gerät, Kolben und Kartuschen unterzogen werden. Die Systemkomponenten werden vom Antragsteller festgelegt. Zu einem bereits zugelassenen System kann von dem Zulassungsinhaber oder einem Dritten auch die Zulassung anderer Kartuschen beantragt werden. Für die Anforderungen an die Maßhaltigkeit gilt Anlage I Nr. 1.1.3 entsprechend. Die Prüfmodalitäten für Geräte nach Satz 2 werden im Einzelnen durch die Prüfregel der Physikalisch-Technischen Bundesanstalt "Haltbarkeits- und Systemprüfung von Bolzensetzwerkzeugen" in der jeweils gültigen Fassung beschrieben.

(2) Schusswaffen und sonstige Gegenstände nach § 8 des Gesetzes, Schusswaffen nach § 9 Abs. 1 des Gesetzes sowie pyrotechnische Munition nach § 10 des Gesetzes müssen den in der Anlage I Nr. 4, 5 und 6 bezeichneten technischen Anforderungen entsprechen.

Hülsenlose Munition ohne Geschoss nach § 11 Absatz 1 in Verbindung mit Anlage 1 Abschnitt 1 Unterabschnitt 3 Nummer 1.3 zum Waffengesetz muss den Anforderungen nach § 6 Absatz 3 der Ersten Verordnung zum Sprengstoffgesetz entsprechen. § 12c Absatz 3 der Ersten Verordnung zum Sprengstoffgesetz findet entsprechende Anwendung.
(3) Die Zulassungsbehörde kann im Einzelfall von einzelnen Anforderungen der Anlage I Ausnahmen zulassen, wenn

1. im Falle der Zulassung nach § 7, 8 oder 10 des Gesetzes die Sicherheit des Benutzers oder Dritter in anderer Weise gesichert ist,
2. im Falle der Zulassung nach § 9 des Gesetzes die Schusswaffen keine größere Gefahr hervorrufen als diejenigen, die die Anforderungen der Anlage I Nr. 4 erfüllen.

(4) Die Zulassungsbehörde kann im Einzelfall über die Anlage I hinausgehende Anforderungen stellen, wenn der Schutz von Leben und Gesundheit des Benutzers oder Dritter dies erfordert.
(5) Nach den Anforderungen der Anlage I Nr. 5.2.1 und 5.2.2 wird pyrotechnische Munition entsprechend ihrer Gefährlichkeit in die Klassen PM I und PM II eingeteilt.
(6) Für Schusswaffen, die nach § 9 Abs. 2 Nr. 1 des Gesetzes in Verbindung mit Anlage 2 Abschnitt 2 Unterabschnitt 2 Nr. 1.1 des Waffengesetzes anzuzeigen sind und deren Geschossen eine Bewegungsenergie von höchstens 7,5 Joule erteilt wird, ist eine Messung der Bewegungsenergie nach Anlage VI durchzuführen. Die Messung kann bei einem Beschussamt beantragt werden oder durch den Antragsteller mit einer kalibrierten Geschossgeschwindigkeitsmessanlage selbst durchgeführt werden. Es sind der Physikalisch-Technischen Bundesanstalt fünf Messprotokolle und ein Hinterlegungsmuster, das aus der Serie der Prüfgegenstände ausgewählt werden muss, einzureichen. Die Physikalisch-Technische Bundesanstalt bestätigt die Anzeige und nach bestandener Prüfung die Berechtigung zum Aufbringen des Kennzeichens nach Anlage II Abbildung 10. Soweit es sich um Einzelstücke handelt, das heißt sofern nicht mehr als drei Stücke eines bestimmten Modells hergestellt oder in den Geltungsbereich des Gesetzes verbracht werden, die nicht das Kennzeichen nach Anlage II Abbildung 10 tragen, können

von einem Beschussamt auf Antrag mit diesem Kennzeichen versehen werden. Dabei müssen die Beschussämter das Ortszeichen nach Anlage II Abbildung 3 zusätzlich auf der Schusswaffe anbringen.

§ 12
Modellbezeichnung bei Bauartzulassungen

Die der Zulassung unterliegenden Gegenstände dürfen keine Modellbezeichnung haben, die zur Irreführung geeignet ist oder eine Verwechslung mit Waffen oder Munition anderer Beschaffenheit hervorrufen kann. Die Vorschriften des Markenrechts bleiben unberührt.

§ 13
Inverkehrbringen von Schussapparaten aus Staaten, mit denen die gegenseitige Anerkennung der Prüfzeichen vereinbart ist

Wer Schussapparate, die von der Stelle eines Staates zugelassen sind, mit dem die gegenseitige Anerkennung der Prüfzeichen vereinbart ist, in den Geltungsbereich des Gesetzes verbringt, darf diese nur unter Beifügung einer von der Physikalisch-Technischen Bundesanstalt inhaltlich gebilligten Betriebsanleitung in deutscher Sprache in Verkehr bringen. Der Physikalisch-Technischen Bundesanstalt ist zur Prüfung der Betriebsanleitung auch ein zugelassener, serienmäßig gefertigter Schussapparat zur Verfügung zu stellen. § 18 Abs. 2 Nr. 4 und Abs. 4 gilt entsprechend.

§ 14
Beschaffenheit pyrotechnischer Munition

(1) Wer pyrotechnische Munition herstellt oder in den Geltungsbereich des Gesetzes verbringt, darf diese anderen nur überlassen, wenn ihre Sätze

1. mechanisch oder chemisch nicht verunreinigt sind,
2. keine saure Reaktion zeigen, es sei denn, dass die Funktionssicherheit oder die Lagerbeständigkeit nicht beeinträchtigt wird,
3. folgende Ausgangsstoffe nicht enthalten:
   a) Schwefel mit freier Säure oder mit mehr als 0,1 Prozent unverbrennlichen Bestandteilen,
   b) Schwefelblüte,

c) weißen (gelben) Phosphor,

d) Kaliumchlorat mit mehr als 0,15 Prozent Bromatgehalt.

(2) Der Hersteller pyrotechnischer Munition und derjenige, der pyrotechnische Munition in den Geltungsbereich des Gesetzes verbringt, haben sich auf Grund einer Analyse des Herstellers der Ausgangsstoffe oder eines anerkannten Sachverständigen davon zu überzeugen, dass bei den Ausgangsstoffen die Voraussetzungen nach Absatz 1 vorliegen. Die Nachweise über die Prüfung sind drei Jahre lang aufzubewahren.

§ 15
Anforderungen an Reizstoffgeschosse, Reizstoffsprühgeräte und Reizstoffe sowie an Elektroimpulsgeräte

(1) Kartuschenmunition mit Reizstoffen und Geräte, aus denen zu Angriffs- oder Verteidigungszwecken Reizstoffe versprüht oder ausgestoßen werden, müssen hinsichtlich ihrer Beschaffenheit den Anforderungen der Anlage IV Nr. 2 und die darin verwendeten Reizstoffe hinsichtlich ihrer Reizwirkung und zulässigen Menge den Anforderungen der Anlage IV Nr. 3 und 4 entsprechen sowie nach § 16 gekennzeichnet sein.

(2) Die Vorschriften über den Verkehr mit Giften, Arzneimitteln und Betäubungsmitteln sowie des Lebensmittelrechts bleiben unberührt.

(3) Für die Prüfung der Anforderungen nach Anlage IV ist die Physikalisch-Technische Bundesanstalt zuständig. Die Physikalisch-Technische Bundesanstalt kann mit der Durchführung von Teilen der Prüfung auf Kosten des Antragstellers andere Fachinstitute beauftragen.

(4) Die Prüfung ist nach Methoden und Verfahren durchzuführen, die dem jeweiligen Stand der Wissenschaft und Technik entsprechen.

(5) Die Anforderungen an Elektroimpulsgeräte sind in Anlage V geregelt. Die Physikalisch-Technische Bundesanstalt prüft nach den anerkannten Methoden der Messtechnik an dem übersandten Muster, ob die in Anlage V festgelegten Grenzwerte eingehalten werden. Wenn die Grenzwerte eingehalten werden, wird der Antragsteller darüber unterrichtet, dass er das Prüfzeichen nach Anlage II Abbildung 12 auf die Elektroimpulsgeräte aufbringen darf. Ohne dieses Prüfzeichen dürfen keine Elektroimpulsgeräte überlassen werden. Die Physikalisch-Technische Bundesanstalt kann mit der Durchführung von Teilen der Prüfung auf Kosten des Antragstellers andere Fachinstitute beauftragen.

§ 16
Kennzeichnung der Verpackung von Reizstoffgeschossen und Reizstoffsprühgeräten

(1) Auf der kleinsten Verpackungseinheit von Reizstoffgeschossen sind außer der Kennzeichnung nach § 24 Abs. 3 des Waffengesetzes folgende Angaben anzubringen:

1. die Aufschrift "Reizstoff",
2. die gebräuchliche wissenschaftliche Bezeichnung des Reizstoffes,
3. die Masse des in einem Geschoss enthaltenen Reizstoffes,
4. der Zeitpunkt (Jahr und Monat), bis zu dem der Reizstoff versprüht oder die Geschosse verschossen werden dürfen, und
5. die Aufschrift "In Entfernungen unter 1 m Gefahr gesundheitlicher Schädigungen!"

(2) Geräte, aus denen Reizstoffe versprüht oder ausgestoßen werden, sind mit dem Namen oder einer eingetragenen Marke des Herstellers, einer Produktbezeichnung und entsprechend Absatz 1 Nr. 1, 2, 4 und 5 sowie mit der Angabe des Inhalts und der Konzentration der Reizstofflösung zu kennzeichnen. Geräte mit auswechselbaren Reizstoffbehältern sind entsprechend Absatz 1 Nr. 1 und 5, die auswechselbaren Reizstoffbehälter selbst nach Satz 1 zu kennzeichnen. Kartuschenmunition mit Reizstoffen ist auf dem Hülsenboden mit der Kurzbezeichnung des in der Kartusche enthaltenen Reizstoffes zu kennzeichnen. Soweit sich die Kennzeichnung auf dem Hülsenboden wegen der geringen Größe der Munition oder aus sonstigen technischen Gründen nicht anbringen lässt, ist folgende Farbkennzeichnung am Hülsenmund anzubringen:

Blau - Reizstoffmunition mit CN,
Gelb - Reizstoffmunition mit CS,
Rot - sonstige Reizstoffmunition.

(3) Jeder kleinsten Verpackungseinheit von Reizstoffgeschossen und jedem Sprühgerät nach Absatz 2 ist eine Gebrauchsanweisung beizufügen, in der die Methoden sachgerechter Anwendung und die Gefahren einer missbräuchlichen Benutzung zu beschreiben sind.

§ 17
Abweichungen vom Kennzeichnungsgrundsatz bei besonderen Munitionsarten

(1) Auf pyrotechnischer Munition der Klasse PM II ist außer der Kennzeichnung nach § 24 Abs. 3 des Waffengesetzes die Jahreszahl der Herstellung und die Verbrauchsdauer anzubringen. Lässt sich bei pyrotechnischer Munition der Klassen PM I und PM II die Kennzeichnung auf der Hülse oder dem Geschoss wegen deren geringer Größe oder aus sonstigen technischen Gründen nicht anbringen, genügt die Kennzeichnung der kleinsten Verpackungseinheit. Auf dieser ist ferner das Bruttogewicht der Verpackungseinheit anzugeben.

(2) Munition, bei der der Zündsatz im Rand des Hülsenbodens untergebracht ist (Randfeuermunition), ist auf dem Hülsenboden nur mit dem Herstellerzeichen zu kennzeichnen. Bei Kartuschenmunition für Schussapparate mit einem eingebuchteten oder gewölbten Boden, bei der der Zündsatz weder in einem besonderen Zündhütchen im Hülsenboden (Zentralfeuermunition) noch im Rand des Hülsenbodens untergebracht ist und bei der der Zünd- und Treibsatz nicht schwerer als 0,5 Gramm ist, braucht die Hülse nicht nach § 24 Abs. 3 des Waffengesetzes gekennzeichnet zu sein. Schreckschussmunition mit gebördeltem Hülsenmund ist auf der Abdeckung mit grüner Farbe zu kennzeichnen.

(3) Bei Randfeuermunition und bei Kartuschenmunition für Schussapparate genügt es, das Fertigungszeichen anstatt auf der kleinsten Verpackungseinheit auf einer besonderen Einlage in der kleinsten Verpackungseinheit anzubringen. Bei Treibladungen nach Anlage 1 Abschnitt 1 Unterabschnitt 3 Nr. 2 des Waffengesetzes für Schussapparate braucht die Kennzeichnung nach § 24 Abs. 3 des Waffengesetzes nur auf der magazinierten Verpackung angebracht werden.

(4) Bei Kartuschenmunition für Schussapparate ist auf der kleinsten Verpackungseinheit ein deutlicher Hinweis auf die Art des Gerätes und den Stärkegrad der Ladung anzubringen. Der Stärkegrad der Ladung ist durch folgende Farben zu kennzeichnen:

Ladungsstufe 1 weiß oder braun	schwächste Ladung
Ladungsstufe 2 grün	schwache Ladung
Ladungsstufe 3 gelb	mittlere Ladung
Ladungsstufe 4 blau	starke Ladung
Ladungsstufe 5 rot	sehr starke Ladung
Ladungsstufe 6 schwarz	stärkste Ladung.

Die Farbkennzeichnung ist auch auf dem Hülsenboden der Kartusche oder auf der Kartuschen- oder Zündsatzabdeckung anzubringen:

(5) Auf festen Körpern, die zum Verschießen aus Schussapparaten bestimmt sind (Bolzen), ist das der Physikalisch-Technischen Bundesanstalt angezeigte Herstellerkennzeichen anzubringen; werden Führungs- oder Halterungsstücke verwendet, die auch nach dem Schuss noch mit dem Geschoss verbunden bleiben, genügt die Angabe des Herstellerkennzeichens auf einem dieser Teile. Die kleinste Verpackungseinheit der Bolzen ist nach § 24 Abs. 3 des Waffengesetzes sowie außerdem mit der Typenbezeichnung zu kennzeichnen.

Abschnitt 4
Verfahren bei der Bauartzulassung

§ 18
Antragsverfahren

(1) Die Bauartzulassung ist in schriftlicher oder elektronischer Form zu beantragen. Der Antragsteller hat in dem Antrag anzugeben:

1. seinen Namen oder seine Firma und seine Anschrift, bei der Verbringung in den Geltungsbereich des Gesetzes den Namen oder die Firma und die Anschrift dessen, der die Gegenstände verbringt,
2. die angezeigte Marke, die auf dem Gegenstand angebracht werden soll,
3. die Modellbezeichnung der Schusswaffe oder des Einstecklaufs oder die Bezeichnung der pyrotechnischen Munition, wobei für Schusswaffen neben einer vorrangigen weitere Modellbezeichnungen verwendet werden dürfen, wenn sie der zulassenden Behörde, auch nach der Erteilung der Zulassung, angezeigt wurden,
4. im Falle der Zulassung nach § 10 des Gesetzes auch die Herstellungsstätte.

(2) Der Antragsteller hat dem Antrag beizufügen

1. bei der Zulassung nach
   a) den §§ 7, 8 und 9 Abs. 1 des Gesetzes ein oder zwei Baumuster des Gegenstandes der für die Systemprüfung benötigten Geräteteile und der dazugehörigen Munition oder Geschosse,
   b) § 10 des Gesetzes eine ausreichende Stückzahl der pyrotechnischen Munition,

2. eine nach den Regeln der Technik gefertigte Schnittzeichnung, die alle für die Zulassung wichtigen Angaben über die Maße und Werkstoffe enthält, eine Ansichtszeichnung gleicher Qualität, ersatzweise eine Fotografie, jeweils in dreifacher Ausfertigung, und eine Betriebsanleitung in deutscher Sprache, soweit sie den Gegenständen beim Vertrieb beigegeben wird,
3. bei Bolzensetzwerkzeugen mit Kolben und magazinierten Kartuschen zur Durchführung der Systemprüfung die Angaben darüber, durch welche Teile das System bestimmt sein soll, sowie deren technische Daten,
4. bei Schusswaffen, Schussapparaten oder Einsteckläufen, die zum Verschießen von nach § 11 Abs. 1 des Gesetzes zugelassener Munition bestimmt sind, die für die Prüfung erforderliche Munition und
5. bei Schussapparaten, die im Geltungsbereich des Gesetzes verwendet werden sollen, außerdem eine Erklärung, aus der hervorgeht, an welchem Ort oder an welchen Orten er die für die Durchführung von Wiederholungsprüfungen erforderlichen Einrichtungen unterhält oder wen er mit der Durchführung dieser Prüfung beauftragt hat.

(3) Der Antragsteller hat der Zulassungsbehörde auf Verlangen

1. das in Absatz 2 Nr. 1 Buchstabe a bezeichnete Baumuster oder an dessen Stelle einen serienmäßig gefertigten Gegenstand des zugelassenen Modells und, im Falle der Zulassung pyrotechnischer Munition, auch eine serienmäßig gefertigte Schusswaffe zum Verschießen dieser Munition zu überlassen und
2. Teilzeichnungen des Modells einzureichen.

(4) Bei Anträgen auf Zulassung von Schussapparaten und anderen nicht tragbaren Geräten, in denen zum Antrieb in Hülsen untergebrachte Treibladungen verwendet werden und die für technische Zwecke bestimmt sind, soll die Physikalisch-Technische Bundesanstalt die Berufsgenossenschaftliche Zentrale für Sicherheit und Gesundheit der Deutschen Gesetzlichen Unfallversicherung e. V. anhören; bestehen Zweifel, ob der Prüfgegenstand den Anforderungen an den Werkstoff und die Festigkeit entspricht, ist die Bundesanstalt für Materialforschung und -prüfung zu beteiligen. Bei anderen nicht tragbaren Geräten, in denen zum Antrieb in Hülsen untergebrachte Treibladungen verwendet werden und die für technische Zwecke bestimmt sind, unterliegen der Bauartzulassung nur die Auslösevorrichtung und die Teile des Gerätes, die dem Druck der Pulvergase unmittelbar ausgesetzt sind.

(5) Bei nicht tragbaren Geräten, in denen zum Antrieb in Hülsen untergebrachte Treibladungen verwendet werden und die für technische Zwecke bestimmt sind, die ortsfest eingebaut werden, entfällt die Vorlage eines Baumusters nach Absatz 2 Nr. 1 Buchstabe a. Die Physikalisch-Technische Bundesanstalt kann im Benehmen mit der Berufsgenossenschaftlichen Zentrale für Sicherheit und Gesundheit der Deutschen Gesetzlichen Unfallversicherung e. V. Prüfungen am Betriebsort vornehmen.

§ 19
Zuständigkeit und Zulassungsbescheid

(1) Über Anträge nach den §§ 7, 8 und 9 Abs. 2 und 4 des Gesetzes entscheidet die Physikalisch-Technische Bundesanstalt. Über Anträge nach § 9 Abs. 1 und 5 des Gesetzes entscheidet die nach Landesrecht zuständige Stelle, über Anträge nach § 10 des Gesetzes die Bundesanstalt für Materialforschung und -prüfung durch schriftlichen Bescheid.

(2) Der Zulassungsbescheid hat Angaben zu enthalten über

1. den Namen und die Anschrift des Antragstellers,
2. die Art und Modellbezeichnung der Schusswaffe, des Schussapparates, des Einstecklaufes, der Schreckschuss-, Reizstoff- oder Signalwaffe und bei pyrotechnischer Munition deren Bezeichnung,
3. die wesentlichen Merkmale der Bauart
   a) der zugelassenen Schusswaffe, des Schussapparates, des Einstecklaufes, der Schreckschuss-, Reizstoff- oder Signalwaffe sowie die wesentlichen Merkmale und die Bezeichnung der daraus zu verschießenden Gebrauchsmunition,
   b) der zugelassenen pyrotechnischen Munition,
4. die Geltungsdauer der Zulassung und
5. das Zulassungszeichen nach § 20 Abs. 2.

(3) Nebenbestimmungen und inhaltliche Beschränkungen der Zulassung, welche die Verwendung der zugelassenen Waffen, Schussapparate, Einsteckläufe und Munition betreffen, sind vom Verwender zu beachten. Die Zulassung ist mit der Auflage zu verbinden, einen Auszug des Zulassungsbescheides den Verwendern auszuhändigen, soweit darin die Verwendung betreffende Nebenbestimmungen und inhaltliche Beschränkungen enthalten sind. Die Bauartzulassung nach Maßgabe des § 9 Abs. 5 des Gesetzes kann auch mit der Auflage verbunden werden, den zugelassenen Gegenständen sicherheitstechnische Hinweise und eine von der Zulassungsbehörde gebilligte und bestätigte Betriebs-

anleitung beizufügen und die zugelassenen Gegenstände einer Einzelbeschussprüfung nach § 5 des Gesetzes zu unterziehen. Dies gilt auch für andere nicht tragbare Geräte, in denen zum Antrieb in Hülsen untergebrachte Treibladungen verwendet werden und die für technische Zwecke bestimmt sind.

§ 20
Zulassungszeichen

(1) Die Zulassungsbehörde hat dem Zulassungsinhaber die Verwendung eines Zulassungszeichens vorzuschreiben.

(2) Das Zulassungszeichen setzt sich aus dem in der Anlage II Abbildung 5 bis 7 oder 10 bis 12 jeweils vorgesehenen Zeichen und einer Kennnummer zusammen. Die Kennnummer besteht aus einer fortlaufenden Nummer. Bei pyrotechnischer Munition gehört zum Zulassungszeichen außerdem die Klassenbezeichnung "PM I" oder "PM II".

(3) Der Zulassungsinhaber hat dauerhaft und deutlich sichtbar auf jedem nachgebauten Stück und bei pyrotechnischer Munition auf jeder kleinsten Verpackungseinheit das vorgeschriebene Zulassungszeichen anzubringen. Das Zulassungszeichen darf nicht auf einem Teil angebracht werden, das üblicherweise zum Austausch bestimmt ist. Soweit sich das Zulassungszeichen auf der pyrotechnischen Munition wegen deren geringen Größe oder aus sonstigen technischen Gründen nicht anbringen lässt, genügt die Anbringung auf der kleinsten Verpackungseinheit.

§ 21
Bekanntmachungen

(1) Die Zulassung der Bauart der in den §§ 7, 8 und 9 Abs. 5 des Gesetzes bezeichneten Gegenstände, ihre Änderung, Berichtigung, Rücknahme und ihr Widerruf werden im Bundesanzeiger und im Amts- und Mitteilungsblatt der Physikalisch-Technischen Bundesanstalt bekannt gemacht. Die Bekanntmachung soll die in § 19 Abs. 2 Nr. 1, 2 und 4 bezeichneten Angaben, die Kennnummer nach § 20 Abs. 2 Satz 1 und die Bezeichnung der zugehörigen Gebrauchsmunition enthalten.

(2) Bei Zulassungen nach § 10 des Gesetzes hat die Bundesanstalt für Materialforschung und -prüfung eine Liste der erteilten Zulassungen für pyrotechnische Munition zu führen und diese auf dem neuesten Stand zu halten. Die Liste soll die folgenden Angaben enthalten:

1. das vollständige Zulassungszeichen,
2. die Bezeichnung der pyrotechnischen Munition,
3. Name und Anschrift des Zulassungsinhabers,
4. Beschränkungen, Befristungen und Auflagen, insbesondere die von der Bundesanstalt für Materialforschung und -prüfung festgelegten Verwendungshinweise in Code-Nummern. Die Bedeutung der Code-Nummern wird im Vorspann der Liste erläutert.

Die Liste ist bei der Bundesanstalt für Materialforschung und -prüfung während der Dienststunden auszulegen. Auf Verlangen eines Dritten ist diesem gegen Kostenerstattung eine Abschrift oder Vervielfältigung zu überlassen.

(3) Die Physikalisch-Technische Bundesanstalt hat dem Ständigen Büro der Ständigen Internationalen Kommission für die Prüfung der Handfeuerwaffen Mitteilung zu machen über

1. Anordnungen nach § 23 Abs. 2 Satz 2,
2. die Erteilung, die Rücknahme oder den Widerruf einer Zulassung von Schussapparaten nach den §§ 7 und 8 des Gesetzes. Die Mitteilung über die Erteilung besteht aus einer Kopie des Zulassungsbescheides.

Abschnitt 5
Periodische Fabrikationskontrolle, Einzelfallprüfung, Wiederholungsprüfung

§ 22 Periodische Fabrikationskontrollen für Schussapparate und Einsteckläufe

Schussapparate und Einsteckläufe, deren Bauart von der Physikalisch-Technischen Bundesanstalt zugelassen ist, sind in Abständen von höchstens zwei Jahren an fünf Gegenständen jeder Bauart durch die Physikalisch-Technische Bundesanstalt zu prüfen. Für die Prüfung sind die Vorschriften der Anlage I Nr. 3.1 bis 3.4 maßgebend. Der Zulassungsinhaber hat der Physikalisch-Technischen Bundesanstalt die fünf Prüfgegenstände nach Satz 1 spätestens zwei Jahre nach der Zulassung und dann im Abstand von zwei Jahren aus der laufenden Produktion oder, wenn dies nicht möglich ist, aus dem Lagerbestand vorzulegen.

§ 23
Überprüfung im Einzelfall

(1) Rechtfertigen Tatsachen die Annahme, dass Prüfgegenstände nach den §§ 7 und 8 des Gesetzes, deren Bauart von der Physikalisch-Technischen Bundesanstalt zugelassen worden ist, in ihren wesentlichen Merkmalen nicht den Vorschriften der Anlage I Nr. 3 oder 4 oder der Zulassung entsprechen, nimmt die Physikalisch-Technische Bundesanstalt eine Prüfung vor. Können dabei festgestellte Mängel nicht unmittelbar behoben werden, kann diese dem Zulassungsinhaber untersagen, weitere Gegenstände dieser Bauart zu vertreiben und anderen zu überlassen.

(2) Werden der Physikalisch-Technischen Bundesanstalt Mängel nach Absatz 1 bei Prüfgegenständen nach § 7 des Gesetzes bekannt, deren Bauart von der Behörde eines Staates zugelassen worden ist, mit dem die gegenseitige Anerkennung der Zulassungszeichen vereinbart ist, unterrichtet sie diese Behörde. Die Physikalisch-Technische Bundesanstalt kann den weiteren Vertrieb untersagen, wenn diese Gegenstände Gefahren für Leben und Gesundheit des Benutzers oder Dritter hervorrufen.

§ 24
Wiederholungsprüfung betriebener Schussapparate

(1) Der Betreiber eines Schussapparates oder eines nicht tragbaren Gerätes, in dem zum Antrieb in Hülsen untergebrachte Treibladungen verwendet werden und das für technische Zwecke bestimmt ist, hat das Gerät dem Hersteller oder dessen Beauftragten jeweils nach zwei Jahren, bei wesentlichen Funktionsmängeln unverzüglich vorzulegen. Satz 1 gilt nicht für Leinenwurfgeräte, die auf Seeschiffen verwendet werden, und nicht für Industriekanonen.

(2) Die Frist bis zur ersten Wiederholungsprüfung nach Absatz 1 beginnt

1. bei Bolzensetzwerkzeugen, Press- und Kerbgeräten mit der Auslieferung des Gerätes an den Betreiber oder Händler,
2. bei anderen Schussapparaten mit der Auslieferung des Gerätes an den Betreiber.

Der Fristbeginn ist nachzuweisen im Falle von Satz 1 Nr. 1 durch eine vom Hersteller auf dem Gerät anzubringende Plakette, im Falle von Satz 1 Nr. 2 durch eine Bescheinigung, die der Hersteller oder Händler dem Schussapparat beim Überlassen an den Betreiber beizufügen hat.

(3) Der Hersteller oder sein Beauftragter hat zu prüfen, ob ein Gerät nach Absatz 1 funktionssicher (Anlage I) ist und ob es dem Baumuster entspricht. Bei aus einem anderen Staat eingeführten Schussapparaten, die ein anerkanntes Prüfzeichen tragen, gilt als Beauftragter des Herstellers der Verbringer, der im Geltungsbereich des Gesetzes eine Niederlassung besitzt.

§ 25
Prüfzeichen bei Wiederholungsprüfungen

(1) Hat die Prüfung eines Gerätes nach § 24 Abs. 1 keine Beanstandungen ergeben, so hat die prüfende Stelle das Prüfzeichen anzubringen.
(2) Das Prüfzeichen für Geräte nach § 24 Abs. 1 muss dem Muster der Anlage II Abbildung 8 entsprechen. Es ist auf dem Lauf oder dem Gehäuse dauerhaft so anzubringen, dass die Zahl des Quartals, in dem das Gerät geprüft wurde, zur Laufmündung zeigt. Wird das Prüfzeichen in Form einer Plakette angebracht, so muss diese in Schwarzdruck auf silbrigem Grund ausgeführt sein.
(3) Über die Prüfung des Gerätes nach § 24 Abs. 1 hat der Hersteller oder sein Beauftragter dem Betreiber eine Prüfbescheinigung auszustellen, aus der das Ergebnis und das Datum der Prüfung, die prüfende Stelle und der Name des mit der Prüfung Beauftragten hervorgehen.

Abschnitt 6
Festlegung der Maße und Energiewerte für Feuerwaffen (Maßtafeln), Einsteck- und Austauschläufe sowie für Munition

§ 26
Zulässige und nicht zulässige Munition

(1) In den Maßtafeln werden festgelegt

1. die Maße für die Patronen- oder Kartuschenlager und für die Übergänge, bei glatten Läufen die Innendurchmesser und bei gezogenen Läufen die Feld- und Zugdurchmesser, erforderlichenfalls auch die Laufquerschnitte von Feuerwaffen, Einsteckläufen und Austauschläufen sowie die Verschlussabstände von Feuerwaffen (Maßtafeln - § 14 Abs. 1 Nr. 1 des Gesetzes),

2. die zulässigen Höchst- und Mindestmaße, die zulässigen höchsten Gebrauchsgasdrücke, bei Schrotmunition auch für die verstärkte Ladung, oder die Höchst- und Mindestenergien, außerdem bei Stahlschrotmunition die höchstzulässigen Mündungsgeschwindigkeiten, Mündungsimpulse und Durchmesser der Schrote, und die Bezeichnung der Munition und der Treibladungen nach Anlage 1 Abschnitt 1 Unterabschnitt 3 Nr. 1 und 2 des Waffengesetzes (§ 14 Abs. 3 des Gesetzes),
3. die zulässigen Höchstmaße, die Höchst- und Mindestgasdrücke oder -energien und die Bezeichnung der pyrotechnischen Munition (§ 14 Abs. 1 Nr. 1 des Gesetzes).

(2) Ist die Hülse einer Munition ummantelt, so gelten die in den Maßtafeln festgelegten Maße nur für die Hülse.

(3) Nicht zulässig sind

1. Munition nach Anlage 2 Abschnitt 1 Nr. 1.5.1 bis 1.5.6 des Waffengesetzes,
2. Schrotpatronen mit Schroten mit einer Vickershärte HV 1 von über 110 an der Oberfläche oder von über 100 im Inneren,
3. Stahlschrotpatronen ohne geeignete Ummantelung der Schrotladung und
4. Revolver- und Pistolenpatronen mit Geschossen, die überwiegend oder vollständig aus hartem Material - Brinellhärte größer als 25 HB 5/62,5/30 - bestehen.

§ 27
Abweichungen von den Maßtafeln

(1) Anstelle der in den Maßtafeln für Munition festgelegten Bezeichnung darf eine andere Bezeichnung zugelassen werden, wenn sie eindeutig ist und sich von Bezeichnungen anderer zugelassener Munition hinreichend unterscheidet. Die Physikalisch-Technische Bundesanstalt veröffentlicht die Bezeichnungen nach Satz 1 jeweils in ihrem Amts- und Mitteilungsblatt. Im Falle von pyrotechnischer Munition nach § 10 des Gesetzes erfolgt die Veröffentlichung durch die Bundesanstalt für Materialforschung und -prüfung in der Liste gemäß § 21 Abs. 2.

(2) Lässt sich die Bezeichnung auf der Munition wegen deren geringer Größe nicht anbringen, so genügt die Angabe des Kalibers mit einer Kurzbezeichnung, die die Muni-

tion eindeutig charakterisiert. Ist die Angabe der Hülsenlänge vorgeschrieben, muss auch diese angebracht werden.

(3) Neue, noch nicht in den Maßtafeln aufgeführte Munition darf bei übereinstimmenden oder ähnlichen Abmessungen im Vergleich zu bereits zugelassener Munition nicht zugelassen werden, wenn

1. sie einen höheren Gasdruck entwickelt und aus Waffen für zugelassene Munition mit einem niedrigeren Gasdruck verschossen werden kann oder
2. bereits zugelassene Munition mit höherem Gasdruck aus Waffen für die neue Munition mit einem niedrigeren Gasdruck verschossen werden kann.

(4) Die zuständige Behörde kann in Ausnahmefällen zulassen, dass von den normalen Feld- und Zugprofilen abgewichen wird, wenn sichergestellt ist, dass die Abweichung zu keiner Überschreitung des Gebrauchsgasdruckes führt und dass beim Beschuss mit Beschussmunition ein Überdruck von 30 Prozent in jedem Fall erreicht wird.

(5) Die zuständige Behörde kann bei der Prüfung von Prüfgegenständen auf Antrag eine Abweichung von den Maßen der Maßtafeln zulassen, wenn sie zu Versuchs- oder Erprobungszwecken bestimmt sind. In diesen Fällen wird ein Beschusszeichen nicht angebracht. In den Fällen des Satzes 1 hat die zuständige Behörde auf Antrag eine Bescheinigung darüber auszustellen, dass die Prüfgegenstände haltbar und funktionssicher sind, dass deren Maße von den Maßen der Maßtafeln abweichen und dass diese Gegenstände zu Versuchs- oder Erprobungszwecken bestimmt sind. Aus der Bescheinigung müssen die Abweichungen von den Maßen nach Anlage I Nr. 1.1.3 hervorgehen.

Abschnitt 7
Zulassung von Munition

§ 28
Begriffsbestimmungen

(1) Der Typ einer Patronen- oder Kartuschenmunition wird bestimmt durch die in den Maßtafeln festgelegte Bezeichnung oder durch eine zugelassene Bezeichnung nach § 27 Abs. 1 Satz 1.

(2) Das Los einer Patronen- oder Kartuschenmunition ist

1. die Gesamtheit einer Munition desselben Typs, die von demselben Hersteller in einer Serie gefertigt wird, ohne Änderung wesentlicher Komponenten,
2. bei Munition aus Staaten, mit denen die gegenseitige Anerkennung der Prüfzeichen nicht vereinbart ist, die Gesamtheit der Munition, die von demselben Verbringer in einer Lieferung in den Geltungsbereich des Gesetzes verbracht werden soll, wenn sie die Merkmale nach Nummer 1 aufweist.

§ 29
Zulassung und Prüfung von Patronen- und Kartuschenmunition

Die Zulassungsprüfung nach § 11 des Gesetzes umfasst die Prüfung

1. der vorgesehenen Bezeichnung der Munition,
2. der vorgeschriebenen Kennzeichnung auf der kleinsten Verpackungseinheit,
3. der vorgeschriebenen Kennzeichnung auf jeder Patrone oder Kartusche,
4. der Maßhaltigkeit,
5. des Gasdruckes oder an dessen Stelle im Falle fehlender Vorgabe oder erheblicher messtechnischer Schwierigkeiten der entsprechenden Vergleichswerte,
6. des Aufbaus der Patronen, der Geschwindigkeit und des Impulses der Schrote bei Stahlschrotpatronen,
7. der Funktionssicherheit.

§ 30
Antragsverfahren

(1) Der Antrag hat Angaben zu enthalten über

1. Name, Firma oder Marke und Anschrift des Herstellers oder desjenigen, dessen Name, Firma oder Marke auf der Munition angebracht ist und der die Verantwortung für die Munition übernimmt; im Falle der Verbringung aus Staaten, mit denen die gegenseitige Anerkennung der Prüfzeichen nicht vereinbart ist, sind Name, Firma oder Marke und Anschrift des Verbringers anzugeben,
2. Typenbezeichnung der Munition,
3. Herstellungsstätte, es sei denn, der Antragsteller ist ein Verbringer nach Nummer 1,
4. Prüfstätte für die Fabrikationskontrollen, es sei denn, diese werden der zuständigen Behörde übertragen, und

5. Losgröße und Losnummer.

(2) Dem Antrag sind beizufügen:

1. Zeichnungen mit Maßangaben für Patrone, Patronenlager und Lauf,
2. Angaben über den zulässigen Höchstwert des Gebrauchsgasdruckes,
3. ein der Anlage III entsprechender Messlauf für den Patronentyp und
4. Patronenprüflehren.

Satz 1 gilt nicht für die Zulassung eines Munitionstyps, der bereits in den Maßtafeln aufgeführt ist.

(3) Die Zulassungsbehörde kann vom Antragsteller die Vorlage von 3.000 Stück Patronen oder Kartuschen zur wahllosen Probennahme verlangen.

§ 31
Prüfmethoden

(1) Prüfungen nach § 29 Nr. 4, 5 und 6 und die der statistischen Grenzwerte werden nach den anerkannten Methoden der Messtechnik vorgenommen, wie sie in den Vorschriften der Anlage III und in weiteren Einzelheiten in den jeweils gültigen und einschlägigen Prüf- und Messrichtlinien der Physikalisch-Technischen Bundesanstalt niedergelegt sind.

(2) Die Messung des Gasdruckes wird mittels mechanisch-elektrischen Wandlers vorgenommen. Sofern in den Maßtafeln für das betreffende Kaliber ein zulässiger Höchstwert des Gebrauchsgasdruckes nur für die Messung mittels Kupferstauchkörperverfahren veröffentlicht ist, soll nach diesem Verfahren gemessen werden. Die Verwendung anderer Messverfahren ist zulässig, sofern sie sich zur Messung schnell veränderlicher Drücke eignen und Vergleiche mit den in Satz 1 genannten Verfahren vorliegen, die eine Umrechnung gestatten.

(3) Die Funktionssicherheit der Munition ist nach den Vorschriften der Anlage III zu prüfen.

(4) Wird die Zulassung eines Munitionstyps beantragt, der noch nicht in den Maßtafeln aufgeführt ist, sind der Prüfung die Angaben des Antragstellers über den Gasdruck und die Maße der Patrone, des Lagers und gegebenenfalls des Laufes zugrunde zu legen. Die zuständige Behörde hat in diesem Fall der Physikalisch-Technischen Bundesanstalt zur Weiterleitung an das Ständige Büro der Ständigen Internationalen Kommission für die Prüfung der Handfeuerwaffen gleichzeitig mit der Typenzulassung (§ 36) den für die

Munition zulässigen Höchstwert des Gasdruckes, den gemessenen mittleren höchsten Gasdruck und die zugelassenen Maße zu übermitteln.

§ 32
Form der Zulassung

(1) Die Zulassung ist dem Hersteller oder demjenigen, dessen Name, Firma oder Marke auf der Munition angegeben ist, schriftlich zu erteilen. Für Munition, die aus Staaten eingeführt wird, mit denen die gegenseitige Anerkennung der Prüfzeichen nicht vereinbart ist, kann die Zulassung auf Antrag einem Verbringer erteilt werden, der im Geltungsbereich des Gesetzes eine gewerbliche Niederlassung hat.

(2) Der Zulassungsbescheid hat Angaben zu enthalten über

1. den Namen und die Anschrift des Antragstellers,
2. Typ und Bezeichnung der Munition und Name oder Marke, die auf der Munition angebracht sind,
3. den zulässigen höchsten Gebrauchsgasdruck, die zulässigen Maße der Patrone oder Kartusche und des Lagers bei Munition, deren Munitionstyp neu zugelassen wird,
4. das in Anlage II Abbildung 4 vorgeschriebene Prüfzeichen,
5. den Vorbehalt der endgültigen Zustimmung durch die CIP, falls die Munition noch nicht in die Maßtafeln der CIP aufgenommen ist, und
6. die Berechtigung zur Durchführung der Fabrikationskontrolle mit Angabe der Prüfstätte.

§ 33
Fabrikationskontrolle

(1) Der Zulassungsinhaber ist verpflichtet, alle Munitionslose Fabrikationskontrollen nach Anlage III zu unterziehen, bevor sie in Verkehr gebracht werden. Er kann diese Kontrollen einer zuständigen Behörde oder einem Fachinstitut übertragen, dessen Messeinrichtungen in angemessenen Abständen nach Anlage III Nr. 1.1 von der zuständigen Behörde überprüft werden. § 32 Abs. 1 gilt entsprechend.

(2) Der Zulassungsinhaber hat über die durchgeführten Fabrikationskontrollen Aufzeichnungen nach Satz 2 und Absatz 3 zu machen. Die Aufzeichnungen sind in gebundener Form, in Karteiform oder mit Hilfe der automatischen Datenverarbeitung (ADV)

im Betrieb oder in dem Betriebsteil, in dem die Munition hergestellt oder vertrieben wird, zu führen.

(3) Aus den Aufzeichnungen müssen folgende Angaben hervorgehen:

1. Munitionstyp, Losgröße und Fertigungszeichen des Loses,
2. Art des Pulvers, Art und Masse der Geschosse, Zündungstyp,
3. die ermittelten Gasdrücke,
4. Art und Zahl der festgestellten Mängel
   a) bei der Maß- und Sichtprüfung,
   b) bei der Funktionsprüfung.

(4) Bei Munition, von der der Zulassungsinhaber höchstens 3.000 Stück im Jahr herstellt, sind von ihm binnen zwei Wochen nach Fertigung Aufzeichnungen nach Absatz 3 Nr. 1 und 2 zu machen. Die Zulassungsbehörde kann weitere Kontrollen im Sinne von Absatz 1 und Absatz 3 Nr. 3 und 4 sowie von § 34 festlegen. Begrenzungen der Stückzahl oder zeitliche Befristungen sind zulässig.

(5) Der Zulassungsinhaber hat der zuständigen Behörde die Aufzeichnungen nach Absatz 2 oder Absatz 4 auf Verlangen vorzulegen.

(6) Die Aufzeichnungen sind bis zur übernächsten behördlichen Kontrolle, mindestens jedoch fünf Jahre aufzubewahren.

§ 34
Behördliche Kontrollen

(1) Der Zulassungsinhaber hat mindestens alle drei Jahre die Durchführung einer behördlichen Kontrolle bei der Zulassungsbehörde zu beantragen. Verbringer aus Staaten, mit denen eine gegenseitige Anerkennung der Prüfzeichen nicht vereinbart ist, haben die Durchführung dieser Kontrollen mindestens einmal jährlich zu beantragen, wenn sie nicht für jedes Los eine Fabrikationskontrolle durchführen oder durchführen lassen. Die Frist nach den Sätzen 1 und 2 beginnt mit dem auf die Zulassung folgenden Kalenderjahr.

(2) Wird Munition aus Staaten verbracht, mit denen eine gegenseitige Anerkennung der Prüfzeichen nicht vereinbart ist, hat der Verbringer eine Bescheinigung des Herstellers vorzulegen, aus der hervorgeht, dass dieser Fabrikationskontrollen durchführt, die den in der Anlage III vorgeschriebenen gleichwertig sind. Diese Bescheinigung muss jedes Jahr erneuert werden. Der Verbringer hat ferner auf Verlangen der Behörde das Protokoll

über das Los, das Gegenstand der behördlichen Kontrolle ist, vorzulegen. Die Sätze 1 bis 3 gelten nicht, wenn vom Hersteller für jedes Los eine Fabrikationskontrolle durchgeführt und diese durch eine Zulassungsbehörde überwacht wird.
(3) Bei der behördlichen Kontrolle sind die in Anlage III festgelegten Prüfungen vorzunehmen.
(4) Wird bei der behördlichen Kontrolle festgestellt, dass die Munition oder die Messgeräte den Vorschriften der Maßtafeln oder der Anlage III oder der Zulassung nicht entsprechen, setzt die zuständige Behörde eine angemessene Frist zur Beseitigung der Mängel.

§ 35
Überprüfung im Einzelfall

(1) Rechtfertigen Tatsachen die Annahme, dass Munition, deren Typ von der zuständigen Behörde zugelassen ist, oder gewerbsmäßig wiedergeladene Munition den Vorschriften der Maßtafeln oder der Anlage III oder der Zulassung nicht entspricht, nimmt diese eine Kontrolle vor. Können dabei festgestellte Fehler nicht unmittelbar behoben werden, kann die zuständige Behörde den weiteren Vertrieb der beanstandeten Munition untersagen.
(2) Werden der zuständigen Behörde Mängel nach Absatz 1 bei Munition bekannt, deren Typ von der Behörde eines Staates zugelassen ist, mit dem die gegenseitige Anerkennung der Prüfzeichen vereinbart ist, unterrichtet sie diese Behörde. Die zuständige Behörde kann den weiteren Vertrieb untersagen, wenn die Munition Gefahren für Leben und Gesundheit des Benutzers oder Dritter hervorruft. Sie trifft die erforderlichen Sicherheitsmaßnahmen.

§ 36
Bekanntmachung

(1) Die Zulassung nach § 11 des Gesetzes, ihre Änderung, Rücknahme und ihr Widerruf werden im Amts- und Mitteilungsblatt der Physikalisch-Technischen Bundesanstalt bekannt gemacht. Die Bekanntmachung soll die in § 32 Abs. 2 Nr. 1 bis 3 bezeichneten Angaben enthalten.
(2) Die Physikalisch-Technische Bundesanstalt hat dem Ständigen Büro der Ständigen Internationalen Kommission für die Prüfung der Handfeuerwaffen Mitteilung zu machen über

1. andere zugelassene Bezeichnungen nach § 27 Abs. 1,
2. die Erteilung, die Rücknahme oder den Widerruf einer Zulassung,
3. Anordnungen nach § 35 Abs. 2.

§ 37
Ausnahmen

(1) Der Zulassung nach § 11 Abs. 1 des Gesetzes sowie der Fabrikationskontrolle und der periodischen behördlichen Kontrolle unterliegen nicht

1. Treibladungen nach § 11 Abs. 1 des Gesetzes,
2. nicht gewerbsmäßig wiedergeladene Munition,
3. Beschussmunition, die von der zuständigen Behörde geladen und verwendet wird oder durch einen Hersteller der zuständigen Behörde überlassen wird,
4. Munition, die nicht mehr serienmäßig hergestellt wird und ausschließlich in kleinen Mengen zum Sammeln bestimmt ist.

Beschussmunition ist jedoch der Fabrikationskontrolle zu unterziehen. Munition nach Satz 1 kann auf Antrag einer losbezogenen Zulassungsprüfung unterzogen werden und darf das Prüfzeichen nach Anlage II Abbildung 4 nur nach bestandener Zulassungsprüfung tragen.

(2) Patronen- und Kartuschenmunition nach Absatz 1 Satz 1 Nr. 3 und 4 muss den Anforderungen nach § 29 entsprechen.

Abschnitt 8
Verpackung, Kennzeichnung und Lagerung von Munition

§ 38
Verpackung von Munition

(1) Wer Munition gewerbsmäßig herstellt oder einführt, hat die Gegenstände in der Verpackung so anzuordnen und zu verteilen, dass weder durch Reibung noch durch Erschütterung, Stoß oder Flammenzündung eine Explosion des gesamten Inhalts der Verpackung herbeigeführt werden kann.

(2) Kartuschenmunition für Schussapparate, bei denen die festen Körper den Schussapparat verlassen, muss so verpackt sein, dass die Munition in der kleinsten Verpackungs-

einheit vor Feuchtigkeit geschützt wird. Dies gilt nicht für Munition, deren Hülse so verschlossen ist, dass auch in unverpacktem Zustand keine Feuchtigkeit eindringen kann. Die in § 17 Abs. 5 bezeichneten Geschosse müssen in Behältern verpackt sein.
(3) Treibladungen nach Anlage 1 Abschnitt 1 Unterabschnitt 3 Nr. 2 des Waffengesetzes für Schussapparate sind in magazinierter Form zu verpacken.

§ 39
Kennzeichnung der Verpackungen und Munition

(1) Außer der Kennzeichnung nach § 24 Abs. 3 des Waffengesetzes müssen auf der kleinsten Verpackungseinheit angebracht werden

1. die Anzahl der Patronen oder Kartuschen,
2. bei Munition nach § 11 Abs. 1 des Gesetzes das Prüfzeichen nach Anlage II Abbildung 4 in einwandfrei erkennbarer Ausführung,
3. bei Beschussmunition deutlich lesbar die Aufschrift: "Achtung! Beschussmunition!",
4. bei Schrotmunition die Werkstoffangabe für die Schrote, sofern es sich nicht um Blei handelt,
5. bei Stahlschrotmunition die Aufschrift: "Achtung, erhöhte Gefahr von Abprallern! Vermeiden Sie auf harte Oberflächen zu schießen!",
6. bei Munition mit verstärkter Ladung der Hinweis, dass sie nur aus verstärkt beschossenen Waffen verschossen werden darf,
7. bei Stahlschrotmunition mit verstärkter Ladung zusätzlich der Hinweis, dass sie nur aus Läufen verschossen werden darf, die der Stahlschrotprüfung unterzogen und mit dem Prüfzeichen nach Anlage II Abbildung 2 für die Stahlschrotprüfung versehen sind,
8. bei Kartuschenmunition, die zum Verschießen von pyrotechnischer Munition geeignet ist, der Hinweis: "Geeignet zum Verschießen von pyrotechnischer Munition",
9. bei Stahlschrotmunition Kaliber 12 mit Schroten über 4 Millimeter Durchmesser der Hinweis, dass sie aus Läufen mit Würgebohrung nur verschossen werden darf, wenn die Durchmesserverengung 0,5 Millimeter nicht überschreitet,

10. bei magazinierter Kartuschenmunition für Bolzensetzwerkzeuge die Gerätemodelle mit ihrer Zulassungsnummer, in denen sie auf Grund einer durchgeführten Systemprüfung verwendet werden darf.

(2) Außer der Kennzeichnung nach § 24 Abs. 3 des Waffengesetzes ist auf Schrotpatronen der Durchmesser der Schrote sowie die Länge der Hülse anzubringen, sofern sie größer ist als

- 65 Millimeter bei den Kalibern 20 und größer,
- 63,5 Millimeter bei den Kalibern 24 und kleiner,

bei Stahlschrotpatronen außerdem der Werkstoff der Schrote, bei Schrotpatronen mit einem maximalen Gasdruck von 1.050 bar (Patronen mit verstärkter Ladung) außerdem dieser Gasdruck auf der Hülse. Hinweise nach Absatz 1 Nr. 3 bis 9 müssen deutlich lesbar und, sofern die Munition zum Vertrieb im Geltungsbereich des Gesetzes bestimmt ist, in deutscher Sprache abgefasst sein. Ein Beipackzettel hierfür ist zulässig.

(3) Munition, die gewerbsmäßig wiedergeladen wird, muss auf der Hülse oder dem Zündhütchen sichtbar und dauerhaft mit einem Zeichen versehen werden, aus dem der Wiederlader zu erkennen ist. Bei Munition, die zur Ausfuhr bestimmt ist, muss das Zeichen des Wiederladers auf der Hülse angebracht werden. Bei einer Kennzeichnung auf der Hülse ist das Zeichen des Herstellers oder früheren Wiederladers ungültig zu machen. Wiedergeladene Munition darf nur in geschlossenen Packungen abgegeben werden, auf denen die Anschrift des Wiederladers und die Aufschrift "Wiedergeladene Munition" angebracht ist. Auf der kleinsten Verpackungseinheit wiedergeladener Patronenmunition ist außerdem die Masse und die Bezeichnung der Geschosse anzugeben. Die Sätze 1 bis 5 sind auf Munition, die nicht gewerbsmäßig wiedergeladen wird, entsprechend anzuwenden, sofern der Wiederlader die Munition einem Dritten überlässt, der nicht Mitglied der jagdlichen oder schießsportlichen Vereinigung ist, der der Wiederlader angehört.

(4) Beschusspatronen sind auf dem Bodenrand durch eine Riffelung oder, wenn dies nicht möglich ist, durch die deutlich lesbare Aufschrift "Beschussmunition" auf dem Hülsenmantel, Schrotpatronen außerdem durch die Angabe des Beschussgasdruckes zu kennzeichnen. Die Kennzeichnung als Beschussmunition erfolgt bei Kartuschen durch rosa Farbe und bei Randfeuerpatronen auf dem Boden oder dem Hülsenmantel oder der Geschossspitze durch rote Farbe.

(5) Die Kennzeichnungs- und Verpackungsvorschriften über die Beförderung gefährlicher Güter bleiben unberührt.

§ 40
Lagerung von Munition

(1) Wer gewerbsmäßig Munition oder Geschosse mit Reizstoffen vertreibt oder anderen überlässt, darf sie nur in der verschlossenen Originalverpackung des Herstellers verwahren. Geöffnete kleinste Verpackungseinheiten sind unverzüglich wieder zu verschließen.
(2) Pyrotechnische Munition mit einer Satzmasse, bestehend aus Treibladung und pyrotechnischem Satz, von mehr als 20 Gramm, darf in der kleinsten Verpackungseinheit im Verkaufsraum nur in einem Muster verwahrt werden.

Abschnitt 9
Beschussrat

§ 41
Beschussrat

(1) Beim Bundesministerium des Innern wird ein Beschussrat gebildet. Den Vorsitz führt ein Vertreter des Bundesministeriums des Innern.
(2) Der Beschussrat setzt sich aus dem Vorsitzenden und folgenden Mitgliedern zusammen:

1. je einem Vertreter der für die Prüfung von Feuerwaffen und Munition nach Landesrecht zuständigen Behörden,
2. je einem Vertreter der Physikalisch-Technischen Bundesanstalt, der Bundesanstalt für Materialforschung und -prüfung und des Bundeskriminalamts und einer Einrichtung des Bundes, in der der Beschuss von Waffen für den Bereich der Polizeien des Bundes durchgeführt wird,
3. je einem Vertreter der Deutschen Versuchs- und Prüf-Anstalt für Jagd- und Sportwaffen e. V., des Deutschen Instituts für Normung und der Deutschen Gesetzlichen Unfallversicherung e. V.,
4. je drei Vertretern der Hersteller von Schusswaffen und der Hersteller von Munition,
5. je einem Vertreter der Hersteller von Schussapparaten und der Importeure von Schusswaffen und Munition,
6. je einem Vertreter des Büchsenmacherhandwerks und der Waffenfachhändler.

(3) Die Mitglieder des Beschussrates müssen auf waffen- oder munitionstechnischem Gebiet sachverständig und erfahren sein. Das Bundesministerium des Innern kann zu den Sitzungen des Beschussrates Vertreter von Bundes- und Landesministerien sowie weitere Sachverständige hinzuziehen.

(4) Das Bundesministerium des Innern beruft

1. die Vertreter der zuständigen Landesbehörden auf Vorschlag des Landes,
2. die Vertreter der Physikalisch-Technischen Bundesanstalt, der Bundesanstalt für Materialforschung und -prüfung auf Vorschlag des Bundesministeriums für Wirtschaft und Technologie,
3. die Vertreter der in Absatz 2 Nr. 3 bezeichneten Stellen nach Anhörung der Vorstände dieser Stellen,
4. die Vertreter der in Absatz 2 Nr. 4, 5 und 6 bezeichneten Wirtschaftszweige nach Anhörung der jeweiligen Spitzenorganisationen.

(5) Die Mitglieder des Beschussrates üben ihre Tätigkeit ehrenamtlich aus.

Abschnitt 10
Ordnungswidrigkeiten und Schlussvorschriften

§ 42
Ordnungswidrigkeiten

(1) Ordnungswidrig im Sinne des § 21 Abs. 1 Nr. 11 des Gesetzes handelt, wer vorsätzlich oder fahrlässig

1. entgegen § 13 Satz 1 Schussapparate in Verkehr bringt,
2. entgegen § 20 Abs. 3 Satz 1 das Zulassungszeichen nicht, nicht richtig, nicht vollständig oder nicht rechtzeitig anbringt,
3. entgegen § 20 Abs. 3 Satz 2 das Zulassungszeichen anbringt,
4. entgegen § 22 Satz 3 oder § 24 Abs. 1 Satz 1 einen Prüfgegenstand oder ein dort bezeichnetes Gerät nicht oder nicht rechtzeitig vorlegt oder
5. entgegen § 34 Abs. 1 Satz 1 oder 2 die Durchführung einer behördlichen Kontrolle nicht oder nicht rechtzeitig beantragt.

(2) Ordnungswidrig im Sinne des § 21 Abs. 1 Nr. 11 Buchstabe b des Gesetzes handelt, wer vorsätzlich oder fahrlässig

1. entgegen § 33 Abs. 2 Satz 1 oder Abs. 4 Satz 1 eine Aufzeichnung nicht, nicht richtig, nicht vollständig, nicht in der vorgeschriebenen Weise oder nicht rechtzeitig macht,
2. entgegen § 33 Abs. 5 eine Aufzeichnung nicht oder nicht rechtzeitig vorlegt oder
3. entgegen § 33 Abs. 6 eine Aufzeichnung nicht oder nicht mindestens fünf Jahre aufbewahrt.

§ 43
Inkrafttreten, Außerkrafttreten

Diese Verordnung tritt am Tag nach der Verkündung in Kraft.

ANLAGE I
Technische Anforderungen an und Prüfvorschriften für Feuerwaffen und sonstige Gegenstände, die der Beschussprüfung nach § 5 des Gesetzes unterliegen, und technische Anforderungen an Prüfgegenstände nach den §§ 7 bis 10 des Gesetzes

(Fundstelle: BGBl. I 2006, 1488 - 1499)

Symbole und ihre Bedeutung

V_i	Einzelwert der Geschwindigkeit
n	Gesamtzahl der Messungen
V_n	Mittelwert der Geschwindigkeit bei n Messungen
$v_{e, n}$	Obere Anteilsgrenze bei einseitiger Abgrenzung für 95 % der Grundgesamtheit mit einem Vertrauensniveau von 95 % bei n Messungen
$k_{2, n}$	Anteilsfaktor für die Anteilsgrenze bei einseitiger Abgrenzung für 95 % der Grundgesamtheit bei einem Vertrauensniveau von 95 %
s_n	Standardabweichung bei n Messungen
m_k	Masse des Zwischenelementes (Kolben)
m_p	Masse des Prüfbolzens

E_{max} Zulässiger Höchstwert der Energie der Gebrauchsmunition nach den Maßtafeln

P_{max} Zulässiger Höchstwert des Gasdruckes der Gebrauchsmunition nach den Maßtafeln

E_n Mittelwert der Bewegungsenergie der Geschosse bei n Messungen

$E_{a,\,n}$ Mittelwert der Auftreffenergie

Soweit in dieser Anlage Symbole für Abmessungen verwendet werden, wird bezüglich der Bedeutung auf die Bekanntmachung der Maßtafeln für Handfeuerwaffen und Munition verwiesen (Bundesanzeiger Nummer 38a vom 24. Februar 2000).

1. Beschussprüfung von Feuerwaffen und höchstbeanspruchten Teilen nach den §§ 5, 7 und 8 des Gesetzes

1.1 Im Zuge der Vorprüfung ist zu prüfen, ob

1.1.1 die Kennzeichnung nach § 24 des Waffengesetzes und nach § 21 der Allgemeinen Verordnung zum Waffengesetz ordnungsgemäß auf dem Prüfgegenstand angebracht ist,

1.1.2 der Prüfgegenstand keine Materialfehler oder Bearbeitungsfehler aufweist, die die Funktionssicherheit und Haltbarkeit beeinträchtigen können,

1.1.3 folgende Mindest- und, soweit angegeben, Höchstmaße oder Toleranzen der Maßtafeln, unbeschadet der Regelung des § 3 Abs. 4, eingehalten sind:

1.1.3.1 bei Waffen mit gezogenen Läufen für Zentralfeuerpatronenmunition und bei Waffen für Kartuschenmunition ØP1, L3, ØH2, L1/ØP2 und L2/ØH1, R bzw. E, ØG1, i, G, ØF, ØZ und VA;

1.1.3.2 bei Langwaffen mit glatten Läufen für Zentralfeuerpatronenmunition ØD, L, ØH, T, <) Ø1, ØB und VA;

1.1.3.3 bei Waffen für Randfeuerpatronenmunition ØP1, L1, L3, ØH2, R, ØF, ØZ und VA;

1.1.3.4 im Falle der Nummer 1.1.3.2 können die Waffen, die einen Laufdurchmesser B über dem zulässigen Höchstwert haben, zur Prüfung angenommen werden, wenn das Kaliber und die entsprechende Lagerlänge sowie der Laufdurchmesser oder das entsprechende Kaliber auf dem Lauf angebracht sind;

1.1.4 der Prüfgegenstand, der auf Grund einer Zulassung nach § 7 oder 8 des Gesetzes gefertigt oder in den Geltungsbereich des Gesetzes verbracht wurde, in seinen wesentlichen Merkmalen, insbesondere denjenigen, die für die Freistellung von ordnungsrechtlichen Vorschriften des Beschussgesetzes entscheidend sind, dem zugehörigen Bescheid entspricht;

1.1.5 Revolver für Randfeuerpatronen in der Trommel Randeinsenkungen der Lager aufweisen;

1.1.6 der Prüfgegenstand keine Korrosionsschäden oder starke Verschmutzungen aufweist; bei gebrauchten Waffen können festgestellte Mängel unberücksichtigt bleiben, wenn der Beschuss mit der dreifachen der in Nummer 1.2 genannten Anzahl von Beschusspatronen vorgenommen wird.

1.2 Der Beschuss ist wie folgt vorzunehmen:

1.2.1 Die Haltbarkeit von Prüfgegenständen, die zum Verschießen von Munition bestimmt sind, ist mit Beschussmunition zu prüfen. Die Beschussmunition soll mit dem schwersten Geschoss der auf dem Markt befindlichen Gebrauchsmunition des entsprechenden Kalibers laboriert werden.

1.2.2 Die Haltbarkeit von Feuerwaffen, die zum Abschießen von Ladungen bestimmt sind, ist mit Beschussladungen zu prüfen.

1.2.3 Der Mittelwert des Gasdruckes der Beschussmunition muss den zulässigen Höchstwert des Gasdruckes der Gebrauchsmunition Pmax nach den Maßtafeln, der Mittelwert des Gasdruckes der Beschussladung oder des Prüfgemisches den zulässigen Höchstwert der Gebrauchsladung oder des Gebrauchsgemisches um mindestens 30 %, bei Langwaffen mit gezogenen Läufen 25 % sowie mindestens den Energiewert EBeschuss übersteigen. Ist anstelle des Gasdruckes die Bewegungsenergie der Geschosse zugrunde zu legen, so muss unter Verwendung eines gleichartigen Treibmittels der Mittelwert der Bewegungsenergie der Geschosse der Beschussmunition den zulässigen Höchstwert der Bewegungsenergie der Geschosse der Gebrauchsmunition Emax nach den Maßtafeln, der Mittelwert der Bewegungsenergie der Beschussladung oder des Prüfgemisches den zulässigen Höchstwert der Gebrauchsladung oder des Gebrauchsgemisches um mindestens 10 % übersteigen. Kann mit der zur Verfügung stehenden Munition, der Ladung oder dem Gemisch die erforderliche

Energie nicht erreicht werden, so ist unter Beibehaltung des Treibmittels ein Geschoss zu verwenden, dessen Masse um mindestens 10 % höher ist als die des Gebrauchsgeschosses. Bei Waffen mit glatten Läufen für Zentralfeuerpatronenmunition muss der Mittelwert des Gasdruckes der Beschussmunition 162 mm vor dem Stoßboden (Messstelle II) mindestens 500 bar erreichen.

1.2.4 Langwaffen mit glatten Läufen für Zentralfeuerpatronenmunition sind dem normalen oder dem verstärkten Beschuss zu unterziehen.

1.2.4.1 Dem normalen Beschuss unterliegen Waffen mit einer Nenntiefe des Patronenlagers kleiner als 73 mm, die für Munition bestimmt sind, deren zulässiger Höchstwert des Gasdruckes der Gebrauchspatrone Pmax

– 740 bar für Kaliber 14 und größere Durchmesser,
– 780 bar für Kaliber zwischen 14 und 20 und
– 830 bar für Kaliber 20 und kleinere Durchmesser beträgt.

1.2.4.2 Dem verstärkten Beschuss unterliegen Waffen für Munition, deren Gasdruck die in Nummer 1.2.4.1. genannten Werte, nicht aber 1.050 bar übersteigt, sowie Waffen mit einer Nenntiefe des Patronenlagers von 73 mm und größer.

1.2.4.3 Für Beschusspatronen mit Bleischroten sollen deren Durchmesser zwischen 2,5 bis 3 mm liegen; die Beschussladungen sind in der Masse wie folgt zu begrenzen:

Kaliberangabe	**Schrotmasse in g**	
	min.	**max.**
10	38	47
12	33	42
14	30	37
16	27	34
20	23	30
24	21	28
28	19	25
32	15	21
.410	7	13
9 mm	5	10

1.2.4.4 Der Beschuss ist in der Regel mit mindestens zwei Patronen vorzunehmen, deren Gasdruck sowohl den Anforderungen der Nummer 5.6.4 als auch der Nummer 5.6.5 der Anlage III genügt. Für den Fall, dass Patronen nicht verfügbar sind, deren Gasdruck beiden Anforderungen genügt, ist der Beschuss mit mindestens zwei Patronen, deren Gasdruck der Anforderung der Nr. 5.6.4 der Anlage III und einer Patrone, deren Gasdruck der Anforderung der Nummer 5.6.5 der Anlage III genügt, vorzunehmen. Für Patronen, die nur die Anforderung der Nummer 5.6.5 der Anlage III erfüllen, kann die Schrotladung größer als in Nummer 1.2.4.3 sein.

1.2.4.5 Läufe in den Kalibern 12 und 20 für Stahlschrotmunition mit verstärkter Ladung sind wie folgt zu beschießen:

- je Lauf mit drei Beschusspatronen mit Stahlschroten einer Härte nach Vickers HV 1 zwischen 80 und 110 und einem Durchmesser von 4,6 mm für Kaliber 12 und von 3,7 mm für Kaliber 20,
- mit einem Gasdruck von mindestens 1.370 bar an der ersten und mindestens 500 bar an der zweiten Messstelle,
- bei einem Impuls der Schrotgabe von mindestens 17,5 Ns bei Kaliber 12/76, 15 Ns bei Kaliber 12/70, 14,5 Ns bei Kaliber 20.

1.2.5 Der Beschuss sonstiger Waffen ist wie folgt vorzunehmen:

1.2.5.1 Bei Langwaffen, die für eine Gebrauchsmunition mit einem zulässigen Höchstwert des Gasdruckes Pmax nach den Maßtafeln von 1.800 bar oder mehr bestimmt sind, durch Beschuss mit mindestens zwei Beschusspatronen,

1.2.5.2 bei Langwaffen, die für eine Gebrauchsmunition mit einem zulässigen Höchstwert des Gasdruckes Pmax nach den Maßtafeln bis zu 1.800 bar bestimmt sind, durch Beschuss mit mindestens einer Beschusspatrone,

1.2.5.3 bei Pistolen, unabhängig vom Gasdruck der Gebrauchsmunition, durch Beschuss mit mindestens zwei Beschusspatronen,

1.2.5.4 bei Revolvern und bei Waffen, bei denen das Patronenlager vom Lauf getrennt ist, unabhängig vom Gasdruck der Gebrauchsmunition durch Beschuss mit mindestens einer Beschusspatrone in jedem Patronenlager, unbeschadet der Regelung in Nummer 1.2.5.1,

1.2.5.5 bei Waffen, für die nur die kinetische Energie des Geschosses der Gebrauchsmunition in den Maßtafeln angegeben ist, durch Beschuss mit mindestens zwei Beschusspatronen.

1.2.6 Werden beim Beschuss von Waffen für Kleinschrotmunition Funktionsstörungen festgestellt, so ist die Funktionssicherheit bei Waffen mit mehreren Lagern mit zwei derartigen Patronen je Lager zu prüfen. Die Waffen sind auf normale Funktion und Deformationen des Laufes zu untersuchen. Wenn der Lauf verstopft ist, wird er vollständig gereinigt und die Prüfung mit der doppelten Anzahl der in Satz 1 genannten Patronen wiederholt. Danach darf die Waffe keine Mängel aufweisen.

1.2.7 Der Beschuss von Waffen mit mehreren Läufen ist mit der in Nummern 1.2.4.2 bis 1.2.5.5 vorgeschriebenen Anzahl von Beschusspatronen aus jedem Lauf vorzunehmen.

1.2.8 Höchstbeanspruchte Teile im Sinne des § 2 Abs. 2 des Gesetzes sind nach den Vorschriften, die für die Waffe gelten, für die sie bestimmt sind, zu beschießen. Einsteckläufe für Waffen zum Verschießen von Zentralfeuerpatronen sind in der Waffe zu prüfen, für die sie bestimmt sind.

1.3 Nach dem Beschuss sind die Prüfgegenstände auf Funktionssicherheit und Mängel in der Haltbarkeit zu prüfen. Bei Kipplaufwaffen ist vor dem Entladen der abgeschossenen Hülse festzustellen, ob die größte zulässige Spaltweite zwischen Lauf und Basküle von 0,10 mm nicht überschritten ist. Außerdem ist zu überprüfen, ob keine Risse oder die Sicherheit der Waffe gefährdende Dehnungen am Lauf, am Patronen- oder Kartuschenlager oder am Verschluss eingetreten sind, bei mehrläufigen Waffen, ob die Laufverbindungen noch einwandfrei sind. Weist der Prüfgegenstand nach dem Beschuss Fehler auf oder ergeben sich Zweifel hinsichtlich der Haltbarkeit oder wird ein Mangel an einer abgeschossenen Beschusspatronenhülse festgestellt, so führt das Beschussamt über die vorgeschriebene Anzahl von Patronen hinaus zusätzliche Prüfungen mit Beschusspatronen durch. Wird ein Funktionsfehler vermutet, so sind für die Funktionsprüfung Gebrauchspatronen zu verwenden.

2 Beschussprüfung von Schwarzpulverwaffen und Böllern nach § 5 des Gesetzes

2.1 Schwarzpulverwaffen

2.1.1 Als Beschusspulver ist Schwarzpulver in folgender Zusammensetzung und mit folgender Kontrolle und Vorbehandlung zu verwenden:

– Feuchtegehalt		max. 1,3 %,
– Dichte		1,70 g/cm³ bis 1,80 g/cm³,
– Körnung:	0,63 mm	Rückstand max. 5 %
	0,20 mm	Durchsatz max. 5 %,
– Chemische Zusammensetzung:	– Gehalt an Kaliumnitrat	(75 ± 1,5) %,
	– Gehalt an Schwefel	(10 ± 1) %,
	– Gehalt an Holzkohle	(15 ± 1) %,
– Aschegehalt		max. 0,8 %,
– Wasseraufnahme (12 Stunden)		max. 1,8 %,
– Schüttdichte		mind. 0,85 g/cm³.

2.1.2 Zum Vergleich und zur Kontrolle des Gasdruckes wird eine Schrotpatrone im Kaliber 16 unter Verwendung folgender Bestandteile geladen:

– Hülse:	Papphülse mit einer Länge von 67,5 bis 70 mm, einer Bodenkappe aus Metall von 8 bis 20 mm Höhe sowie einer in den Boden der Hülse eingearbeiteten Einlage aus Pappe oder Plastik mit einer Stärke von ca. 0,6 mm und einer Höhe, die das Volumen des zu benutzenden Schwarzpulvers berücksichtigt,
– Zündung:	Schrotpatronenzündung, dreiteilig, Durchmesser 6,15 bis 6,20 mm,
– Schwarzpulver nach 2.1.1:	3 g,
– Pfropfen:	Fettfilzpfropfen mit einer Höhe von 10 bis 12 mm,
– Schrote:	33 g Schrote mit einem Durchmesser von 2,5 mm,
– Bördelung:	rund mit Verschlussscheibe aus Pappe, Dicke 1,5 mm,
– Länge der geladenen Patrone:	etwa 64 mm.

Vor der Ermittlung des Gasdruckes sind die Patronen mindestens 24 Stunden bei einer Temperatur von (21 ± 1) °C mit einer relativen Luftfeuchte von (60 ± 5) % zu lagern. Der Mittelwert des Gasdruckes von 10 dieser Patronen muss in einem entsprechenden Messlauf nach den Nummern 5.1.1 und 5.1.2 der Anlage III an der Messstelle I, gemessen mit einem Druckaufnehmer nach den Nummern 5.4.2 und 5.4.3 der Anlage III, $\prod 10 = (275 \pm 25)$ bar betragen. Andernfalls ist das Pulver für den Beschuss zu verwerfen.

2.1.2.1 Vor dem Beschuss ist das Schwarzpulver unter den in Nummer 2.1.2 Satz 2 genannten Bedingungen zu lagern.

2.1.3 Ladetabelle für Schwarzpulverwaffen

Der Beschuss ist bei den nachstehenden Kalibern mit den folgenden Beschussladungen durchzuführen:

Kaliber	**zulässiger Gebrauchsgasdruck**	**Gebrauchsladung – zulässige Höchstwerte –**		**Beschussladung**	
		in g		in g	
	Richtwert	**Pulver**	**Schrot**	**Pulver**	**Schrot**
	in bar	bzw. Langgschoss		bzw. Langgschoss	
a) 10	750	6,5	3	13	65
12	750	6,5	36	13	65
14	750	6,5	36	13	65
16	800	5,5	32	12	60
20	850	5	25	10	55
24	850	5	25	10	55
28	850	4	22	9	40
32	850	4	22	9	40
36	850	3,5	17	8	30
9 mm	850	3,5	17	8	30
b) .31	1.200	2,5	6	6	10
.36	1.200	3,5	8	7	12
.41	1.200	5	12	8	16
.44	1.400	6	15	9,5	19
.45	1.400	6	16	10	19
.50	1.400	8	20	13	24
.54	1.400	9	28	14,5	28
.58	1.400	10	31	6,5	31
.69	1.400	12	40	20	45

Buchstabe a = Waffen mit glatten Läufen

Buchstabe b = Waffen mit gezogenen Läufen

2.1.4 Der Beschuss ist wie folgt durchzuführen: Waffen mit glatten Läufen sind in der Regel mit Schrot, sofern sie jedoch für den Kugelschuss bestimmt sind, mit einem Langgeschoss, Waffen mit gezogenen Läufen grundsätzlich mit einem Langgeschoss zu laden. Nach Einfüllen der vorgeschriebenen Pulverladung wird ein Filzpfropfen von mindestens 20 mm Höhe auf das Pulver gesetzt. Anschließend werden Schrote mit einem Durchmesser zwischen 2,5 mm und 3 mm bzw. das Langgeschoss geladen. Im Falle der Schrotladung wird abschließend zur Fixierung der Schrote im Lauf ein Filzpfropfen von mindestens 10 mm Höhe gesetzt. Das Pulver darf beim Ladevorgang nicht gepresst werden.

2.1.5 Für die Pistolen mit einem oder mehreren Läufen, für die ein Beschuss nach Nummer 2.1.3 in Verbindung mit Nummer 2.1.2 nicht möglich ist, wird die Beschussladung unter Berücksichtigung der Länge des Laufes oder der Läufe nach der für diesen Waffentyp vorgesehenen maximalen Gebrauchsladung festgelegt. Das Pulver darf beim Ladevorgang nicht gepresst werden.

2.1.6 Für Revolver und Waffen, deren Pulverraum oder deren Ladehülse ohne Zündhütchen die Aufnahme der in Nummer 2.1.2 genannten Beschussladung nicht erlaubt, wird das Volumen des Pulverraumes durch die maximal mögliche Menge an Beschusspulver gefüllt. Das Geschoss wird eingeführt und bis zum glatten Abschließen eingedrückt.

2.1.7 Der Beschuss ist mit zwei Schüssen durchzuführen, bei Revolvern und Waffen, deren Lauf nicht mit dem Patronenlager verbunden ist, mit mindestens einem Schuss je Patronenlager.

2.1.8 Ladetabelle für Modellkanonen zum sportlichen Schießen

Der Beschuss ist bei den nachstehenden Innendurchmessern mit folgenden Beschussladungen durchzuführen:

Rohrinnen durchmesser in mm		**Gebrauchsladung – zulässige Höchstwerte – in g**		**Beschussladung in g**	
min.	max.	Pulver	Geschoss	Pulver	Geschoss
7	8,9	2,0	4,5	2,0	6,0
9	10,9	3,0	8,0	3,0	10,5
11	11,9	6,0	10,0	6,0	13,5
12	12,9	8,0	13,0	8,0	17,5
13	13,9	9,0	16,0	9,0	21,0
14	14,9	10,0	20,0	10,0	26,5
15	15,9	12,0	25,0	12,0	33,0
16	16,9	13,0	30,0	13,0	40,0
17	17,9	15,0	35,0	15,0	46,5
18	18,9	20,0	45,0	20,0	60,0
19	19,9	25,0	60,0	25,0	80,0
20	21,9	30,0	75,0	30,0	100,0
22	24,9	35,0	100,0	35,0	130,0
25	29,9	40,0	160,0	40,0	210,0
30	34,9	45,0	280,0	45,0	370,0
35	39,9	50,0	380,0	50,0	500,0
40	44,9	60,0	500,0	60,0	660,0
45	49,9	80,0	750,0	80,0	1.000,0
50	60,0	100,0	1.200,0	100,0	1.600,0

2.2 Böller für Schwarzpulver

2.2.1 Als Beschusspulver ist ein Schwarzpulver nach Nummer 2.1.1 zu verwenden.

2.2.2 Böller werden wie Schwarzpulverwaffen mit glatten Läufen beschossen. Die Haltbarkeit von Böllern, die zum Abschießen von Ladungen bestimmt sind, ist unter Zugrundelegung der in den Nummern 2.2.3 bis 2.2.7 vorgeschriebenen Ladedaten mit Beschussladungen zu prüfen. Böller sind mit einem Schuss je Rohr zu beschießen. Weist der Böller nach dem Beschuss Fehler auf oder ergeben sich Zweifel hinsichtlich der Haltbarkeit, so kann das Beschussamt einen zusätzlichen Schuss abgeben.Das Beschussamt hat auf dem Böller eine fortlaufende Gerätenummer und sein Prüfzeichen anzubringen.

Ladetabellen für Böller:

2.2.3 Handböller (auch Schaftböller)

Rohrinnen durchmesser in mm		**Gebrauchsladung – zulässige Höchstwerte – in g**		**Beschussladung in g**	
min.	max.	Böllerpulver	Vorlage	Pulver	Schrot
8	8,9	4,0	3,0	4,0	15,0
9	9,9	5,0	3,0	5,0	20,0
10	10,9	6,0	4,0	6,0	25,0
11	11,9	7,0	4,0	7,0	30,0
12	12,9	8,0	5,0	8,0	35,0
13	13,9	10,0	5,0	9,0	40,0
14	14,9	12,0	6,0	10,0	45,0
15	15,9	13,0	6,0	12,0	50,0
16	16,9	15,0	7,0	14,0	55,0
17	17,9	17,0	8,0	17,0	60,0
18	18,9	20,0	8,0	20,0	65,0
19	19,9	25,0	9,0	25,0	70,0
20	22,9	30,0	10,0	30,0	75,0
23	24,9	35,0	13,0	35,0	90,0
25	30,0	40,0	15,0	40,0	100,0

2.2.4 Standböller

Rohrinnen durchmesser in mm	**Gebrauchsladung – zulässige Höchstwerte – in g**		**Beschussladung in g**	
	Böllerpulver	Vorlage	Pulver	Schrot
15,0	20,0	10,0	25,0	100,0
23,0	40,0	15,0	40,0	190,0
25,0	50,0	18,0	50,0	220,0
30,0	60,0	20,0	60,0	300,0
35,0	80,0	20,0	80,0	400,0
40,0	100,0	25,0	100,0	500,0
45,0	120,0	25,0	120,0	630,0
50,0	150,0	30,0	150,0	750,0
60,0	200,0	30,0	200,0	850,0
70,0	260,0	35,0	260,0	950,0
80,0	330,0	35,0	330,0	1.100,0
90,0	400,0	40,0	400,0	1.200,0

2.2.5 Vorderlader – Böller – Kanonen

Rohrinnen durchmesser in mm		Gebrauchsladung – zulässige Höchstwerte – in g		Beschussladung in g	
min.	max.	Böllerpulver	Vorlage	Pulver	Schrot
7	8,9	3,0	2,0	3,0	10,0
9	10,9	4,0	2,0	4,0	15,0
11	11,9	6,0	3,0	6,0	20,0
12	12,9	7,0	3,0	7,0	25,0
13	13,9	8,0	4,0	8,0	30,0
14	14,9	10,0	5,0	10,0	40,0
15	15,9	11,0	5,0	11,0	45,0
16	16,9	13,0	6,0	13,0	50,0
17	17,9	14,0	6,0	14,0	55,0
18	18,9	16,0	7,0	16,0	65,0
19	19,9	18,0	8,0	18,0	70,0
20	21,9	20,0	9,0	20,0	80,0
22	24,9	24,0	10,0	24,0	95,0
25	29,9	30,0	12,0	30,0	120,0
30	34,9	45,0	15,0	45,0	175,0
35	39,9	60,0	20,0	60,0	240,0
40	44,9	80,0	22,0	80,0	310,0
45	49,9	100,0	25,0	100,0	400,0
50	59,9	125,0	30,0	125,0	500,0
60	69,9	180,0	34,0	180,0	710,0
70	79,9	240,0	38,0	240,0	960,0
80	89,9	320,0	45,0	320,0	1.250,0
90	99,9	410,0	45,0	410,0	1.600,0
100	119,9	500,0	50,0	500,0	1.950,0
120	150,0	600,0	50,0	600,0	2.500,0

2.2.6 Salutkanonen mit Kartuschen

Kartuschen Außendurchmesser in mm	Gebrauchsladung – zulässige Höchstwerte – in g		Beschussladung in g	
	Böllerpulver	Vorlage	Pulver	Schrot
18	5,0	5,0	5,0	50,0
23	15,0	8,0	15,0	70,0
26	20,0	10,0	20,0	90,0
30	30,0	12,0	30,0	120,0
40	40,0	18,0	40,0	200,0
46	60,0	22,0	60,0	280,0
50	80,0	24,0	80,0	330,0
57	100,0	26,0	110,0	430,0
64	150,0	30,0	150,0	550,0
75	350,0	30,0	350,0	750,0
81	350,0	30,0	350,0	750,0

2.2.7 Bei anderen Durchmessern sind die Ladedaten zwischen zwei angrenzenden Durchmessern linear zu interpolieren.

2.3 Gasböller

2.3.1 Gasböller sind mit Propan- oder Butangas oder anderen Alkanen zu betreiben. Sie müssen haltbar und funktionssicher sein und folgenden technischen Anforderungen genügen:

2.3.2 Der dem Explosionsdruck ausgesetzte Raum des Gasböllers muss nach den Technischen Regeln für Druckbehälter (TRB) rechnerisch für mindestens 10 bar ausgelegt sein. Es dürfen keine mechanischen Beschädigungen des Gerätes auftreten.

2.3.3 Das Gerät muss über eine Dosiereinrichtung verfügen, die nach Abgabe einer bestimmten Gasmenge automatisch abschaltet und im Fehlerfall die Gaszufuhr unterbricht.

2.3.4 Das Gerät muss über eine elektrische Zündung verfügen.

2.3.5 Die zum Betrieb des Gasböllers verwendeten Zufuhrvorrichtungen und deren Verbindungen müssen gasdicht sein und den Anforderungen der Technischen Regeln Flüssiggas 1988 entsprechen.

2.3.6 Die Anforderungen nach den Nummern 2.3.2 bis 2.3.5 werden nicht geprüft, wenn die Physikalisch-Technische Bundesanstalt den Gerätetyp geprüft und die Prüfung Beanstandungen nicht ergeben hat. Die Prüfung der zuständigen Behörde beschränkt sich in diesem Fall auf die Feststellung, ob der zur Prüfung eingereichte Böller nach seiner Beschaffenheit und Funktionsweise mit dem geprüften Typ übereinstimmt.

3 Technische Anforderungen an Gegenstände nach § 7 des Gesetzes

3.1 Feuerwaffen, Einstecklaufe, Einsätze und Schussapparate müssen im Sinne der Nummern 1.1 bis 1.3 haltbar, maßhaltig und funktionssicher sein.

3.2 Der Prüfgegenstand muss den beigefügten Unterlagen, insbesondere den eingereichten Zeichnungen entsprechen.

3.3.1 Die Abmessungen des Patronen- oder Kartuschenlagers und des Laufes müssen den in den Maßtafeln festgelegten Maßen entsprechen.

3.3.2 Sofern für Schussapparate in den Maßtafeln keine oder nicht alle Maße aufgeführt sind, müssen die Abmessungen den Angaben des Herstellers und den in den Maßtafeln festgelegten Maßen L1, L2, R, ØR1, ØP1, ØP2, ØH1 der vorgesehenen Munition entsprechen. Die Maße L3 und ØH2 können der Faltung der Kartusche angepasst sein.

3.4 Die Festigkeitseigenschaften der verwendeten Werkstoffe, insbesondere der am höchsten beanspruchten Teile, müssen den zu erwartenden Belastungen genügen. Der Beschuss ist wie folgt vorzunehmen:

3.4.1 Bei Feuerwaffen nach § 7 Abs. 1 Satz 2 Nr. 1 des Gesetzes, Einstecklaufen und Einsätzen mit Beschusspatronen, die den nach Nummer 1.2.3 in Verbindung mit den Maßtafeln vorgeschriebenen Gasdruck entwickeln oder, falls keine Beschusspatronen hergestellt werden können, mit fünf Gebrauchspatronen des Typs, der den höchsten Gasdruck entwickelt,

3.4.2 bei Feuerwaffen zum einmaligen Abschießen nach § 7 Abs. 1 Satz 2 Nr. 2 des Gesetzes durch Abschießen von fünf Geräten gleicher Bauart,

3.4.3 bei Schussapparaten mit zehn Beschusspatronen oder -kartuschen, die den nach Nummer 1.2.3 in Verbindung mit den Maßtafeln vorgeschriebenen Gasdruck entwickeln oder, falls keine Beschussmunition hergestellt werden kann, mit zehn Gebrauchspatronen oder -kartuschen mit der stärksten Ladung, wenn gleichzeitig Maßnahmen zur Erreichung des Gasdruckes im Sinne der Nummer 1.2.3 getroffen werden,

3.4.4 bei der behördlichen Kontrolle nach § 22 mit zwei Patronen oder Kartuschen nach Nummer 3.4.1 bzw. Nummer 3.4.3.

3.4.5 Der Prüfgegenstand darf nach dem Beschuss an den am höchsten beanspruchten Teilen keine Dehnungen, Risse oder andere Fehler aufweisen. Es dürfen keine Risse an der Hülse auftreten, ausgenommen kleine Längsrisse am Hülsenmund. Außerdem darf der Schlagbolzen den Hülsenboden nicht perforieren. Dies gilt jedoch nicht für Schussapparate, bei denen die Hülse in den Verbrennungsraum ausgestoßen wird. Bei Feuerwaffen nach § 7 Abs. 1 Satz 2 Nr. 2 des Gesetzes sind funktionsbedingte Formveränderungen und Risse zulässig, soweit sie keine Gefahr für den Benutzer darstellen.

3.4.6 Für die behördliche Kontrolle nach § 22 sind die Prüfgegenstände wahllos aus der laufenden Produktion oder dem Lager zu entnehmen.

3.5

3.5.1 Feuerwaffen, Schussapparate, nichttragbare Geräte, andere nicht tragbare Geräte, in denen zum Antrieb in Hülsen untergebrachte Treibladungen verwendet werden und die für technische Zwecke bestimmt sind und in Feuerwaffen eingebaute Einsteckläufe und Einsätze müssen leicht zu laden und zu entladen sein. Hülsen abgeschossener Munition und Magazine, unabhängig von der Zahl abgefeuerter Patronen oder Kartuschen, müssen sich leicht und ohne Gefahr entfernen lassen.

Feuerwaffen, Schussapparate und nichttragbare Geräte, andere nicht tragbare Geräte, in denen zum Antrieb in Hülsen untergebrachte Treibladungen verwendet werden und die für technische Zwecke bestimmt sind, dürfen weder beim

Laden noch beim Entladen unbeabsichtigt auslösen. Einsteckläufe müssen so beschaffen sein, dass sie nach Einbau in für sie vorgesehene Waffen weder beim Laden noch beim Entladen zu unbeabsichtigtem Auslösen führen. Schussapparate und nicht tragbare Geräte, andere nicht tragbare Geräte, in denen zum Antrieb in Hülsen untergebrachte Treibladungen verwendet werden und die für technische Zwecke bestimmt sind, dürfen keinen Explosionsknall oder Rückstoß verursachen, der nach dem Stand der Technik vermieden werden kann. Schussapparate müssen außerdem bei der Auslösung ohne Verkrampfung zu halten sein.

Schussapparate müssen gegen ungewolltes Auslösen beim Zureichen, Anstoßen, Andrücken und Fallen ausreichend gesichert sein.

3.5.2 Schussapparate, die zum Verschießen fester Körper bestimmt sind – ausgenommen Leinenwurfgeräte –, werden nach der maximal erreichbaren Geschwindigkeit und Energie in die Klassen A und B eingeteilt. Als Geschwindigkeit gilt die mittlere Geschwindigkeit eines Prüfbolzens nach Durchdringen einer dünnen Prüfplatte aus Aluminiumknetlegierung zwischen zwei 0,5 m und 1,5 m von der Mündung entfernten Punkten der Flugbahn. Klasse A umfasst

3.5.2.1 Schussapparate, bei denen der Mittelwert der Geschwindigkeit 100 m/s und die obere Anteilsgrenze bei einseitiger Abgrenzung für 95 % der Grundgesamtheit bei einem Vertrauensniveau von 95 % 110 m/s nicht überschreitet;

3.5.2.2 andere Schussapparate, bei denen der Mittelwert der Geschwindigkeit 100 m/s oder/und die obere Anteilsgrenze bei einseitiger Abgrenzung für 95 % der Grundgesamtheit bei einem Vertrauensniveau von 95 % 110 m/s überschreitet, jedoch der Mittelwert der Geschwindigkeit 160 m/s und die obere Anteilsgrenze bei einseitiger Abgrenzung 95 % der Grundgesamtheit bei einem Vertrauensniveau von 95 % 176 m/s nicht überschreitet und der Mittelwert der Auftreffenergie kleiner als 420 J ist.

3.5.2.3 Klasse B umfasst sonstige Schussapparate, die zum Verschließen fester Körper bestimmt sind.

3.5.2.4 Bei der Klassifizierung der Schussapparate ist die höchste Geschwindigkeit zugrunde zu legen, die sich mit handelsüblicher Munition und bestimmungsgemäßem Zubehör erreichen lässt. Dabei ist jeweils die stärkste Ladung aller Patronen oder Kartuschen zu berücksichtigen, die sich ohne Gewaltanwendung laden lassen. Sofern zu dem Schussapparat unterschiedliche Zwischenelemente (Kolben) gehören, muss auch das Zwischenelement zugrunde gelegt werden, mit dem sich auf Grund der innerballistischen Verhältnisse die höchste Geschwindigkeit ergibt.

3.5.3 Schussapparate, die zum Verschießen fester Körper bestimmt sind – ausgenommen Leinenwurfgeräte –,

3.5.3.1 dürfen ohne die missbräuchliche Anwendung von Hilfsmitteln oder Vornahme von Änderungen nicht in den freien Raum auszulösen sein,

3.5.3.2 dürfen mit Ausnahme der Schussapparate, die durch einen Schlag mit dem Hammer ausgelöst werden, nicht auszulösen sein, ohne dass sie vor Betätigung des Abzuges mit einer Kraft, die mindestens das 1,5-fache ihres Gewichts, jedoch nicht weniger als 50 N beträgt, gegen die Arbeitsfläche gedrückt werden.

3.5.4 Schussapparate der Klasse A nach Nummer 3.5.2.2 dürfen nicht auszulösen sein, wenn die Laufachse und die Senkrechte zur Arbeitsfläche einen Winkel von mehr als 15° bilden,

3.5.5 Schussapparate der Klasse B dürfen nicht auszulösen sein, wenn die Laufachse und die Senkrechte zur Arbeitsfläche einen Winkel von mehr als 7° bilden,

3.5.6 Schussapparate der Klasse B, die zum Eintreiben eines festen Körpers in einen Werkstoff dienen, müssen mit einer Schutzkappe versehen sein, die den Benutzer gegen Rückpraller, Splitter oder sonstige sich ablösendefeste Körper schützt. Dies gilt auch für Sonderschutzkappen. Der Mindestabstand zwischen Schutzkappenrand und Laufbohrungsachse muss bei zentrischer Einstellung mindestens 50 mm betragen.

3.5.7 Schussapparate, die dazu bestimmt sind, feste Körper anzutreiben, die sich nicht vom Schussapparat trennen, müssen mit einer Vorrichtung versehen sein, die den festen Körper zuverlässig abfängt. Diese Schussapparate müssen gegen ein ungewolltes Auslösen beim Fallen auf die Mündung aus einer Höhe von 1,50 m gesichert sein. Für Schussapparate, die durch einen getrennten Vorgang vor dem Auslösen von Hand gespannt werden, gilt dies sowohl in gespanntem als auch ungespanntem Zustand.

3.5.8 Sofern diese Schussapparate vor dem Ansetzen und Auslösen durch einen gesonderten Vorgang von Hand gespannt werden, brauchen sie nur in ungespanntem Zustand gegen ungewolltes Auslösen beim Zureichen und Anstoßen gesichert zu sein.

3.5.9 Aus nicht tragbaren Selbstschussgeräten, in denen zum Antrieb in Hülsen untergebrachte Treibladungen verwendet werden und die für technische Zwecke bestimmt sind, darf zugelassene Patronenmunition ohne missbräuchliche Vornahme von Änderungen nicht zu verschießen sein.

3.6 Aus Leinenwurfgeräten darf bei Verwendung zugelassener Treibsätze kein Feuerstrahl entstehen, der bei sachgemäßer Bedienung zu Brandverletzungen führen kann. Die Befestigungselemente für die Leine müssen im Gerät so geführt sein, dass sie bei sachgemäßer Bedienung nicht zu Handverletzungen des Benutzers führen können.

4 Technische Anforderungen an Schreckschuss-, Reizstoff- und Signalwaffen nach § 8 des Gesetzes

4.1 Schreckschuss-, Reizstoff- und Signalwaffen mit einem Durchmesser (P1) des Kartuschenlagers kleiner als 6 mm, aus denen nur Kartuschen mit einer Länge (L6) kleiner als 7 mm verschossen werden können, müssen haltbar, maßhaltig und funktionssicher sein.

4.2 An die Bauart der Schusswaffe sind folgende technische Anforderungen nach § 8 Abs. 2 Nr. 4 und 5 des Gesetzes zu stellen:

4.2.1 Über die gesamte Länge des dem Lauf entsprechenden Rohres, abgesehen von einer dem Innendurchmesser des Rohres entsprechenden Länge an der Mündung, müssen Sperren eingebaut sein, die mit allgemein gebräuchlichen Werkzeugen nicht zu entfernen sind.

4.2.2 In Kartuschenlager darf Patronenmunition nach den Maßtafeln weder zu laden noch abzufeuern sein. In Magazinen von Pistolen und in Trommelbohrungen von Revolvern darf keine handelsübliche Patronenmunition nach den Maßtafeln zu laden sein, die im Kartuschenlager gezündet werden kann. Entsprechend dürfen die Magazinschächte nur für Kartuschenmunition eingerichtete Magazine aufnehmen können.

4.2.3 Kartuschenlager und Rohr müssen mindestens 30° gegeneinander geneigt oder so gegeneinander versetzt sein, dass der Schlagbolzen zentrisch zum Rohr eingesetzte handelsübliche Munition mit einem größeren Durchmesser (ØH2) als 5 mm nicht zünden kann.

4.2.4 Bei Waffen nach Nummer 4.1 mit geneigtem Kartuschenlager kann auf den Einbau von Sperren verzichtet werden, sofern zu verschießende feste Körper keine höhere Energie als 7,5 J erreichen.

4.2.5 Bei Revolvern müssen die Ausströmungsöffnungen der Trommel gegenüber den Kartuschenlagern verengt und versetzt sein.

4.2.6 Bei Waffen mit versetzten Kartuschenlagern muss die Befestigung des Rohres bei dem Versuch, dieses zu entfernen, um einen zentrischen Lauf einschließlich Patronenlager einzusetzen, aufbrechen.

4.2.7 Bei Geräten und Zusatzteilen, die der Signalgebung mittels pyrotechnischer Munition dienen, darf das Geschoss über keine größere Länge als das 1,75-fache seines Durchmessers oder das 1,2-fache seiner Länge geführt werden. Der für den Antrieb erforderliche mittlere Mündungsgasdruck, gemessen direkt vor der Antriebseite der pyrotechnischen Munition, darf den kritischen Gasdruckwert von 50 bar nicht überschreiten. Ein aufgeschraubter Zusatzlauf (Schießbecher) für pyrotechnische Munition muss in Verbindung mit einer Waffe gewährleisten, dass pyrotechnische Munition ohne Eigenantrieb eine Anfangsgeschwindigkeit von mindestens 20 m/s erhält und die Zuordnung zur Waffe auf Grund entsprechender Kennzeichnung eindeutig ist.

4.3 Bei Schusswaffen, die aus mehreren Teilen bestehen und auseinandergenommen werden können, muss sichergestellt sein, dass mit den einzelnen Teilen nicht geschossen werden kann.

4.4 Ein Versagungsgrund nach § 8 Abs. 2 Nr. 4 des Gesetzes ist nicht gegeben, wenn bei der Umarbeitung der Schusswaffe

4.4.1 mit gebräuchlichen Werkzeugen nur die Wirkung erreicht werden kann, dass zu verschießende feste Körper keine höhere Energie als 7,5 J erreichen,

4.4.2 die Waffe oder wesentliche Teile der Waffe auseinander fallen.

5 Technische Anforderungen an pyrotechnische Munition nach § 10 des Gesetzes

5.1 Die pyrotechnische Munition einschließlich der mit ihr verbundenen Antriebsvorrichtung muss folgenden Anforderungen entsprechen:

5.1.1 Pyrotechnische Munition muss so beschaffen sein, dass sie bei bestimmungsgemäßer Verwendung handhabungssicher ist; ihre Sätze dürfen weder herausfallen noch sich ablösen.

5.1.2 Pyrotechnische Munition muss gegen mechanische Beanspruchungen, denen sie üblicherweise beim Umgang oder bei der Beförderung ausgesetzt ist, durch die Art ihrer Verpackung gesichert sein.

5.1.3 Der Satzinhalt pyrotechnischer Munition muss so beschaffen, angeordnet und verteilt sein, dass die üblicherweise beim Transport oder beim Umgang auftretenden Beanspruchungen bei ihr keine Gefahrenerhöhung hervorrufen.

5.1.4 Die Zündvorrichtungen pyrotechnischer Munition müssen deutlich erkennbar und gegen unbeabsichtigtes Entzünden zuverlässig gesichert sein, insbesondere durch Schutzkappen oder gleichwertige Vorrichtungen oder durch die Art ihrer Verpackung.

5.1.5 Die pyrotechnischen Sätze in pyrotechnischer Munition dürfen nicht selbstentzündlich sein; eine vierwochige Lagerung bei + 55° und ≤ 20 % relativer Luftfeuchte (Klima 55/20 DIN 50015, Ausgabe August 1975) darf an den Sätzen und am Gegenstand keine Veränderungen hervorrufen, die eine Gefahrenerhöhung bedeuten. Enthält die pyrotechnische Munition verschiedene Sätze, so dürfen die Bestandteile dieser Sätze nicht in eine Reaktion untereinander treten können, die zur Selbstentzündung führt.

5.1.6 Die pyrotechnischen Sätze in pyrotechnischer Munition dürfen folgende Stoffe nicht enthalten:

– Chlorate zusammen mit Metallen, Antimonsulfiden oder Kaliumhexacyanoferrat (II),

– Ammoniumsalze oder Amine zusammen mit Chloraten, außer in raucherzeugenden Gemischen, wenn durch deren Zusammensetzung eine hinreichende Beständigkeit gewährleistet ist.

5.1.7 Enthält die pyrotechnische Munition mehrere zulässige Sätze, so sind diese so anzuordnen, dass keine Mischungen der in Nummer 5.1.6 genannten Art entstehen können.

5.1.8 In den Sätzen der pyrotechnischen Munition, die Chlorate enthalten, darf der Anteil an Chlorate 70 % nicht übersteigen. In Leuchtsätzen auf Bariumchloratgrundlage sowie in Pfeifsätzen darf der Chloratanteil bis auf 80 % erhöht werden.

5.1.9 Geschosse oder Geschossreste von senkrecht nach oben abgeschossener pyrotechnischer Munition dürfen nicht brennend oder glühend auf den Erdboden fallen; sie sollen spätestens fünf Meter über dem Erdboden erloschen sein. Bei pyrotechnischen Geschossen ohne Eigenantrieb, die zum Verschießen aus dem Rohr oder aufgeschraubten Zusatzlauf (Schießbecher) von Schreckschuss- und Signalwaffen bestimmt sind, bezieht sich diese Anforderung auf eine Anfangsgeschwindigkeit von 20 m/s.

5.1.10 Pyrotechnische Munition muss so beschaffen sein, dass sie einem Mindestgasdruck von 65 bar am Munitionsboden standhält.

5.2 Klasseneinteilung von pyrotechnischer Munition in PM I oder PM II

5.2.1 Pyrotechnische Munition ist der Klasse PM I zuzuordnen, wenn

5.2.1.1 sie keinen Knallsatz enthält,

5.2.1.2 die Masse ihrer pyrotechnischen Sätze und ihrer Treibladung zusammen nicht mehr als 10 g beträgt,

5.2.1.3 ihre Steighöhe 100 m nicht überschreitet,

5.2.1.4 sie auch bei einer unbeabsichtigten Zündung nicht in scharfkantige Wurfstücke zerlegt wird,

5.2.1.5 sie durch Brand nicht zur Explosion gebracht werden kann und

5.2.1.6 sie durch Schlag nicht zur Explosion gebracht werden kann.

5.2.2 Sofern eine der Forderungen nach Nr. 5.2.1 nicht erfüllt wird, ist die pyrotechnische Munition der Klasse PM II zuzuordnen.

5.3 Kaliberanforderungen an pyrotechnische Munition

5.3.1 Der Durchmesser der pyrotechnischen Munition muss dem Durchmesser des Laufes oder Rohres der Schusswaffe, aus der diese verschossen werden soll, entsprechen.

5.3.2 Bei Geschossen, die zum Verschießen aus dem Rohr oder aufgeschraubten Zusatzlauf (Schießbecher) von Schreckschuss-, Reizstoff- oder Signalwaffen bestimmt sind, muss der Durchmesser der Geschosse dem Innendurchmesser des dazugehörigen Rohres oder aufgeschraubten Zusatzlaufes (Schießbechers) entsprechen.

5.4 Gasdruckanforderungen an pyrotechnische Munition

5.4.1 Der Gasdruck muss bei pyrotechnischer Patronenmunition so bemessen sein, dass Fehlreaktionen im pyrotechnischen System des Geschosses ausgeschlossen sind.

5.4.2 Der von der Patronenmunition entwickelte Gasdruck darf den zulässigen Maximaldruck nicht überschreiten.

6 Technische Anforderungen an umgebaute und unbrauchbar gemachte Schusswaffen oder aus Schusswaffen hergestellte Gegenstände nach § 9 Abs. 1 Nr. 1 und 2 des Beschussgesetzes

6.1 Definition

6.1.1 Schusswaffen i. S. von § 9 Abs. 1 Nr. 1 des Gesetzes i. V. mit Anlage 2, Abschnitt 2, Unterabschnitt 2 Nr. 1.5 WaffG, sind veränderte Langwaffen für Zier- oder Sammlerzwecke, zu Theateraufführungen, Film- oder Fernsehaufnahmen, die nur Kartuschenmunition verschießen können.

6.1.2 Unbrauchbar gemachte Schusswaffen oder aus Schusswaffen hergestellt Gegenstände i. S. von § 9 Abs. 1 Nr. 2 i. V. mit Anlage 1, Abschnitt 1, Unterabschnitt 1, Nr. 1.4 des WaffG, sind erlaubnispflichtige Waffen, die auf Dauer so abgeändert sind, dass sich weder Munition noch Treibladungen laden oder verschießen lassen.

6.2 Umbau-/Abänderungs- und Prüfvorschriften für Schusswaffen nach Nr. 6.1.1

6.2.1 Schusswaffen sind so abzuändern oder auszuführen, dass

– das Patronenlager dauerhaft so verändert ist, damit sich außer Kartuschenmunition nach der Tabelle 5 der Maßtafeln keine sonstige Patronen-, pyrotechnische Munition oder Treibladungen laden und abfeuern lassen,

– der Lauf in dem dem Patronenlager zugekehrten Drittel mind. sechs kalibergroße, nach vorn gerichtete unverdeckte Bohrungen oder andere gleichwertige Laufveränderungen aufweist und vor diesen in Richtung Laufmündung mit einem kalibergroßen gehärteten Stahlstift dauerhaft durch Verschweißen im Abstand des halben Kaliberdurchmessers vor der Mündung verschlossen ist, damit sich keine Geschosse vorladen lassen,

– der Lauf mit dem Gehäuse fest verbunden ist, sofern es sich um eine Waffe handelt, bei der der Lauf ohne Anwendung von Werkzeugen ausgetauscht werden kann

6.2.2 Die Änderungen müssen so vorgenommen sein, dass sie nicht mit allgemein gebräuchlichen Werkzeugen rückgängig gemacht und die Gegenstände nicht so geändert werden können, dass aus ihnen Geschosse, Patronen- oder pyrotechnische Munition verschossen werden kann.

6.2.3 Dem schriftlichen Antrag zur Zulassung sind ein Muster sowie Zeichnungen aus denen die Art und Weise der Umbaumaßnahme mit Angabe der verwendeten Materialien ersichtlich ist, beizufügen. Dieses Muster ist bei der zulassenden Stelle zu hinterlegen.

6.2.4 Der Antragsteller erhält einen Zulassungsbescheid für das geprüfte Waffenmodell mit der Auflage das Zulassungszeichen nach Anlage II Abb. 11 mit der erteilten Kennziffer auf jeder Waffe aufzubringen.

6.2.5 Sofern es sich um Einzelstücke handelt, ist bei jeder Waffe die Umbaumaßnahme entsprechend 6.2.1 und 6.2.2 zu prüfen. Die jeweilige Kennziffer ist unterhalb des Kennzeichens nach Anlage II, Abbildung 11, aufzubringen.

6.2.6 Außerdem sind umgebaute Schusswaffen einer Beschussprüfung nach § 3 des Gesetzes zu unterziehen, mit Ausnahme der Schusswaffen nach § 4 Abs. 1 Nr. 2.

6.3 Unbrauchbar gemachte Schusswaffen oder aus Schusswaffen hergestellte Gegenstände nach Nr. 6.1.2

6.3.1 Schusswaffen sind unbrauchbar wenn,

– das Patronenlager dauerhaft so verändert ist, dass weder Munition noch Treibladungen geladen werden können,

– der Verschluss dauerhaft funktionsunfähig gemacht worden ist,

– in Griffstücken oder anderen wesentlichen Waffenteilen für Handfeuer-Kurzwaffen der Auslösemechanismus dauerhaft funktionsunfähig gemacht worden ist,

– bei Kurzwaffen der Lauf auf seiner ganzen Länge, bei Pistolen im Patronenlager beginnend,

– bis zur Laufmündung einen durchgehenden Schlitz von mindestens 4 mm Breite oder

– im Abstand von jeweils 30 mm, mindestens jedoch 3 kalibergroße Bohrungen oder

– andere gleichwertige Laufveränderungen aufweist

– bei Langwaffen der Lauf unmittelbar in dem dem Patronenlager zugekehrten Drittel

– mindestens 6 kalibergroße Bohrungen oder

– andere gleichwertige Laufveränderungen aufweist und vor diesen in Richtung der Laufmündung mit einem kaliber- großen gehärteten Stahlstift verschweißt und dauerhaft verschlossen ist.

6.3.2 Schusswaffen oder deren wesentliche Teile sind dann dauerhaft unbrauchbar gemacht, wenn ihre Schussfähigkeit oder Funktion mit allgemein gebräuchlichen Werkzeugen nicht wieder hergestellt werden können.

6.3.3 Dem schriftlichen Antrag zur Zulassung sind ein Muster sowie Zeichnungen aus denen die Art und Weise der Unbrauchbarmachung mit Angabe der verwendeten Materialien ersichtlich ist, beizufügen. Dieses Muster ist bei der zulassenden Stelle zu hinterlegen.

6.3.4 Der Antragsteller erhält einen Zulassungsbescheid für das geprüfte Waffenmodell mit der Auflage das Zulassungzeichen nach Anlage II Abb. 11 mit der erteilten Kennziffer auf jeder Waffen aufzubringen.

6.3.5 Sofern es sich um Einzelstücke handelt, ist bei jeder Waffe die Umbaumaßnahme entsprechend 6.3.1 und 6.3.2 zu prüfen. Die jeweilige Kennziffer ist unterhalb des Kennzeichens nach Anlage II, Abbildung 11, aufzubringen.

6.3.6 Die Festlegungen der Nr. 6.3.1 bis 6.3.5 sind sinngemäß auch auf aus Schusswaffen hergestellte Gegenstände anzuwenden.

ANLAGE II
Beschusszeichen, Prüfzeichen
(Fundstelle: BGBl. I 2006, 1500 - 1503)

Abbildung 1
Bundesadler mit Kennbuchstaben
(§ 9 Abs. 2)

N

Beschuss
bei Feuerwaffen oder höchstbeanspruchten Teilen nach § 2 Abs. 2 des Gesetzes, die zum Verschießen von Munition mit Nitropulver bestimmt sind

V

Verstärkter Beschuss
bei Waffen mit glatten Läufen oder höchstbeanspruchten Teilen nach § 2 Abs. 2 des Gesetzes, die zum Verschießen von Munition mit überhöhtem Gasdruck bestimmt sind

SP

Beschuss
bei Feuerwaffen oder höchstbeanspruchten Teilen nach § 2 Abs. 2 des Gesetzes, die zum Verschießen von Schwarzpulver bestimmt sind

L

Beschuss
bei Feuerwaffen oder höchstbeanspruchten Teilen nach § 2 Abs. 2 des Gesetzes, bei denen zum Antrieb ein entzündbares flüssiges oder gasförmiges Gemisch oder eine Treibladung verwendet wird

J

Instandsetzungsbeschuss
bei Feuerwaffen oder höchstbeanspruchten Teilen nach § 2 Abs. 2 des Gesetzes, die nach § 3 Abs. 2 des Gesetzes erneut zu prüfen sind

F

Freiwilliger Beschuss
§ 6 Abs. 2

B

Beschuss
bei Böllern

Abbildung 2
Prüfzeichen für Handfeuerwaffen zum Verschießen von Stahlschrotmunition mit verstärkter Ladung (§ 9 Abs. 3 Nr. 2)

Abbildung 3
Ortszeichen der zuständigen Behörden (§ 9 Abs. 3 Nr. 1)

Hannover

Kiel

Köln

Mellrichstadt

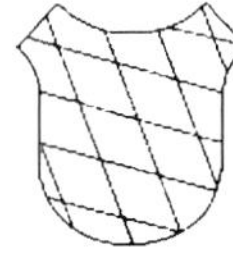

München

Suhl

Ulm

Abbildung 4

Prüfzeichen für Munition (§ 32 Abs. 2 Nr. 4)

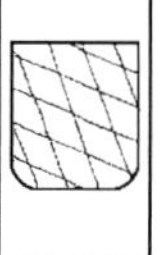
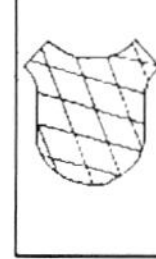

Hannover Kiel Köln Mellrichstadt München Suhl Ulm

Abbildung 5

Zulassungszeichen für Handfeuerwaffen, Schussapparate und Einsteckläufe nach § 7 des Gesetzes und für nicht tragbare Geräte nach § 24 Abs. 1

Abbildung 6

Zulassungszeichen für bauartgeprüfte Schreckschuss-, Reizstoff- und Signalwaffen nach § 8 Abs. 1 des Gesetzes und Zusatzgeräte zu diesen Waffen zum Verschießen pyrotechnischer Geschosse

Abbildung 7

Zulassungszeichen für pyrotechnische Munition nach § 10 Abs. 1 des Gesetzes

Abbildung 8

Prüfzeichen nach § 25 Abs. 2 für Geräte nach § 24 Abs. 1. Die Zahl im kleineren Quadrat bezeichnet die zwei letzten Ziffern der Jahreszahl, die einstellige Zahl in Richtung der Laufmündung das Quartal.

Abbildung 9

Prüfzeichen der Beschaffungsstellen
für die Bundeswehr, der Bundespolizei und die Bereitschaftspolizeien der Länder (§ 9 Abs. 1 Satz 2)

Beschuss

bei Schusswaffen, die vom Bundesamt für Wehrtechnik und Beschaffung beschossen wurden

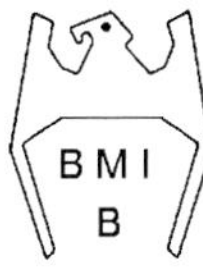

Erstbeschuss

bei Schusswaffen, die von der in der Rechtsverordnung nach § 58 Abs. 1 des Bundespolizeigesetzes bestimmten Bundespolizeibehörde beschossen wurden

Instandsetzungsbeschuss

bei Schusswaffen, die von der in der Rechtsverordnung nach § 58 Abs. 1 des Bundespolizeigesetzes bestimmten Bundespolizeibehörde erneut beschossen wurden

Abbildung 10

Kennzeichen für Schusswaffen, deren Geschossen eine Bewegungsenergie von nicht mehr als 7,5 J erteilt wird (§ 7 Abs. 1 Satz 2 Nr. 1 und § 9 Abs. 2 Satz 1 Nr. 1 des Gesetzes)

Abbildung 11

Zulassungszeichen nach Bauartprüfungen gemäß § 9 Abs. 1 des Gesetzes

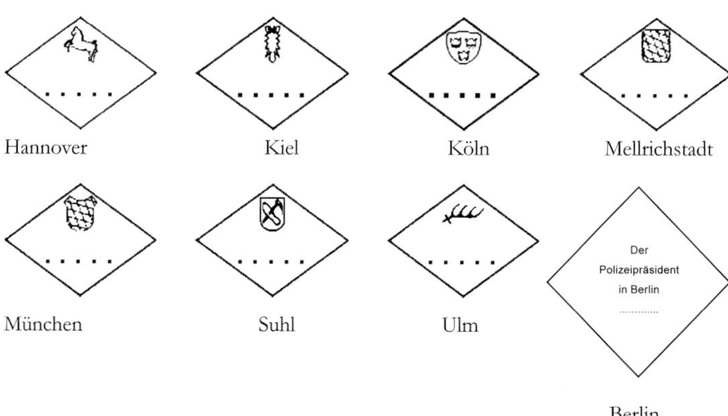

Hannover Kiel Köln Mellrichstadt

München Suhl Ulm

Berlin

Bei Prüfungen von Einzelstücken wird die Kennziffer nicht innerhalb sondern außerhalb direkt beim Kennzeichen von Abb. 11 angebracht

Abbildung 12

Zulassungszeichen nach Bauartprüfungen gemäß § 9 Abs. 2 Nr. 2 bis Nr. 4 des Gesetzes

Elektroimpulsgeräte Reizstoffe

Deutsche Demokratische Republik

Obwohl viele der bekannten Suhler Waffenfirmen nach dem Zweiten Weltkrieg in Westdeutschland neu aufgebaut wurden, begann man nach Kriegsende in Suhl und Umgebung wieder mit der Fertigung von Waffen, wobei man speziell Waffen mit der Firmenbezeichnung Merkel und Simson exportierte.

Als Grundlage für das Beschusswesen wurde das Reichsbeschussgesetz von 1939 verwendet. Als Beschusszeichen wurde demzufolge auch das alte Suhler Zeichen mit Pickel und Sohle verwendet. Als Klassifizierung wurde zusätzlich der Buchstabe M für den Vorbeschuss (Materialbeschuss), SP für den Endbeschuss mit Schwarzpulver und N für den Endbeschuss mit Nitropulver, angebracht. Als Beschussamtmarke für das Beschussamt Suhl wurde ein Stempel mit dem Buchstaben DR im Oval zusätzlich eingeschlagen. Mit der Zeit stellte sich aber heraus, dass diese Zeichen im Ausland nicht bekannt waren und man befürchtete, dass der Export dadurch rückläufig werden könnte und führte daher 1950 die alten und weltweit bekannten Beschusszeichen von 1939 wieder ein. Das Zeichen des Adlers wurde allerdings etwas vereinfacht und stilisiert. Um Verwechslungen mit alten Waffen zu vermeiden, werden seit 1945 der Monat und die Jahreszahl, in dem die Waffe beschossen wurde, eingeschlagen (Beispiel: 1254 = Dezember 1954).

Eine weitere Aufgabe des Beschussamtes, das dem Amt für Messwesen und Warenprüfung untersteht und die Amtsbezeichnung „Prüfdienststelle für Handfeuerwaffen“ führt, ist eine Qualitätskontrolle. Die so geprüften Waffen und Munition werden heute in drei und von 1950 bis 1961 in vier Gruppen unterteilt.

Prüfzeichen des Beschussamtes 1945 - 1950

Vorbeschuss mit Schwarzpulver
auch Materialbeschuss genannt

Endbeschuss mit Schwarzpulver

Endbeschuss mit rauchlosem Pulver

Zeichen für das Suhler Beschussamt

349 Beschussdatum (hier März 1949)

Ab 1950

Vorbeschuss mit Schwarzpulver bei Schrotläufen

Vorbeschuss mit Schwarzpulver bei Büchsenläufen

Prüfzeichen des Beschussamtes Suhl ab 1950

Endbeschuss

Untersuchungsstempel

Reparaturbeschuss

Würgebohrung

Beschuss mit Nitropulver

Zeichen des Suhler Beschussamtes

660 Beschussdatum, hier Juni 1960

Gestaltung und Bedeutung der Beschußzeichen

Qualitätszeichen „Hervorragende Qualität“

Qualitätszeichen „Gute Qualität“

Qualitätszeichen „Gebrauchsqualität“

Qualitätszeichen „Sonderqualität“, es wurde von 1950 - 1961 verwendet und liegt zwischen „Hervorragend“ und „Gut“

Mit Gültigkeit ab 1.9.1974 setzte die DDR ein neues Beschussgesetz in Kraft. Die neue Verordnung lautet wie folgt:

Anordnung über die Prüfung von Schußwaffen, Schußgeräten, patronierter Munition und Kartuschen – Beschußanordnung – vom 14. Juni 1974

Auf Grund des § 3 Abs. 1 der Ersten Durchführungsbestimmung vom 14. August 1968 zur Schußwaffenverordnung (GBl. II Nr. 90 S. 702) und des § 7 Abs. 1 der Schußgeräteanordnung vom 14. August 1968 (GBl. II Nr. 90 S. 704) wird im Einvernehmen mit den Leitern der zuständigen zentralen Staatsorgane folgendes angeordnet:

§1
Geltungsbereich

(1) Diese Anordnung gilt für Schußwaffen und patronierte Munition im Sinne des § 1 der Schußwaffenverordnung vom 8. August 1968 (GBl. II Nr. 90 S. 699) sowie für Schußgeräte und Kartuschen im Sinne des § 1 der Schußgeräteanordnung vom 14. August 1968 (GBl. II Nr. 90 S. 704).
(2) Für Schußwaffen und patronierte Munition für die bewaffneten Organe der DDR gilt diese Anordnung nur, wenn dies von den zuständigen Organen mit dem Amt für Standardisierung, Meßwesen und Warenprüfung (ASMW) vereinbart wurde.
(3) Die Rechtsvorschriften über die Anmelde- und Prüfpflicht auf dem Gebiet der staatlichen Qualitätskontrolle bleiben von den Bestimmungen dieser Anordnung unberührt.

§2
Grundsatz

Der Verkehr - im Sinne des § 1 Abs. 5 der Schußwaffen Verordnung vom 8. August 1968 - mit Schußwaffen, Schußgeräten, patronierter Munition und Kartuschen ist nur zulässig, wenn die in dieser Anordnung - einschließlich der Anlagen 1 bis 5 - getroffenen Festlegungen eingehalten sind. Die in anderen Rechtsvorschriften über die Zulässigkeit des Verkehrs mit diesen Erzeugnissen gestellten Bedingungen bleiben davon unberührt.

§3

Zuständigkeit

Die im § 8 der Schußwaffen Verordnung vom 8. August 1968 und im § 7 der Schußgeräteanordnung vom 14. August 1968 vorgesehene Prüfung und Begutachtung (im folgenden Prüfung genannt) von Schußwaffen, Schußgeräten, patronierter Munition und Kartuschen durch das ASMW wird durch das Fachgebiet Handfeuerwaffen des ASMW* durchgeführt. Dieses Fachgebiet nimmt damit in der DDR die Aufgaben eines Beschußamtes wahr.

§4

Prüfpflicht (Beschußpflicht)

(1) Der Prüfung unterliegen im einzelnen:

a) Schußwaffen, wie

Flinten, Büchsen, kombinierte Jagdgewehre, Kleinkaliber- und Flobertgewehre (Teschings), Pistolen und Revolver einschließlich Leucht- und Signalpistolen,

b) ballistische Schußwaffen, mit denen ballistische Werte der Munition gemessen werden, wie Gasdruck, Fluggeschwindigkeit, Streuung u. ä.,

c) Einsteckläufe und Läufe, die ohne Anwendung von Hilfsmitteln ausgetauscht werden können (Austauschläufe),

d) patronierte Munition,

e) Schußgeräte gemäß § 1 Abs. 1 Buchstaben a und b der Schußgeräteanordnung vom 14. August 1968, wie Bolzenschuß-, Bolzenschlag-, Schießpreß-, Viehbetäubungs- und Schienenlochgeräte, bei denen als Energieträger Kartuschen verwendet werden sowie Gegenstände, mit denen feste Körper (Geschosse) mittels Luftdruck, Federdruck, Kohlensäure oder ähnlich wirkenden Antriebsmitteln verschossen werden können, z. B. Luftdruckwaffen,

f) Schußgeräte gemäß § 1 Abs. 1 Buchst, c der Schußgeräteanordnung vom 14. August 1968, wie Start-, Gas-, Alarmpistolen und -revolver, die zum Verschießen von Knall- (Platz-), Gaspatronen oder solchen mit sonstigen chemischen Vorsätzen eingerichtet sind,

g) Kartuschen, die einen Zündsatz und eine Treibladung enthalten, darunter auch Platzpatronen und Kartuschen mit sonstigen chemischen Vorsätzen.

(2) Schußwaffen und Schußgeräte gemäß Abs. 1, Einsteckläufe und Austauschläufe unterliegen der Prüfung mit verstärkter Ladung, ausgenommen Schußgeräte gemäß § 1 Abs. 1 Buchstabe b der Schußgeräteanordnung vom 14. August 1968. Der Einbau von Einsteckläufen ist nur in voll funktionsfähige und für die Zweckbestimmung geeignete Waffen zulässig.

(3) Der erneuten Prüfung unterliegen Schußwaffen und -geräte, die bereits entsprechend den Bedingungen dieser Anordnung geprüft sind, bei denen jedoch ein wesentliches Teil ausgetauscht, verändert oder instand gesetzt wurde. Das gilt nicht für Schußwaffen und -geräte, deren Lauf bereits beschossen ist und ohne Anwendung von Hilfsmitteln ausgetauscht werden kann. Wesentliche Teile von Schußwaffen und -geräten im Sinne dieser Anordnung sind solche gemäß § 1 Abs. 4 der Schußwaffenverordnung vom 8. August 1968 sowie

a) das als Patronen- oder Kartuschenlager dienende Teil;
b) bei Schußwaffen und -geräten, bei denen zum Antrieb ein entzündbares flüssiges oder gasförmiges Treibmittel verwendet wird, auch die Verbrennungskammer;
c) vorgearbeitete wesentliche Teile, wenn sie mit allgemein gebräuchlichen Werkzeugen fertiggestellt werden können;
d) solche Teile, welche in ihrer Funktion für die Haltbarkeit der Schußwaffe bzw. des Schußgerätes ausschlaggebend sind.

(4) Schußwaffen und Schußgeräte, die bereits die amtlichen Prüfzeichen tragen, sind zur Wiederholungsprüfung vorzulegen bzw. einzusenden,

a) durch den Benutzer oder Eigentümer, falls dieser der Ansicht ist, dass die Haltbarkeit seiner Schußwaffe bzw. seines Schußgerätes infolge des Gebrauches oder aus anderen Gründen gemindert und die Schützensicherheit nicht mehr voll gewährleistet ist,
b) durch die Reparaturwerkstatt, wenn eine erfolgte Instandsetzung oder Veränderung die Haltbarkeit negativ beeinflußt haben könnte bzw. wenn festgestellt worden ist, dass die Schußwaffe oder das Schußgerät auf unsachgemäße Weise repariert oder beschädigt wurde und vermutet werden muss, dass die Haltbarkeit und Schützensicherheit nicht mehr voll gewährleistet ist.

(5) Instandsetzungen oder Veränderungen, welche eine Wiederholungsprüfung nach Abs. 4 erfordern, sind insbesondere:

a) jegliche Veränderungen des Patronenlagers oder des Übergangskonus am Lauf,
b) die Neubohrung oder das Neuziehen des Laufes,
c) das Entfernen von Rostnarben auf der Oberfläche, sowohl am Lauf außen als auch im Laufinnern,
d) das Hartverchromen des Laufes,
e) die Instandsetzung des Laufes oder des Verschlusses, falls hierbei eine Hartlötung Silberlötung oder ein Schweißen am Verschluß erfolgte (Schweißung muss vorher durch das ASMW genehmigt sein),
f) die Beseitigung von jeglichen Deformationen des Laufes,
g) das Montieren eines Zielfernrohres, falls sich hierbei eine Schwächung des Laufes oder der Laufhülse ergibt oder die Haltbarkeit des Gehäuses oder Verschlusses durch Einschnitte herabgemindert wird,
h) die Erweiterung der Bohrung bzw. der Aufnahme für den Auszieher oder Ejektor bei Kipplaufwaffen, wodurch eine Schwächung der Wandstärke eintritt.

Das Ausfuttern von Läufen und Patronenlagern ist verboten, ausgenommen selbsttragende Futterläufe für die Kleinkaliberpatrone .22 (Randfeuer) nach Zustimmung durch das ASMW.

(6) Eine Wiederholungsprüfung ist nicht erforderlich, wenn in eine Waffe bereits beschossene und mit Prüfzeichen versehene neue wesentliche Teile eingesetzt werden oder wenn es sich lediglich um die Beseitigung von leichten äußeren Beschädigungen oder um die Erneuerung der Deckmittel handelt.

(7) Wird festgestellt oder bestehen Zweifel daran, dass zum Gebrauch bestimmte Schußwaffen oder -geräte nicht geprüft oder nicht entsprechend dem positiven Prüfergebnis mit amtlichen Beschußzeichen gekennzeichnet sind, so sind diese nicht mehr zu verwenden und vom Eigentümer bzw. Rechtsträger oder vom Besitzer oder von der Instandsetzungswerkstatt unverzüglich dem ASMW zur Prüfung zuzuleiten.

(8) Der Prüfung unterliegen nicht:

a) importierte Schußwaffen, Läufe und Schußgeräte, die außerhalb der DDR hergestellt sind und bereits ein von der DDR anerkanntes amtliches Beschußzeichen tragen,

b) Schußwaffen für Zimmerstutzenpatronen,

c) Einsteckläufe für Zimmerstutzenpatronen.

d) Gegenstände (Schreckschußgeräte) mit geringer Wirkung, aus denen nur Knallkorken oder Amorces abgefeuert werden können.

Weitere Ausnahmen von der Prüfpflicht können vom Ministerium des Innern nach Abstimmung mit dem ASMW festgelegt werden.

§5

Vorlagepflicht zur Prüfung

(1) Soweit im § 4 nichts anderes festgelegt ist, ist zur Vorlage zur Prüfung derjenige verpflichtet, der Schußwaffen oder -geräte, patronierte Munition oder Kartuschen in der DDR herstellt oder in die DDR importiert.

(2) Zur Vorlage für die erneute Prüfung gemäß § 4 Abs. 3 ist derjenige verpflichtet, der als Inhaber einer entsprechenden Erlaubnis den Austausch, die Veränderung oder Instandsetzung vorgenommen hat.

(3) Der Vorlagepflichtige hat für die Beschußprüfung von Läufen, Verschlüssen und anderen wesentlichen Teilen, die einzeln zur Prüfung vorgelegt werden, auf Verlangen dem ASMW kostenlos entsprechende, für den Beschuß dieser Teile geeignete Schußwaffen, Geräteteile oder besondere Beschußvorrichtungen zur Verfügung zu stellen.

(4) Weiterhin sind auf Verlangen dem ASMW die für die Beschußprüfung erforderlichen Gebrauchspatronen oder Hülsen, Geschosse und Pulver in ausreichender Menge kostenlos zur Verfügung zu stellen.

§6

Prüfung von Schußwaffen und Schußgeräten

(1) Ziel der Prüfung ist die Feststellung, ob der Prüfgegenstand den Festlegungen dieser Anordnung, den geltenden Standards und anderen Rechtsvorschriften entspricht und dass bei ordnungsgemäßem Umgang weder der Schütze noch seine Umgebung gefährdet werden sowie kein Sachschaden entsteht. In die Prüfung wird die Überwachung der Qualität der laufenden Fertigung der in der DDR hergestellten Schußwaffen und -geräte mit einbezogen.

(2) Die Prüfung von Schußwaffen und Schußgeräten besteht aus der Vorprüfung, der Beschußprüfung (Probeschießen mit Beschußpatronen) und der Nachprüfung.

(3) Die Beschußprüfung wird entweder als Normalprüfung oder als verstärkte Prüfung durchgeführt.

§7

Vorprüfung

(1) Der Beschußprüfung hat eine Vorprüfung der Schußwaffe bzw. des Schußgerätes auf Beschußfähigkeit vorauszugehen, die sich auf die Maßhaltigkeit der Läufe und Patronenlager, auf das Vorhandensein der richtigen Kennzeichnung gemäß den Rechtsvorschriften der DDR, auf die Gängigkeit des Verschlusses sowie auf den richtigen Verschlußabstand und auf die Handhabungssicherheit erstreckt.

(2) Die standardisierten Beschußpatronen müssen sich einwandfrei in den Lauf bzw. in das Patronenlager einführen lassen. Die Sicherheit beim Laden und Abfeuern muss ausreichend gewährleistet sein.

(3) Es ist zu prüfen, ob die Schlagbolzen sich leicht in ihren Führungen bewegen, nicht über die Stoßfläche hervorragen und die Bohrungen für die Spitze an der Stoßfläche frei von jeglichem Grat sind, dass der Abzugswiderstand nicht zu leicht steht, dem jeweiligen Standard entspricht und die Sicherung einwandfrei funktioniert. Bei Revolvern ist zu prüfen, ob der Transporteur sicher arbeitet, die Patronenlagerwalze fertig bearbeitet ist und die Patronenlager sauber und glatt sind.

(4) Bei der Vorprüfung werden Schußwaffen, Schußgeräte und Läufe beanstandet und von der Beschußprüfung ausgeschlossen, welche

a) die vorgeschriebene Kennzeichnung nicht aufweisen,

b) verrostet oder ungenügend poliert bzw. nicht ausreichend gereinigt sind,

c) Material- oder Fertigungsfehler aufweisen, und zwar solche wie:
   - Risse im Material,
   - Fehler, die auf das Schmieden, Hämmern, Ziehen oder Bohren zurückzuführen sind,
   - ungenügende innere Oberflächengüte, die eine richtige Beurteilung nach dem Beschuß nicht gestattet,
   - schlecht gelötete Laufverbindungen (Hakenstück, verlängerte Schienen, Laufschienen und Reifen),
   - Patronenlager- und Kaliberabmessungen, die mit den standardisierten Maßen nicht übereinstimmen,

d) nicht oder nur mangelhaft funktionieren, insbesondere beim Spannen und Verriegeln des Verschlusses.

§8
Beschußprüfung

(1) Die Beschußprüfung erfolgt entweder an vollständig fertiggestellten Schußwaffen, Schußgeräten bzw. Läufen oder an zumindest solchen in weißfertigem Zustand, bei denen bei der weiteren Bearbeitung keine wesentliche Schwächung des Materials mehr erfolgt.

(2) Die Haltbarkeit von Schußwaffen und Läufen, die zum Verschießen von patronierter Munition bestimmt sind, ist mit Beschußmunition zu prüfen. Die Beschußpatronen können bei einer Temperatur der Pulverladung von 15 Grad C bis 25 Grad C verwendet werden.

(3) Mit 2 Schüssen sind zu prüfen

a) Schußwaffen mit glatten Läufen (Flinten)

b) Schußwaffen mit gezogenen Läufen (Büchsen), deren Geschoß durch einen Gasdruck von mehr als 2000 kp/qcm angetrieben wird

c) alle Selbstladewaffen

d) Wechsel- und Austauschläufe für die unter den Buchstaben a, b und c bezeichneten Schußwaffen.

(4) Die Haltbarkeit der nicht im Abs. 3 aufgeführten Schußwaffen, Schußgeräte, Einsteck- und Austauschläufe ist durch einen Schuß zu prüfen.

(5) Bei mehrläufigen Schußwaffen ist jeder Lauf mit der für ihn vorgeschriebenen Anzahl von Schüssen zu prüfen.

(6) Die Haltbarkeit von Schußwaffen, deren Patronenlager vom Lauf getrennt ist, z. B. Revolver, ist durch einen Schuß aus jedem Lager zu prüfen.

(7) Läufe, Verschlüsse und andere wesentliche Teile, die getrennt angeliefert werden, werden wie die entsprechende Waffenart mit der vorgeschriebenen Schußanzahl geprüft.

(8) Läßt das Ergebnis der Beschußprüfung nicht den sicheren Schluß zu, dass eine Schußwaffe, ein Schußgerät bzw. ein Lauf haltbar ist oder ist beim Beschuß Gasdruck entwichen bzw. wird ein Mangel an einer abgefeuerten Beschußpatrone festgestellt, so ist die Prüfung nach den Vorschriften der Absätze 3 bis 6 zu wiederholen oder es können Schüsse über die vorgeschriebene Schußanzahl hinaus abgegeben werden, sowohl mit Beschuß- als auch mit Gebrauchsmunition.

(9) Werden auch bei wiederholter Beschußprüfung die festgelegten Prüfbedingungen nicht eindeutig erfüllt, gilt die Beschußprüfung als nicht bestanden.

§9
Beschußprüfung von Jagdgewehren mit glatten Läufen (Flinten)

(1) Bei Schußwaffen der Kaliber 12, 16 und 20, welche für das Schießen von Normalpatronen bestimmt sind und deren mittlerer Höchstgasdruck 650 bar nicht übersteigt, wird die Normalprüfung durchgeführt.

(2) Bei der Normalprüfung werden mindestens 2 Beschußpatronen abgeschossen, von denen jede wenigstens einmal die folgenden Bedingungen einhalten muss: An der

Meßstelle I des Standardgasdruckmessers (17 bis 35 mm vom Stoßboden) muss mit einer Stauchapparatur von 30 qmm Fläche und einem Kupferstauchzylinder 3 mm Durchmesser, Höhe 4,9 mm ein Beschußdruck von mindestens 850 bar erreicht werden.
An der Meßstelle II (162 mm vom Stoßboden) muss mit einer Stauchapparatur von 30 qmm Fläche und einem Kupferstauchzylinder 3 mm Durchmesser, Höhe 4,9 mm ein Beschußdruck von mindestens 500 bar erreicht werden.

(3) Die zum Beschuß von Flintenläufen verwendeten Beschußpatronen müssen bei einer Pulvertemperatur von 20 Grad C + 2 Grad C mindestens folgende vorgeschrie benen Drücke als Mittelwerte von 10 Schüssen erreichen:

Kaliber	Hülsenlänge		kleiner als 76 mm	
	I. Meßstelle			II. Meßstelle
	kp/qcm	bar	kp/qcm	bar
16 und größer	920	(900)	510	(500)
20 und kleiner	1020	(1000)	510	(500)

Kaliber	Hülsenlänge		76 mm und länger	
	I. Meßstelle			II. Meßstelle
kp/qcm bar	kp/qcm	bar		
16 und größer	1020	(1000)	510	(500)
20 und kleiner	1120	(1100)	510	(500)

(4) Nach erfolgreich durchgeführter Normalprüfung kann auf Wunsch des Herstellers, Rechtsträgers oder Eigentümers die verstärkte Prüfung erfolgen. Die verstärkte Prüfung muss durchgeführt werden, wenn Patronen verwendet werden sollen, deren mittlerer Höchstgasdruck 650 bar übersteigen kann (Magnum-Patronen). Bei der verstärkten Prüfung werden 2 Beschußpatronen abgeschossen, bei denen der Gasdruck an der Meßstelle I des Standardgasdruckmessers mindestens 1200 bar beträgt. Für die verstärkte Prüfung wird ein besonderes Beschußzeichen geschlagen.

§10

Beschußprüfung von Schußwaffen mit gezogenen Läufen

(1) Bei diesen Schußwaffen muss der Gasdruck der Beschußpatrone um 30% höher sein als der festgelegte höchstzulässige Normaldruck der Gebrauchspatrone.

(2) Ist der höchstzulässige Normaldruck der Gebrauchspatrone nicht international festgelegt, so wird der Gasdruck der stärksten Gebrauchspatrone (Mittelwert aus 10 Schüssen) gemessen und die Beschußpatronen werden dann so geladen, dass sie einen um mindestens 30% höheren Gasdruck ergeben.

(3) Bei Selbstladewaffen können zusätzlich noch eine oder mehrere Gebrauchspatronen abgeschossen werden, um die Funktion dieser Waffen mit Normalpatronen festzustellen.

§11

Beschußprüfung der übrigen Schußwaffen und Schußgeräte

(1) Der Beschuß erfolgt mit Beschußpatronen, deren Gasdruck um mindestens 30% höher sein muss als der Gasdruck der stärksten Normalpatrone.
(2) Wird an Stelle des Gasdruckes bei Schußgeräten der Energiewert gemessen, so muss dieser beim Beschuß um mindestens 10% den Energiewert übersteigen, der mit der stärksten Gebrauchsladung und der größten Masse (Geschoßvorlage) ermittelt wurde.

§12

Nachprüfung

(1) Nach der Beschußprüfung erfolgt eine Sichtprüfung, die sich insbesondere darauf zu erstrecken hat, ob

a) Dehnungen, Aufbauchungen, Risse oder Brüche am Lauf, am Patronenlager oder an dem Verschluß eingetreten und
b) bei mehrläufigen Schußwaffen die Laufverbindungen einwandfrei fest sind.

(2) Bei der Nachprüfung werden Schußgeräte, Schußwaffen oder Läufe ausgesondert und zurückgewiesen, wenn bei der vorangegangenen Beschußprüfung oder bei der Nachprüfung selbst einer der nachstehenden Fehler festgestellt wurde:

- die Patrone bzw. Kartusche konnte nicht einwandfrei geladen werden,
- die Zündung versagte (Waffenversager),
- beim Schließen der Waffe bzw. des Gerätes erfolgte ein unerwartetes Abschießen der Patrone bzw. Kartusche,
- die abgeschossene Hülse wurde durch den Auszieher oder Ausstoßmechanismus nicht entfernt,
- die Läufe sind deformiert (Risse, Aufbauchungen oder sonstige Beschädigungen),
- im Patronenlager erfolgte eine Aufbauchung oder Dehnung von über 0,2 % des Durchmessers an einer Stelle,
- im Patronenlager-Übergang, an der Würgebohrung bzw. an deren Übergang wird eine Aufbauchung festgestellt,
- beim Zusammenlegen der Läufe haben sich Mängel ergeben (Schienen, Reifen, Hakenstücke oder die Läufe selbst haben sich an den Zusammenlegestellen beim Beschuß teilweise oder ganz gelöst),
- die Verschlußkästen sind infolge des Beschüsses deformiert oder gerissen,
- bei Kipplaufwaffen erfolgte ein Abziehen des Kastens um über 0,1 mm,
- wesentliche Teile des Verschlusses sind deformiert oder zerstört,
- die Maßtoleranz beim Verschluß ist überschritten,
- am Verschluß oder in einem anderen Mechanismus der Waffe (Abzugseinrichtung, Schloß-, Schlagstückmechanismus, Sicherungseinrichtung, Mehrladeeinrichtung) ist ein anderer Mangel eingetreten,
- der Schlagbolzen hat das Zündhütchen durchschlagen oder zu leicht angeschlagen Versagergefahr), der Schlagbolzen hat das Zündhütchen nicht zentrisch getroffen bzw. bei Randfeuerzündung falsch eingeschlagen.

§13

Ergebnisse der Prüfung und Kennzeichnung

(1) Die mit positivem Ergebnis geprüften Schußwaffen und -geräte werden vom ASMW durch Einschlagen von amtlichen Prüfzeichen (Beschußzeichen) in die wesentlichen Teile

der Schußwaffe bzw. des Schußgerätes gekennzeichnet. Die Gestaltung und Bedeutung der Beschußzeichen ist in Anlage 1 dieser Anordnung festgelegt.

(2) Für Schußwaffen, die die Prüfung bestanden haben, kann von ASMW auf Antrag eine Beschußtechnische Bescheinigung über den durchgeführten Beschuß ausgestellt werden.

(3) Schußwaffen, Schußgeräte und wesentliche Teile von diesen, die bei der Prüfung bzw. dem Beschuß die festgelegten Bedingungen nicht erfüllen, werden ohne Beschußzeichen zurückgegeben. Zur Beseitigung der Mängel werden vom ASMW Auflagen erteilt.

(4) Sind die bei der Prüfung bzw. dem Beschuß festgestellten Mängel derart, dass sie ohne Gefahr für die Haltbarkeit der Schußwaffe bzw. des Schußgerätes nicht beseitigt werden können und drohen sie beim Gebrauch die Sicherheit des Schützen zu gefährden, können die mangelhaften Teile vor Rückgabe vom ASMW unbrauchbar gemacht oder als „unbrauchbar“ gekennzeichnet werden.

(5) Sind Beschußzeichen bereits früher geschlagen und wird die Waffe oder das Schußgerät bei einer erneuten Beschußprüfung beanstandet, werden diese Zeichen mit einem „X” überstempelt und sind damit ungültig.

§14

Prüfung von patronierter Munition und Kartuschen

(1) Die Prüfung von Schußwaffen und Schußgeräten ist nur dann voll gewährleistet, wenn auch die verwendete Munition entsprechend geprüft und überwacht wird, insbesondere wenn garantiert ist, dass die beim Schuß entwickelten Gasdrücke einen bestimmten Wert nicht übersteigen.

(2) Für die Beschaffenheit der in der DDR hergestellten patronierten Munition und Kartuschen sind die entsprechenden Standards verbindlich.

(3) Als höchstzulässige Normalgasdrücke von Büchsenpatronen gelten die in den Anlagen 2 und 3 angegebenen Werte.

(4) Bei der Prüfung importierter Munition und Kartuschen sind die in diesem Paragraphen genannten Vorschriften sinngemäß anzuwenden.

(5) Für die Bestimmung des Normalgasdruckes von Jagd- und Sportmunition ist die Vorschrift des ASMW, ASMW-VW 390, verbindlich.

(6) Als Normalgasdruck gilt das arithmetische Mittel aus einer Reihe von mindestens 10 Messungen.

(7) Der zulässige Normalgasdruck gilt als eingehalten, wenn die einzelne Patrone bzw. Kartusche den für sie festgelegten Wert um nicht mehr als 15% übersteigt und das Mittel einer Reihe von mindestens 10 Schüssen nur gleich oder kleiner als der festgelegte Normalgasdruck ist.

(8) Über das Ergebnis der Prüfung von patronierter Munition und von Kartuschen wird dem Hersteller oder Importeur vom ASMW ein Prüfzeugnis ausgestellt und -sofern die dafür erforderlichen Bedingungen eingehalten sind - dem Hersteller das entsprechende Gütezeichen erteilt, mit welchem er die Erzeugnisse bzw. die kleinste Verpackungseinheit zu kennzeichnen hat.

(9) Der Importeur darf patronierte Munition oder Kartuschen erst dann verkaufen oder weiterleiten, wenn darüber ein Prüfzeugnis des ASMW erteilt wurde und darin die Einhaltung der Rechtsvorschriften bescheinigt ist.

§15

Kontrolle der laufenden Produktion

(1) Die Einhaltung einer gleichbleibenden Qualität in der laufenden Fertigung von patronierter Munition und Kartuschen ist von der TKO des Herstellers nach Stichprobenplänen zu kontrollieren und über die Kontrollergebnisse ein Nachweis zu führen.

(2) Die Prüfung durch die TKO erstreckt sich besonders darauf, dass die Vorschriften hinsichtlich Maßhaltigkeit, Gebrauchsgasdruck, Kennzeichnung und Verpackung eingehalten werden.

(3) Ergibt die Prüfung, dass die hergestellte patronierte Munition und Kartuschen den höchstzulässigen Normalgasdruck überschreiten, so sind sie von der TKO für die Auslieferung zu sperren. Sie kann - soweit dafür die Bedingungen erfüllt sind - als Munition mit erhöhtem Gebrauchsgasdruck zum Verschießen in besonders geprüften Waffen verwendet werden und darf dann nur entsprechend § 16 gekennzeichnet und mit Attest ausgeliefert werden.
(4) Die Ordnungmäßigkeit der Kontrolle durch die TKO des Herstellers wird durch staatliche Kontrollbeauftragte des ASMW überwacht.

§16

Munition mit erhöhtem Gebrauchsgasdruck

(1) Munition, für die ein erhöhter Gebrauchsgasdruck zugelassen ist, ist auf dem Bodenrand der Hülse mit einer deutlich erkennbaren Riffelung zu versehen. Ist dies aus technischen Gründen nicht möglich, ist der Hülsenmantel deutlich lesbar mit einer Aufschrift zu kennzeichnen, aus der hervorgeht, dass die Munition nicht in normalgeprüften Schußwaffen verwendet werden darf. Bei Schrotpatronen genügt das Wort „Magnum". Bei Randfeuerpatronen muss der Boden, der Hülsenmantel oder das Geschoß eine blaue Farbe haben.

(2) Die im Abs. 1 genannte Munition muss außerdem auf der kleinsten Verpackungseinheit mit einer lesbaren Aufschrift „Achtung! Erhöhter Gasdruck! In normalgeprüften Schußwaffen nicht verwenden!" gekennzeichnet sein.

(3) Bei Beschußmunition ist auf der kleinsten Verpackungseinheit deutlich lesbar die Aufschrift anzubringen: „Achtung! Beschußmunition!"

§17

Schlußbestimmung

Diese Anordnung tritt am 1. September 1974 in Kraft. Berlin, den 14. Juni 1974

Der Präsident
des Amtes für Standardisierung, Meßwesen und Warenprüfung
Prof. Dr. habil. Lilie

Gestaltung und Bedeutung der Beschusszeichen 1975 bis 1990

Normaler Beschuss
bei Schusswaffen und Schussgeräten, die zum Verschießen von patronierter Munition mit normalem Gebrauchsgasdruck bestimmt sind.

Normaler Beschuss
bei Schusswaffen und Schussgeräten, bei denen zum Antrieb ein flüssiges oder gasförmiges Gemisch oder eine Treibladung oder Kartusche verwendet wird.

Verstärkter Beschuss
bei Schusswaffen, die zum Verschießen von Munition mit überhöhtem Gasdruck bestimmt sind.

Reparaturbeschuss
nach Instandsetzung wesentlicher Teile.

Munitionsprüfung

Ab 1991 gelten die gesetzlichen Regelungen der Bundesrepublik Deutschland.

Österreich-Ungarn

Kurz nachdem in Deutschland das Beschussgesetz vom 19. Mai 1891 herausgekommen war, erschien auch in Österreich-Ungarn ein solches, nämlich am 23. Juni 1891. Während aber in Deutschland das neue Gesetz erst am 1. April 1893 in Kraft trat, hatte man sich in Österreich etwas mehr beeilt und das neue Gesetz trat schon am 1. Januar 1892 in Kraft. Damals gab es aber schon in Österreich, und zwar für das Land Kärnten, ein Beschussgesetz vom 25. November 1882 über den freiwilligen Beschuss von Handfeuerwaffen. Dort bestand in dem kleinen Städtchen Ferlach schon seit alters her eine ziemlich ausgedehnte Waffenherstellung in der Art, wie sie auch in Suhl, Lüttich oder Eibar zu finden war, die die Nachfrage nach billigeren Gewehren für die k. k. Länder sowie den Balkan befriedigte. Es würde zu weit führen, hier eine genauere Beschreibung dieses Gesetzes zu geben, dessen Bestimmungen im Großen und Ganzen nach Lütticher Vorbild geschaffen waren. Erwähnt muss aber werden, dass als Beschussstempel nach dem ersten Beschuss der rohen Läufe das Zeichen  verwendet wurde. Dieser erste Beschuss fand mit einer Schwarzpulverladung statt, die zwei Drittel des Gewichts der Bleirundkugel des betreffenden Kalibers betrug, also circa 18 g Pulver für einen Lauf Kaliber 16. Nach dem zweiten Beschuss mit einer Pulverladung, die ein Drittel weniger als beim ersten betrug, wurde der Lauf mit dem Stempel  versehen. Der sogenannte dritte Beschuss diente hauptsächlich dafür festzustellen, ob der Lauf nicht beim ersten oder zweiten Schaden genommen hatte, ob die Beschussstempel richtig aufgeschlagen waren, und ob der Verschluss zwischen Lauf und Basküle noch dicht war. Auf Grund dieser Untersuchung beschloss die Beschussanstalt, ob ein dritter Beschuss notwendig war oder nicht. Falls die Besichtigung zufriedenstellend verlief – oder aber auch nach eventuellem dritten Beschuss – wurde die Beschussmarke für diesen aufgeschlagen:  Der dritte Beschuss, falls notwendig, wurde mit der Hälfte der für den zweiten Beschuss vorgesehenen Pulverladung ausgeführt. Pistolenläufe wurden mit einem Drittel der für Schrotläufe vorgesehenen Ladung beschossen.

Es mag natürlich möglich sein, dass es in Süddeutschland oder Österreich noch das eine oder das andere so gestempelte Gewehr gibt. Wichtig sind diese Stempel hauptsächlich deshalb, weil sie als die damals für das Beschussamt Ferlach eingeführten Stempel teilweise auch heute noch in Gebrauch sind, wie wir weiter unten sehen werden.

Das Gesetz vom 23. Juni 1891 erklärte den Beschuss aller in Österreich-Ungarn hergestellten Läufe für obligatorisch. Beschussanstalten wurden außer der in Ferlach schon bestehenden noch in Wien, Prag, Weipert und Budapest eingerichtet, denen später noch eine Zweigstelle der Wiener Anstalt in Steyr folgte, die aber.dieselben Stempel wie Wien benutzte. Auch das neue Gesetz kennt die drei Stufen des Beschusses von Flintenläufen. Die rohen Läufe unterlagen dem ersten Beschuss, die zusammengelegten Läufe von Doppelflinten und kombinierten Gewehren (Büchsflinten, Drillinge) dem zweiten Beschuss, die fertigen Gewehre sowie alle Faustfeuerwaffen dem dritten Beschuss. Eine Doppelflinte oder kombinierte Waffe trug nach dem vollständigen Beschuss die Stempel aller drei Beschüsse, eine einläufige Flinte den des ersten und dritten Beschusses, eine Faustfeuerwaffe nur den des dritten Beschusses. Alle Läufe, die den Beschuss nicht fehlerfrei überstanden, wurden unbrauchbar gemacht. Diejenigen, welche ihn überstanden, wurden außer den Beschussstempeln noch mit dem Laufdurchmesser in mm und

Zehntel-Millimeter und nach dem dritten Beschuss noch mit der Nummer des Beschusses im Protokollbuch gestempelt.

Jede dieser Beschussstufen besteht aus einem Schuss mit verstärkter Ladung feinkörnigen österreichischen Jagd- und Scheibenpulvers Nr. 1 und für die ersten beiden Stufen einem Bleizylinder, für die dritte einer Schrotladung des vorgeschriebenen Gewichts. Der erste Beschuss soll den doppelten Druck der Gebrauchsladung entwickeln; der zweite soll den Druck der Gebrauchsladung um zwei Drittel übertreffen und der dritte um ein Drittel. Beim ersten und zweiten Beschuss werden die Läufe hinten mit einem provisorischen Bolzen verschlossen, beim dritten muss die Waffe gebrauchsfertig vorgestellt werden. Als Beispiel für österreichische Beschussladungen jener Zeit geben wir hier die Ladungen für einen Lauf Kaliber 16:

1. Beschuss 9,6 g Schwarzpulver und 57,6 g Blei (Zylinder)
2. Beschuss 8,0 g Schwarzpulver und 48,0 g Blei (Zylinder)
3. Beschuss 6,4 g Schwarzpulver und 38,4 g Blei (Schrot)

Wobei die Gebrauchsladung als 4,5 g bis 5 g Schwarzpulver und 30 g Schrot angenommen wurde.

Wenn man diese Beschussladungen mit den englischen und belgischen vergleicht, so erscheinen sie sehr gering. Die Österreicher behaupten aber, dass ihr feinkörniges Jagd- und Scheibenpulver Nr. 1 sehr offensiv war, und dass es so ziemlich die doppelte Stärke des früher verwendeten grobkörnigen Beschusspulvers hatte, zudem wäre es bedeutend offensiver, als das in anderen Ländern zum Beschuss verwendete Pulver, und verbrenne sogar in sehr starken Ladungen viel regelmäßiger.

Ein besonderer Beschuss für gezogene Läufe bestand nicht. Diese wurden nach denselben Regeln wie glatte Läufe beschossen.

Ebenso wie beim deutschen Gesetz fehlten Vorschriften für den rauchlosen Beschuss. Diese wurden durch ein im Österreichischen Reichsgesetzblatt vom 23. August 1899 Nr. 174 erschienenes Dekret des zuständigen Ministeriums ersetzt, das einen freiwilligen rauchschwachen Beschuss einführte. Der Gasdruck sollte 50% über dem der Schwarzpulver-Gebrauchsladung liegen. Sollte dieser Druck wirklich jemals erreicht worden sein, so stellt er einen sehr scharfen Beschuss dar, besonders im Vergleich mit den sehr milden Schwarzpulverdrücken. Mit rauchschwachem Pulver beschossene Waffen erhielten einen besonderen Stempel, der aus einer Kombination der Buchstaben N und P und dem Anfangsbuchstaben der betreffenden Beschussanstalt bestand (siehe unten).

Gezogene Waffen für Mantelgeschosse wurden mit der stärksten Ladung des Gebrauchspulvers die in die Hülse hineinging und dem Gebrauchsgeschoss beschossen. Da die meisten mit rauchlosem Pulver geladenen Patronen ohnehin schon mit Pulver gefüllt waren, so kann man diese Art „Beschuss“ kaum als solchen ansehen. Die österreichische Militärverwaltung schrieb dann auch später den Beschuss der Mannlicher-Gewehre Modell 1895 mit Geradzugverschluss mit einem besonderen Pulver vor, von dem eine Ladung von 2,9 g hinter dem unvernickelten Stahlmantelgeschoss von 15,8 g einen Druck von 4000 at entwickelte. Dasselbe Pulver wurde dann auch für die in Steyr gefertigten Mannlicher- und Mannlicher-Schönauer-Jagdbüchsen verwendet, deren Beschuss also dem mit dem deutschen 4000-at-Pulver als gleichwertig zu erachten ist.

Die nach dem Gesetz des Jahres 1891 und dem zusätzlichen Dekret von 1899 im Gebrauch befindlichen Beschussstempel sind die auf den nächsten Seite abgedruckten. Hierbei muss man zur Unterscheidung mit nach dem Ersten Weltkrieg beschossenen Waffen im Auge behalten, dass die in Österreich befindlichen Beschussanstalten als Beschussstempel nach dem dritten Beschuss den zweiköpfigen Adler mit der Nummer der Beschussanstalt auf dem Brustschilde führten, und zwar:

Ferlach Nr. 1, Prag Nr. 2, Weipert Nr. 3 und Wien Nr. 4. Budapest ging auch hier eigene Wege und benutzte einen vollkommen anders aussehenden Stempel.

Österreich-Ungarische Beschussstempel

Nach dem Gesetz von 1891 und dem Zusatz-Dekret von 1899 im Gebrauch bis etwa 1928.

Ferlach Prag Weipert Wien Budapest*)

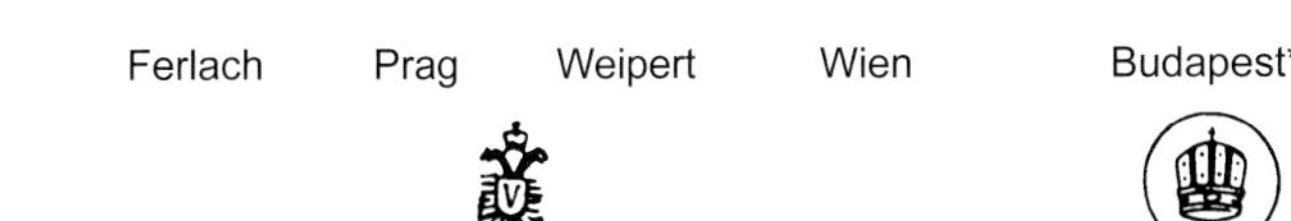

Vorratsstempel auf allen Im Handel befindlichen ungeprüften Waffen bei Einführung des Beschussgesetzes von 1891 anzubringen**). Derselbe ist bei den vier österreichischen Beschussanstalten gleich, nur bei Budapest abweichend.

Stempel für den ersten Beschuss.

Stempel für den zweiten Beschuss.

Stempel für den dritten Beschuss oder die ihn ersetzende Beschau der Waffe.

*) In Ungarn galt das ungarische Beschussgesetz vom 3. November 1891, Nr. XXXIV, das dem österreichischem fast gleichlautend ist. Es wurde erst im Jahre 1929 durch ein neues ungarisches ersetzt.

**) Im Gegensatz zu den deutschen Bestimmungen mussten aber die so gestempelten Waffen innerhalb eines Jahres doch noch zum Beschuss vorgestellt werden. So gestempelte Waffen waren also nur zeitweilig vom Beschuss befreit, nicht aber für immer.

Stempel für den rauchschwachen Beschuss.

Läufe mit Würgebohrung wurden in Österreich »NICHT FÜR KUGEL« und in Ungarn »NEM GOLYONAK« gestempelt. Bei rauchschwach beschossenen Gewehren wurde auch das Geschossgewicht aufgeschlagen.

Die Nachfolgestaaten

Als das alte Österreich-Ungarn nach dem Ersten Weltkrieg sich in seine Bestandteile Deutsch-Österreich, die Tschechei und Ungarn auflöste (Jugoslawien fällt für uns hier aus, da es kein Beschussgesetz hat), behielt jeder dieser drei Teile für das erste die alten Beschussmarken bei. Später änderten sich die Beschussstempeln, zu deren Betrachtung wir jetzt übergehen wollen.

Österreich

Im neuen Österreich behielt man das Beschussgesetz von 1891 bei, änderte nur die Ausführungsbestimmungen, was durch eine gemeinsame Verfügung des Handels- und Finanzministeriums und des Reichskanzlers geschehen konnte, ohne dass die Notwendigkeit bestand, dazu die schwerfällige Parlamentsmaschine in Gang zu setzen. Die neuen Bestimmungen erschienen am 14. August 1929 und traten schon am 1. September 1929 in Kraft. Der Beschuss ist hierbei in zwei Teile, einen vorläufigen und einen endgültigen Beschuss geteilt. Der vorläufige Beschuss ist jetzt eine reine Materialprüfung, um die im Material fehlerhaften Läufe noch während der Bearbeitung auszuschalten und so einen unnützen Aufwand an Zeit und Arbeitskraft zu vermeiden. Der endgültige Beschuss findet am weißfertigen Gewehr statt, die Läufe fertig basküliert, Schloss und Basküle montiert und die Waffe, bis auf die Brünierung und eventuelle Gravierungen, gebrauchsfertig.

Der vorläufige Beschuss wird folgendermaßen ausgeführt:
Langwaffen: Die rohen Läufe werden mit der den Tabellen entnommenen Beschussladung beschossen. Die für einläufige Gewehre bestimmten haben damit ihren vorläufigen Beschuss absolviert und werden dementsprechend gestempelt. Diejenigen Läufe aber, die für doppel- oder mehrläufige Waffen bestimmt sind, werden nach der Verbindung und Lötung in weißfertigem Zustand einem zweiten vorläufigen Beschuss unterworfen. Dessen Ladungen sind in derselben Tabelle festgelegt. Erst nach Bestehen dieses Beschusses erhalten sie den Beschussstempel des vorläufigen Beschusses. Die Läufe für Flobertgewehre werden keinem vorläufigen Beschuss unterworfen, sondern nur einmalig mit der Ladung des endgültigen Beschusses. Der Durchmesser des Laufes wird in mm und Zehntelmillimeter in die Akten der Beschussanstalt aufgenommen.

Faustfeuerwaffen: Die Läufe der Faustfeuerwaffen unterliegen nicht dem vorläufigen Beschuss. Sie werden nur einmalig und endgültig beschossen, nachdem sie vollkommen gebrauchsfertig sind.

Die rohen vorläufig beschossenen Läufe erhalten diesen Stempel. Der Stempel für Wien wird auch für die Zweigstelle Steyr benutzt. Für Läufe für einläufige Flinten bedeutet dieser Stempel, dass sie den vorläufigen Beschuss überstanden haben, auf solchen für doppel- oder mehrläufige Waffen nur die erste Stufe des vorläufigen Beschusses.

Ferlach	Wien

Stempel für die zweite Stufe des vorläufigen Beschusses von Läufen für doppel- und mehrläufige Gewehre. Es wird kein Unterschied zwischen glatten und gezogenen Läufen gemacht, nur die Ladungen stehen in einer anderen Tabelle.

Was nun den endgültigen Beschuss mit Schwarzpulver anbetrifft, so ist Folgendes zu beachten:

Flinten werden im internationalen Gasdruckmesser mit Ladungen beschossen, die im Patronenlager einen mittleren Druck von 620 kg/cm^2 entwickeln. Die österreichischen Pulver und Schrotladungen sind niedriger als die belgischen, aber entwickeln doch denselben Druck.

Gezogene Gewehre für den Gebrauch von Schwarzpulver werden mit einem Überdruck von 30% über dem Druck der Gebrauchsladung beschossen. Revolver werden ebenso mit 30% Überdruck mit einem Schuss in jedem Lager der Kammer beschossen. Als Basis dient dabei die stärkstgeladene Patrone die überhaupt in das Patronenlager eingeführt werden kann. Flobertgewehre werden nur einmalig endgültig beschossen und zwar mit der längsten Patronenhülse, die sich in das Lager einführen lässt, und die bis oben voll mit Pulver gefüllt wird sowie dem Gebrauchsgeschoss.

Flinten, die für den Gebrauch von rauchschwachem Pulver bestimmt sind, müssen erst den endgültigen Schwarzpulverbeschuss durchmachen und werden dann einem weiteren Beschuss mit einer rauchschwachen Beschusspatrone unterworfen, deren Druck im Patronenlager bei Kaliber 16 oder größeren Kalibern mindestens 900 kg/cm^2 und bei kleineren Kalibern mindestens 1000 kg/cm^2 beträgt.

Gezogene Gewehre für rauchschwaches Pulver werden mit rauchschwachem Beschusspuiver beschossen, das den üblichen Überdruck von 30% über den der Gebrauchsladung entwickelt.

Revolver werden mit je einem Schuss mit rauchschwachem Beschusspulver in jedem Patronenlager der Trommel beschossen. Der dabei entwickelte Druck muss den der stärksten Gebrauchsladung um 30% übertreffen.

Selbstladepistolen werden mit drei Beschusspatronen, deren Druck 30% über dem der Gebrauchsladung liegt, beschossen.

Ferlach

Derselbe Adler mit Ziffer 1 auf dem Brustschild

Wien

Alle Waffen, die den endgültigen Beschuss mit Schwarzpulver aushalten, erhalten diesen Stempel, unabhängig davon, ob sie glatte oder gezogene Läufe haben und ob diese lang oder kurz sind.

Ferlach

Wien

Stempel der den rauchlosen Beschuss der betreffenden Waffe anzeigt und neben den anderen aufgeschlagen wird. Zu beachten ist hierbei, dass der endgültige Beschussstempel der Wiener Beschussanstalt die Ziffer „2“ trägt, ebenso wie der der Beschussanstalt in Prag. Neben diesen obligatorischen Beschüssen kann jeder Einsender verlangen, dass seine Waffe einem verstärkten Beschuss mit rauchschwachem Pulver unterworfen werde. So beschossene Läufe erhalten den PV Stempel.

Aus dem Ausland, also auch aus Deutschland, eingeführte Waffen, die nicht einen von der österreichischen Regierung anerkannten ausländischen Beschussstempel tragen, müssen einem neuen Beschuss in einer österreichischen Beschussanstalt unterworfen werden und werden dann mit dem Stempel Ⓕ bezeichnet.

Aus dem Auslande eingeführte **Läufe**, die keine anerkannten ausländischen Beschussstempel tragen, müssen, bevor sie zu weiterer Verarbeitung in Österreich zugelassen werden, in einer österreichischen Beschussanstalt beschossen werden. Sind sie für einläufige Flinten bestimmt, so müssen sie dem ersten, wenn für doppel- oder mehrläufige Waffen dem ersten und zweiten vorläufigen Beschuss unterworfen werden. Fertige, aus dem Ausland eingeführte Gewehre, die aber nur dem vorläufigen Beschuss der **Läufe** unterworfen worden sind, werden in Österreich nur dem endgültigen Beschuss unterworfen. Sie werden dann mit dem Stempel Ⓕ versehen.

Sollten sie aber keinen Beschussstempel tragen, der ihren vorläufigen Laufbeschuss bestätigt, so müssen sie, bevor sie zum endgültigen Beschuss zugelassen werden, einem zusätzlichen Beschuss mit der Ladung des zweiten vorläufigen Beschusses unterworfen werden.

Nach erfolgtem vorläufigen Beschuss werden alle so beschossenen Läufe auf der unteren Verbindungsschiene beider Läufe mit der Beschussnummer gestempelt. Nach bestandenem endgültigen Beschuss wird die Beschussnummer auf der rechten unteren Seite jeden Laufes geschlagen. Ebenso wird auf der Unterseite jedes Laufes sein Mündungsdurchmesser geschlagen. Auf Waffen, die bereits eine Fabriknummer tragen, wird vom Schlagen der Beschussnummer Abstand genommen.

Glatte Läufe mit Würgebohrung werden auf der unteren rechten Seite „CHOKE“ gestempelt und alle Läufe für Hülsen über 65 mm Länge werden mit dem Kaliber und der Hülsenlänge gestempelt, zum Beispiel 12/70.

Das Beschussgesetz vom Jahre 1940

Das deutsche Beschussgesetz vom 7. Juni 1939 trat für Österreich und das Sudetenland am 1. Juni 1940 in Kraft. Wir verweisen den Leser auf die unter Deutschland gegebene Beschreibung der in Betracht kommenden Bestimmungen und Beschussstempel und begnügen uns hier, nur die Teile des Gesetzes vom 7. Juni 1939, die in Österreich eingeführt wurden, anzuführen.

Es waren:

a) die Beschussordnung vom 7. März 1940;
b) die Bekanntmachung der Mindestzugbreiten für die Gasdruckermittlung von Büchsenpatronen vom 20. März 1940;
c) die Bekanntmachung über Maßtafeln für Handfeuerwaffen und Patronen vom 10. April 1940
d) die Anordnung über die Bildung eines Beschussrates vom 22. Januar 1940.

Die obrigkeitlich bestätigten Beschussämter und ihre Amtszeichen waren:

Ferlach, das wie früher das Wappen von Kärnten führte (siehe oben).

Wien, sein Stadtwappen wie früher (siehe oben).

Weipert, gleichfalls wie früher.  (Über die in Weipert vor 1940 und nach 1945 geführten Stempel siehe unter Tschechei.)

Österreichische Beschussmarken 1945 bis 1951

Im Jahre 1945 beschloss die österreichische Regierung seine neuen Beschussmarken dem Geiste der Zeit anzupassen. Das deutsche Beschussgesetz von 1939 – in Österreich 1940 eingeführt – wurde aufgehoben und das alte Gesetz von 1929 wieder eingeführt, wobei es allerdings etwas vereinfacht und die Beschussstempel teilweise abgeändert wurden.

Die Beschussstempel für den ersten vorläufigen Beschuss, der für den rauchschwachen Beschuss und der für den verstärkten Beschuss mit rauchschwachem Pulver blieben dieselben. Der zweite vorläufige Beschuss wurde abgeschafft und für mehrläufige Waffen durch den ersten ersetzt und der frühere dritte, endgültige Schwarzpulverbeschuss wurde jetzt der zweite und ebenso endgültige. Sein Stempel – der doppelköpfige Adler mit dem Nummernschild auf der Brust – blieb derselbe. Nur musste er sich eine totale Veränderung im marxistischen Sinne gefallen lassen. Er bekam jetzt Hammer und Sichel in die Fänge und verlor definitiv seinen Kopfschmuck.

Die in dieser Zeit in Gebrauch befindlichen Beschussstempel waren also:

Ferlach Wien

Für Waffen, die den ersten oder vorläufigen Beschuss überstanden haben. Es ist dies derselbe Stempel wie er schon im Gesetz von 1929 vorgesehen war.

Stempel für Waffen, die den zweiten oder endgültigen Beschuss mit Schwarzpulver überstanden haben. Wird hinten auf dem Lauf und allen wichtigen Teilen aufgeschlagen.

Stempel für rauchschwachen Beschuss, derselbe wie 1929.

Stempel für verstärkten Beschuss mit rauchschwachem Pulver. Derselbe wie 1929.

Das Beschussgesetz von 1951

Das neue österreichische Beschussgesetz vom 13. Juni 1951 trat am 1. Juli desselben Jahres in Kraft. Seine Ausführungsbestimmungen erschienen am 27. Oktober 1951. Obgleich das Gesetz selbst sehr kurz gehalten ist, sieht man ihm doch die Patenschaft des deutschen Gesetzes von 1939 an. Die Bestimmungen des neuen Gesetzes sind natürlich auch denjenigen der Brüsseler Abmachung von 1914 angeglichen. Eine der interessantesten Bestimmungen ist die, dass der Beschusspflicht alle im Lande befindlichen Waffen unterliegen, die keinen von der österreichischen Regierung anerkannten ausländischen Beschussstempel tragen. Diese Verfügung richtet sich speziell gegen die große Zahl von ausländischen Waffen, die während der Besatzungszeit aus dem Ausland, und besonders aus Ländern die kein Beschussgesetz haben, wie Russland, Polen, Rumänien, Jugoslawien etc. eingeführt worden sind, unter denen sich wohl auch nicht wenige verbotene Waffen befinden. Eine andere interessante Verfügung ist die, dass auch ordnungsgemäß beschossene Waffen nach einer gewissen Anzahl von Jahren, deren Zahl allerdings noch nicht festgesetzt ist, einem neuen Beschuss unterliegen. Dies ist eine sehr vernünftige Verfügung, da sie dazu beitragen würde, die alten immer noch im Verkehr befindlichen Schwarzpulverwaffen, die teilweise durchaus zu einer öffentlichen Gefahr geworden sind, aus dem Verkehr zu ziehen. Leider sind diese Verfügungen des deutschen Gesetzes nicht in das neue übernommen worden – oder sollte es bereits in der kurzen Wirkungszeit des deutschen Gesetzes gelungen sein, alle diese Waffen zu erfassen? Das Gesetz selbst und seine Ausführungsverordnung scheinen sich dieses Mangels durchaus bewusst zu sein. Es werden nur erwähnt: „Flintenläufe" die für das Verfeuern von Patronen mit rauchlosem Pulver bestimmt sind, sind mit einem Schuss Schwarzpulver und zwei Schuss rauchlosem Pulver (beim Endbeschuss) zu beschießen. Für Flintenläufe ist außerdem noch ein Vorbeschuss vorgeschrieben, der mit einem Schuss Schwarzpulver auszuführen ist, wobei der Druck auf Messstelle 1 des internationalen Gasdruckmessers 800kg/cm^2 ergeben muss. An derselben Stelle muss der Druck des Endbeschusses für mit Schwarzpulver zu beschießende Flintenläufe 700 kg/cm^2 betragen und für Läufe, die mit rauchschwachem (im Gesetz rauchlos genannt) Pulver beschossen werden, von 900 und 1000 kg/cm^2 je nachdem, ob der Lauf Kaliber 16 oder größer, oder aber von kleinerem Kaliber ist.

Sehr vernünftig ist auch die Bestimmung, dass zu den die Sicherheit beeinträchtigenden Mängeln, die eventuell zur Rückgabe ohne Beschusszeichen führen können, auch die Lötung mit schwer schmelzbaren Loten, Schweißstellen an hochbeanspruchten Teilen und das unbeabsichtigte Auslösen des Schlosses gehören. Als Veränderungen und Instandsetzungen, die eventuell zur Folge haben können, dass die Waffe erneut zum Endbeschuss vorgelegt werden muss, gehört auch die Schwächung durch Anbringen eines Zielfernrohrs, Veränderungen am Patronenlager oder der Laufbohrung und Änderung an der Festigkeit des Werkstoffes durch nachträgliche Wärmebehandlung. Man will damit nach Möglichkeit der Pfuscharbeit entgegensteuern.

Der Beschuss von Zentralfeuer-Büchsenläufen und Selbstladepistolen erfolgt mit zwei Schuss rauchlosen Pulvers. Alle anderen Waffen, für die rauchlose Patronen im Handel sind, werden mit einem Schuss rauchlosen Pulvers beschossen, sonst mit einem Schuss Schwarzpulver.

Die Beschussstempel nach dem neuen Gesetz sind dieselben wie unter der Verfügung vom Jahr 1945 und ihre Anwendung dieselbe, sodass es sich hier erübrigt, sie nochmals anzuführen.

Ebenso wie das deutsche, belgische und spanische Gesetz sieht auch das neue österreichische eine Prüfung von Flintenpatronen auf Funktionssicherheit, Höchstgasdruck, Maßhaltigkeit, Kennzeichnung und Verpackung vor.

Die Beschussämter sind ferner ermächtigt, im Rahmen ihres schießtechnischen Versuchsdienstes Handfeuerwaffen und Schießmittel aller Art zu prüfen sowie physikalisch-technische Untersuchungen auf dem Gebiete des Schießwesens vorzunehmen.

Ergänzung

Das Beschussgesetz von 1958 wurde am 9. Mai 1958 und am 12. Februar 1962 durch Verordnungen erweitert. Danach werden alle Feuerwaffen und alle mit Treibladungskartuschen betätigten Werkzeuge der Beschussprüfung unterzogen. Darin sind eingeschlossen: Signalwaffen, Viehbetäubungsgeräte, Bolzensetzwerkzeuge, Kabelabschneider und Einsteckläufe. Ausgenommen sind lediglich Geräte, in denen ausschließlich Knallpatronen verfeuert werden können, und antike Waffen. Seit 1962 sieht die Prüfordnung vor, dass an Stelle des Vorbeschusses eine zerstörungsfreie Werkstoffprüfung treten kann (wie bespielsweise Magnaflux oder Röntgen). Bei Flinten mit Patronenlagern über 70 mm muss der Beschussdruck 100 kp/cm^2 über dem normalen Beschussdruck liegen.

Der verstärkte Beschuss von Flinten $\overset{P}{V}$ muss mit mindestens 1200 kp/cm^2 durchgeführt werden.

Beim Beschuss von Zentralfeuerbüchsen, deren Patronen einen höchstzulässigen Gebrauchsgasdruck von 3300 kp/cm^2 und mehr haben, weicht man von den üblichen 30% Überdruck ab. Diese Waffen werden mit Ladungen beschossen, deren Druck 1000 kp/cm^2 über dem Druck der stärksten Gebrauchspatrone liegt. Wer Waffen zum Beschuss vorlegt, deren Patronen dem Beschussamt nicht bekannt sind, muss alle notwendigen Munitionsdaten, wie handelsübliche Ladung und Höchstgasdruck usw., mitliefern. Außerdem muss er dem Beschussamt Gebrauchspatronen oder Ladekomponenten stellen.

Jede zum Beschuss vorgelegte Waffe muss eine Kennzeichnung tragen, aus der Hersteller, Kaliber und Stahlqualität hervorgehen.

2. Ergänzung

Auch in Österreich wurde das Beschusswesen weiterhin mehrfach ergänzt. Im Einzelnen waren es die Beschussverordnungen vom 30. August 1977, die Patronenprüfordnung vom 29. Februar 1980, die 2. Beschussgesetznovelle von 1984, die Beschussverordnungen von 1985 und 1988 und die Verordnungen von 1999 über die Erprobung von Handfeuerwaffen und Munition, sowie die Errichtung von Beschussämtern und über die Beschusszeichen und Prüfzeichen der Munition.

Rückgabe der Waffen **V** **F**

Verstärkter Beschuss für Waffen mit glatten Läufen (fakultativ)

Munitionsprüfung

Prüfung bestimmter Handfeuerwaffen und tragbarer Schussapparate

Beschuss mit „Stahlschrot“ für Waffen mit glatten Läufen

Ungarn

Für die bis zum Jahr 1928 in Ungarn gültigen Beschussstempel siehe Österreich-Ungarn. In diesem Jahr wurden neue Beschussstempel eingeführt, die wir hier anführen und die noch heute in Gebrauch sein sollen. Näheres über die Bedingungen ihres Gebrauches war nicht festzustellen, doch sind diese wohl den allgemein angenommenen internationalen gleich.
Die Beschussstempel sind folgende:

Beschuss der rohen Läufe*)

Beschuss der weißfertigen Läufe von mehrläufigen Waffen*)

Obligatorischer Endbeschuss mit Schwarzpulver

Rauchschwacher Beschuss aller Waffen

Nem Golyonak (Nicht für Kugel) wird auf Würgebohrungsläufe aufgeschlagen. In derartigen Läufen dürfen nur die speziell für Würgebohrungsläufe hergestellten Geschosse verwendet werden.

1057/28 Die Nummer des Beschusses und das Jahr. In diesem Fall: Beschussnummer 1057 und das Jahr 1928.

1026,8 Das Laufgewicht in Gramm und Zehntelgramm – hier $1026\,^{8}/_{10}$ g.

17,5 Laufdurchmesser in mm und Zehntelmillimeter, hier $17^{1}/_{2}$ mm, nach den internationalen Bestimmungen zwischen 15 cm und 22 cm vor der Basküle gemessen.

*) Beschüsse sind freiwillig

Zusammenfassung

Alle in Österreich, der Tschechei oder Ungarn für den Gebrauch von rauchschwachem Pulver beschossenen Waffen müssen einen aus dem Buchstaben N und dem Anfangsbuchstaben der betreffenden Beschussanstalt bestehenden Stempel tragen. Die nach den Beschussgesetzen von 1928/31 und später beschossenen Waffen sind, falls gut erhalten, ohne Weiteres als zum Gebrauch deutscher rauchschwacher Munition in den betreffenden Hülsenlängen als brauchbar anzusehen. Diese können leicht an ihren Beschussmarken erkannt werden. Unter den älteren Waffen werden sich wohl auch noch viele gebrauchsfähige finden, doch wäre es durchaus empfehlenswert, sie vor der Ingebrauchnahme mit rauchschwachem Pulver von einem erfahrenen Büchsenmacher untersuchen* zu lassen und im Zweifelsfall lieber nochmals in Deutschland beschießen zu lassen.

Nachtrag beziehungsweise Richtigstellung der ungarischen Beschussstempel

Nach dem Österreich-ungarischen Ausgleich von 1867 war Ungarn ein unabhängiger Staat, dessen König der österreichische Kaiser war. Diese Unabhängigkeit zeigte sich zuerst in den Formalitäten. Daher kommt es, dass das ungarische Beschussgesetz dem österreichischen fast gleichlautend ist, aber die Beschusszeichen abweichend sind.

1. Das ungarische Beschussgesetzes wurde am 2. November 1891 sanktioniert.
2. Dieses Gesetz trat am 18. Mai 1892 in Kraft und blieb es grundsätzlich bis 1971.
3. Die Ausführungsbestimmungen des ungarischen Handelsministers mit der Nummer 27290/1892, änderten sich im Jahre 1928. Die neue Verfügung des Handelsministers – Nummer 89718/1928 – trat am 10. Juli 1928 in Kraft. Beschuss nach Vorschriften der C.I.P. /
4. Die Zeichnung der ungarischen Krone ist vollkommen anders aussehend, wie im Artikel.

a. Die Zeichnung des Vorratsstempels in der Verfügung:

 und in Wirklichkeit: 

aber ohne Buchstaben „K“

b. Die Zeichnung des Stempels für den Endbeschuss in der Verfügung:

und in Wirklichkeit: 

5. Der zusätzliche Stempel für den rauchschwachen Beschuss war: FN
Diese Buchstaben sind Anfangsbuchstaben der Worte: „**f**üst **n**elküli“, was „rauchlos“ bedeutet.

Anstatt der Krone im Punkt 4b wurden von 1957 bis 1971 folgende Zeichen angebracht:

2. Nachtrag

Ungarn ist bereits im Jahre 1928 der C.I.P. beigetreten. Zum 1. April 1971 trat eine neue Beschussverfügung in Kraft. Sie beruht auf der Kollektivverordnung 9/1970XII.24/BM-KGM. Danach folgten die Kollektivverordnungen Nummer 1/1977, 5/1982, 115/1991, 14/1991, 64/1996 und 65/1996. Seither werden die folgenden Beschusszeichen verwendet:

Vorbeschuss (freiwillig)

Endbeschuss der weißfertigen oder lieferfähigen Waffen

Wiederholungsbeschuss

Verstärkter Beschuss

Munitionskontrolle

Beschuss von Signalwaffen.
Beschuss von Alarmwaffen, Startpistolen, Gaswaffen
Beschuss von Gas- oder Druckluftwaffen,
die Kartuschen oder eine Munition mit einer
Geschossenergie unter 7,5 Joule verwenden.

Prüfung bestimmter Handfeuerwaffen
und tragbarer Schussapparate

Endbeschuss mit Schwarzpulver ab 1996

Beschuss mit „Stahlschrot“ von Waffen mit glatten Läufen

Tschechoslowakei

Bis zum Jahre 1931 benutzten die beiden tschechoslowakischen Beschussanstalten Prag und Weipert die alten österreichisch-ungarischen Beschussstempel weiter. Allerdings gibt es deutsche, durchaus vertrauenswürdige Quellen, die behaupten, dass schon 1928 der Beschussstempel des dritten Beschusses – der doppelköpfige Adler mit der Nummer 2 für Prag und 3 für Weipert auf dem Brustschild – durch den böhmischen, doppelschwänzigen Löwen mit den Zahlen 1 und 2 ersetzt wurde. Doch ist es dem Verfasser nicht gelungen, darüber amtliche Belege zu erhalten. Die beiden Stempel sind nach den Abbildungen der von Goddard verfassten kleinen Schrift über europäische Beschussstempel hier beigefügt.

Prag Weipert

Für genauere Nachrichten über ihre Verwendung wäre der Verfasser dankbar.

Das heute noch in Kraft befindliche tschechoslowakische Beschussgesetz datiert vom 17. Dezember 1931 und trat am 1. Januar 1932 in Kraft. Seine Ausführungsbestimmungen datieren vom 22. Dezember 1931. Die vielleicht wichtigste Bestimmung ist, dass alle Waffen, in denen rauchschwaches Pulver verwendet werden kann, auch mit diesem zu beschießen sind. Mit Schwarzpulver findet nur der vorläufige Beschuss der rohen Läufe und der endgültige Beschuss derjenigen Waffen statt, die wegen ihrer schwachen Konstruktion oder aus anderen Gründen nicht mit rauchschwachem Pulver gebraucht werden können. Gezogene „zum Gebrauch von rauchschwachem Pulver und Mantelgeschossen bestimmte Waffen“ müssen auch mit diesen beschossen werden.

Der Beschuss von Flintenläufen besteht erstens aus dem freiwilligen Beschuss der rohen Läufe mit Schwarzpulver mit einem Mindestdruck von 1100 kg/cm^2, dem zweiten, obligatorischen Beschuss mit Schwarzpulver der weißfertigen und im Falle von für mehrläufige Waffen bestimmten, schon zusammen gelegten Läufe, unter einem Mindestdruck von 800 kg/cm^3, einem dritten obligatorischen Beschuss der fertigen, aber noch nicht brünierten Waffe mit Schwarzpulver unter dem internationalen Normaldruck von 620 kg/cm^3 und schließlich, für alle Waffen die den dritten Beschuss ausgehalten haben, noch ein obligatorischer vierter Beschuss mit rauchschwachem Pulver unter einem Minimaldruck von mindestens 1000 kg/cm^2 mit Hülsen von 65 mm Länge. Bei längeren Hülsen wird der Druck prozentual erhöht. Selbstladeflinten werden mit zwei Schuss beschossen, davon der erste mit der Ladung des freiwilligen, vorläufigen Beschusses, der zweite mit einer normal geladenen Gebrauchspatrone. Bei diesem Beschusssystem sieht man eigentlich den Zweck des dritten Beschusses mit Schwarzpulver nicht recht ein und so könnte dies Nachbleibsel des alten österreichischen Beschusses auch ruhig verschwinden.

Gezogene Waffen werden nur mit rauchschwachem Pulver beschossen; nur diejenigen, die nur für den Gebrauch von Schwarzpulver bestimmt sind, werden auch damit beschossen. Der Beschuss findet mit drei Schuss statt, wovon die ersten beiden einen Überdruck von 30% über dem der Gebrauchsladung haben, der dritte aus einer Gebrauchspatrone besteht. Bei nur mit Schwarzpulver beschossenen Waffen fällt der zweite Schuss mit der Beschusspatrone weg, die sonstigen Bedingungen sind dieselben. Flobertwaffen bis zum Kaliber 9 mm werden mit nur einem Schuss beschossen. Die Beschussladung ist die Gebrauchshülse voll Schwarzpulver. Die Ladung darf in keinem Falle 1 g Pulver und 8 g Schrot übersteigen.

Selbstladepistolen werden mit zwei Schuss rauchschwachen Pulvers beschossen, die beide einen Überdruck von 50% über der Gebrauchsladung entwickeln. Die Waffen müssen gebrauchsfertig zum Beschuss eingeliefert werden. Revolver für Schwarzpulver werden mit je einem Schuss in jedem Lager der Trommel beschossen, wobei die Hülse mit Schwarzpulver gefüllt wird und das Gebrauchsgeschoss benutzt wird. Der Überdruck muss 30% betragen.

Für rauchschwache Treibmittel bestimmte Revolver werden mit diesem, bei einem Überdruck von 50% beschossen.
Die nach dem Gesetz vom Jahre 1931 eingeführten tschechischen Beschussstempel sind:

Freiwilliger Beschuss der rohen Läufe, erster Beschuss genannt.

Zweiter obligatorischer Beschuss der weißfertigen Läufe mit Schwarzpulver. Läufe für mehrläufige Waffen müssen schon zusammengelegt sein.

Dritter, obligatorischer Beschuss mit Schwarzpulver unter internationalen Bedingungen. Dieser Stempel wird auch benutzt zur Stempelung von gezogenen Lang- oder Faustfeuerwaffen, die nur zum Gebrauch mit Schwarzpulver bestimmt sind und bedeutet dann den endgültigen Beschuss von Flinten.

Stempel für den obligatorischen rauchschwachen Beschuss von Flinten, auch vierter Beschuss genannt.

Stempel für den obligatorischen rauchschwachen Beschuss gezogener Lang- und Faustfeuerwaffen.

Außer den angegebenen Stempeln tragen alle ordnungsgemäß geprüften Waffen noch die Kaliberbezeichnung und die Protokollnummer der Beschussanstalt.

Die angegebenen Beschussstempel gelten sowohl für die Beschussanstalt in Prag, als auch für Weipert von 1931 bis 1938, nur tragen die in Weipert beschossenen Waffen über dem Beschussstempel noch einen Stern.

In den Jahren 1938 bis 1945 benutzte die Beschussanstalt in Weipert die deutschen Beschussstempel der Gesetze von 1891 und 1939. 1945 ging die Beschussanstalt ein und es soll eine neue in Brno (Brünn) errichtet worden sein. Genaueres darüber festzustellen, war nicht möglich.
Sonst wurden die oben angegebenen tschechischen Beschussstempel nach 1945 wieder eingeführt und werden auch heute noch, soweit bekannt, weiterbenutzt.

Ergänzung:
Zur besseren Übersicht werden nachfolgend die tschechischen Beschusszeichen nach den jeweiligen Zeitabschnitten nochmals abgebildet.

Waffenart		Prüfungsart	Pulversorte	Zeitraum 1891–1899 Prag	1891–1899 Weipert	1899–1919 Prag	1899–1919 Weipert	1919–1931 Prag	1919–1931 Weipert	1931–1939 Prag	1931–1939 Weipert	1940–1945 Prag	1940–1945 Weipert	1945–1955 Prag	1946–1952 Brünn	1955–1962 Prag	ab 1962 Prag
einfache Läufe		obligatorisch	Schwarzpulver								Stempel wie bei Prag, aber mit Stern ✶		Stempel nach Richtlinien des 3. Reiches		Stempel wie bei Prag, aber mit Stern ✶ oder ✡		
einfache Läufe		freiwillig	Schwarzpulver									P1					
doppelte Läufe		obligatorisch	Schwarzpulver									P2					
doppelte Läufe		freiwillig	Schwarzpulver ab 1962 nach Bel.														
Jagdflinten	Schwarzpulver	obligatorisch	Schwarzpulver														
Jagdflinten	Schwarzpulver	freiwillig	Schwarzpulver														
Jagdflinten	rauchloses Pulver	obligatorisch	Nitropulver							N		N		N		N	
Jagdflinten	rauchloses Pulver	freiwillig	Nitropulver			NP	NW	NP	NW								
Jagdflinten	Endbeschuß	obligatorisch	nach Belieben														N
Jagdbüchsen	Schwarzpulver	obligatorisch	Schwarzpulver														
Jagdbüchsen	rauchloses Pulver	obligatorisch	Nitropulver														
Jagdbüchsen	rauchloses Pulver	freiwillig	Nitropulver			NP	NW	NP	NW								
Revolver		obligatorisch	Schwarzpulver														
Revolver		freiwillig	Nitropulver			NP	NW	NP	NW								
Revolver		obligatorisch	Nitropulver														

Waffenart	Prüfungsart	Pulversorte	Zeitraum													
			1891–1899		1899–1919		1919–1931		1931–1939		1940–1945		1945–1955	1946–1952	1955–1962	ab 1962
			Prag	Weipert	Prag	Weipert	Prag	Weipert	Prag	Weipert	Prag	Weipert	Prag	Brünn	Prag	Prag
Pistolen	obligatorisch	Schwarzpulver					1	2								
	freiwillig	Nitropulver			NP	NW	NP	NW								
	obligatorisch	Nitropulver														
Kleinkaliberwaffen	obligatorisch	Schwarzpulver														
	obligatorisch	Nitropulver													N	
Flobertgewehre	obligatorisch	Schwarzpulver													N	N
Salonwaffen	obligatorisch	Schwarzpulver					1	2								N
Schußapparate	obligatorisch	im allg. rauchlos														
Gaswaffen u. Munition	obligatorisch														ČSR	ČSSR
andere Munition	obligatorisch														ohne Stempel	ČSSR

Zulassungsstempel für ausländische Waffen - Prag -

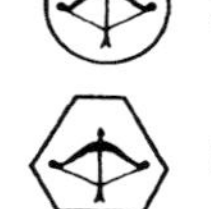

Zulassungsstempel für ausländische Waffen - Weipert -

2. Ergänzung

Die Tschechoslowakei ist im Jahre 1965 der C.I.P. beigetreten. Infolgedessen kamen ab 1988 die folgenden Beschusszeichen als Ergänzung hinzu.

Verstärkter Einzelbeschuss von Flinten

Zulassung von Handfeuerwaffen und Expansionsapparaten

Munitionskontrolle

Pulverkontrolle

Tschechische Republik

Nach der politischen Teilung der Tschechoslowakei in zwei Staaten, hat die Tschechische Republik ab 1993 die alten Beschusszeichen weiter verwendet. Lediglich das Zeichen für die Munitionskontrolle wurde von „CSSR“ in „CZ“ umgewandelt. Mit der Gesetzessammlung 288/1995 und der Verordnung 174/1997 wurde die Beschussordnung ergänzt.

Beschusszeichen:

Einzelbeschuss von Signalwaffen, Alarmwaffen
und Betäubungswaffen sowie sonstiger Expansionsgeräte

Munitionskontrolle von Gaswaffen

Einzelbeschuss von Vorderladerwaffen mit Schwarzpulver

Einzelbeschuss von Hinterladerwaffen mit glatten Läufen mit Schwarzpulver

Verstärkter Beschuss von Waffen mit glatten Läufen

Einzelbeschuss von Hinterladerwaffen mit gezogenen Läufen mit Nitropulver

Zulassung von Waffen und Expansionsapparaten

Munitionskontrolle

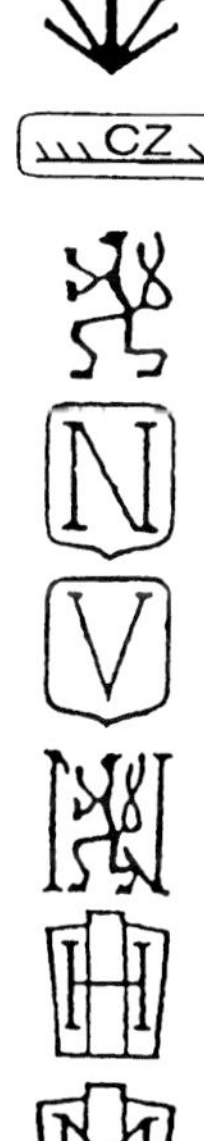

Pulverkontrolle

Wiederholungsbeschuss aller Handfeuerwaffen

Beschuss mit „Stahlschrot“ von Waffen mit glatten Läufen

Beschussamt Prag

Slowakische Republik

In der Mitgliederliste der C.I.P., Stand 31. Dezember 1996, wird die Slowakische Republik erstmals aufgeführt. Teilweise wurden die Erkennungsbuchstaben in den neu geschaffenen Beschussstempeln von der Tschechoslowakei und von der Tschechischen Republik übernommen. Es kamen aber auch neue Erkennungsbuchstaben hinzu.

Beschusszeichen:

Einzelbeschuss von Signalwaffen, Alarmwaffen und Betäubungswaffen sowie sonstiger Expansionsapparate

Einzelbeschuss von Vorderladerwaffen mit Schwarzpulver

Einzelbeschuss von Hinterladerwaffen mit Nitropulver

Verstärkter Beschuss von Waffen

Zulassung von Handfeuerwaffen und tragbarer Schussapparate

Munitionskontrolle

Pulverkontrolle

Beschuss mit „Stahlschrot“ von Waffen mit glatten Läufen

Jugoslawien

Im Jahre 1969 wurde in Kragujevac ein Beschussamt eingerichtet. Seit 23. Mai 1973 ist Jugoslawien auch Mitglied der C.I.P.
Die Ständige Internationale Kommission hat aber während der XXII. Vollversammlung festgestellt, dass die Sozialistische Republik Jugoslawien nicht mehr besteht und hat erklärt, dass die Beschusszeichen des Beschussamtes von Kragujevac ab 30. September 1992 von den Mitgliedsländern der C.I.P. nicht mehr anerkannt werden.

Beschusszeichen:

Endbeschuss mit Schwarzpulver – fertige Waffen

Endbeschuss mit Nitropulver – fertige Waffen

Verstärkter Beschuss mit Nitropulver – fertige Waffen

Zusatzstempel für beim Beschuss lieferfertige Waffen

Wiederholungsbeschuss mit Schwarzpulver

Wiederholungsbeschuss mit Nitropulver

Vorbeschuss für Einsteckläufe

Doppelter Vorbeschuss für Einsteckläufe

Dreifacher Vorbeschuss für Einsteckläufe

Vorbeschuss für Rohlinge (wahlweise) PT

Beschusszeichen

Beschussstempel für Verschlussteile

Zeichen für Gasdruckmesser

Beschusszeichen für ausländische Waffen UO

Stempel für Läufe, die ordnungsgemäß zusammengearbeitet sind

Nominalkaliber und Länge des Patronenlagers	12/70
Kontrollstempel	Ṡ
Monat und Jahr des Beschusses	0670
Angabe des Choke	CHOKE
Gewicht des Laufes	Kp
Prüfung bestimmter Handfeuerwaffen und tragbarer Schussapparate	
Munitionskontrolle	

Belgien

Die erste belgische Beschussordnung für Handfeuerwaffen wurde von Maximilian Heinrich von Bayern, Erzbischof von Köln und Fürst-Bischof von Lüttich am 10. Mai 1672 herausgegeben. Sie führte den obligatorischen Beschuss aller in Lüttich hergestellten oder dort eingeführten Handfeuerwaffen ein. Von dem Augenblick ihrer Einführung an durfte keine unbeschossene Waffe mehr verkauft werden. Der Beschuss selbst sollte in einem von der Stadt zu stellenden Lokal vorgenommen werden und jede Waffe, die den Beschuss bestand, sollte mit dem Wappen der Stadt – dem Perron – der noch heute in Gebrauch ist, gestempelt werden. Diese Verfügung stieß sofort auf den heftigsten Widerstand der Büchsenmacher-Innung. Diese, wie es auch fast in allen Fällen der Einführung von Beschussgesetzen oder Ordnungen in anderen Ländern geschah, sah es wohl gerne, dass durch die Einführung derartiger Verfügungen die Einfuhr von Feuerwaffen erschwert wurde. Auch mit der Kontrolle der Bestände der Waffenhändler fand sie sich ab – aber dass die von ihr hergestellten Läufe nun auch noch beschossen werden sollten, dazu noch in einem öffentlichen Lokal, nicht in ihren eigenen Geschäften, wie bisher – das war doch zu viel. Sie nahm den Kampf auf, der meistens im Nichtdurchführen der Verordnung bestand und erreichte schon im August eine praktische Abschwächung und schließlich im Jahre 1689 eine neue Verfügung, die einige der strittigen Punkte fast ganz aufgab. Aber damit gab man sich nicht zufrieden und der Kampf ging weiter, stumm aber verbissen. Erst die eiserne Hand Napoleons I. machte dem ein Ende, indem er für ganz Frankreich, zu dem damals auch das heutige Belgien gehörte, im Jahre 1810 ein Beschussgesetz einführte und auf seiner Anwendung bestand. Kaum war er gefallen, ging es von Neuem los, aber weder die holländische Regierung – Belgien bildete von 1815 bis 1830 einen Teil Hollands – noch die spätere belgische ließen sich von dem einmal erkannten richtigen Wege abbringen. 1810 wurde die neue Beschussmarke, die Buchstaben ELG im Oval, eingeführt.

Schließlich brachte das Gesetz vom 16. Juni 1853 Ruhe. Es führte den vorläufigen Annahmestempel  ein und auch der alte „Perron" kam wieder in Gebrauch. Der Perron wurde auf Läufe und Systeme von Perkussionsflinten geschlagen, nachdem sie systemiert und einer endgültigen Beschau unterworfen worden waren. Alle beschossenen Läufe, die den Beschuss überstanden, wurden mit der Marke ELG im Oval gestempelt. Dieses Gesetz brachte überhaupt die erste wirklich praktische Beschussordnung in Belgien zur Einführung, auf der das ganze belgische Beschusssystem der Jetztzeit beruht.

Alle in die Beschussanstalt eingelieferten Läufe werden zuerst auf ihren Zustand kontrolliert, dann wird ihr Kaliber gemessen und danach die Ladung bestimmt. Nach dem Beschuss werden sie nochmals inspiziert, wobei der Inspektor die für tauglich befundenen mit seinem Erkennungszeichen – einem  Buchstaben mit Stern – versieht, worauf sie mit dem vorläufigen Annahmestempel versehen werden. Sie werden dann fertig gemacht wieder zur Beschau vorgestellt und mit dem endgültigen Annahme-Stempel – ELG im Oval – versehen.

Danach muss eine ordnungsgemäß beschossene Steinschlossflinte folgende Stempel tragen:

a) die Kaliberbezeichnung und

b) den endgültigen Annahme-Stempel ELG im Oval.

Alle Perkussionswaffen und Hinterladewaffen (die frühe Erwähnung der Hinterlader ist auffallend – wie viele mag es damals gegeben haben?) müssen außer diesen beiden noch folgenden Stempel tragen:

c) den Perron.

Alle doppelläufigen Flinten müssen außerdem noch den vorläufigen Annahmestempel, richtiger wohl den des vorläufigen Beschusses, das verschlungene EL tragen. (Alle diese Stempel sind auch heute noch im Gebrauch und sind am Ende dieses Kapitels abgebildet.)

Eine Lefaucheux-Doppelflinte trug folgende Stempel:

a) den vorläufigen Beschussstempel für die einzelnen Läufe, das verschlungene EL,
b) den Stempel für endgültigen Beschuss der zusammengelegten und verlöteten Läufe, ELG im Oval,
c) nach dem Anpassen der Läufe, dem Baskülieren und Gebrauchsfertigmachen den Perron.

Die nächste Entwicklungsstufe war das Beschussgesetz vom 24. Mai 1888, das sich noch heute in Kraft befindet, aber in einzelnen Teilen durch das neue Gesetz vom 10. August 1923 abgeändert worden ist, nachdem schon vorher durch Verfügungen einige Änderungen eingeführt worden waren. Das belgische Gesetz sieht noch den Beschuss von Vorderlader-Gewehren und Pistolen vor und auch alle feinen Gewehre werden noch mit Schwarzpulver beschossen, denen auf Wunsch der Beschuss mit rauchlosem Pulver folgen kann – aber nicht muss. Da es in Deutschland wohl kaum noch jemanden geben wird, der Vorderlader-Gewehre braucht – und wenn, dann liest er diese Zeilen sicher nicht – so enthalte ich mich der Raumersparnis halber der Besprechung dieses Teils des Gesetzes. Gesagt sei nur, dass normal geprüfte Vorderlader die Marke 

ohne Krone tragen, während die mit einer verstärkten Ladung geprüften diese Marke nebst Krone tragen müssen. Ein belgisches Hinterladergewehr, dessen Lauf oder Basküle die Marke ELG ohne Krone trägt, stammt sicher aus der Zeit vor dem 11. Juli 1893, von welchem Datum an alle belgischen nach Deutschland exportierten Läufe diese Marke mit Krone tragen mussten, wenn sie ohne erneuten Beschuss eingeführt werden sollten. Am 18. Oktober 1898 wurde diese

Maßregel auf alle belgischen Läufe ausgedehnt, ausgenommen normal geprüfte Vorderlader. Der erste oder vorläufige Beschuss eines Laufes für Hinterlader findet statt mit einer Schwarzpulverladung, der an einem 22 cm von der Basküle entfernt gelegenen Punkte einen Druck von 800 kg/ cm^2 ausübt. Auf besonderen Wunsch kann dieser Beschuss auch mit verstärkten Ladungen ausgeführt werden, in welchem Falle er doppelter oder dreifacher Beschuss heißt. Wir geben hier die Schwarzpulverladungen für den vorläufigen Beschuss und die Kaliberdurchmesser für die drei gebräuchlichsten Kaliber wieder, sowie den Druck den sie ausüben.

Kaliberbezeichnung		Beschussladungen in g						
	mm	Normal		Doppelt		Dreifach		Druck in
		Pulver	Schrot	Pulver	Schrot	Pulver	Schrot	kg/cm^2
12	18,9 - 18,0	15	58	15	77	18	90	800
16	17,3 - 16,3	13	48	13	54	15,5	74	900
20	16,2 - 15,3	11	42	11	56	13	65	1000

Läufe, die dem doppelten oder dreifachen Beschuss unterworfen worden sind, tragen besondere Beschussstempel (siehe unten). Bei Betrachtung der obigen Tabelle kann man sehen, dass von wirklichem doppelten oder dreifachen Beschuss keine Rede sein kann, sondern dass es sich nur um einen verstärkten Beschuss handelt. Die belgischen Fachleute sind der Ansicht, dass der normale vorläufige Beschuss durchaus genügt, um die Tauglichkeit des Materials festzustellen und dass ein übermäßig verstärkter Beschuss dem Material nur schaden kann, ohne irgend einen Nutzen zu bringen. Man findet deshalb auch nur sehr wenige so beschossene Läufe.

Diejenigen Läufe, welche diesen vorläufigen Beschuss überstanden haben, werden kalibriert und das betreffende Kaliber auf den Lauf aufgeschlagen. Nach den Bestimmungen des Gesetzes vom Jahre 1888, die auch in das neue vom Jahre 1923 eingingen, darf das beim vorläufigen Beschuss der rohen Läufe aufgeschlagene Kaliber bei der späteren Bearbeitung höchstens um

$^{2}/_{10}$ mm überschritten werden. Geschieht es doch, so wird bei dem folgenden endgültigen Beschuss das Gewehr zurückgestellt und einem nochmaligen vorläufigen Beschuss mit der dem neuen Kaliber entsprechenden Ladung unterzogen. Nach dem endgültigen Beschuss wird das endgültige Kaliber aufgeschlagen, das nun nicht mehr abgeändert werden darf. Geschieht es doch, muss der Lauf neu beschossen werden.

Wir kommen jetzt zu einer ganzen Reihe von Abänderungen des Gesetzes von 1888, welche alle seine Verbesserung bezweckten, und auch teilweise in das neue eingegangen sind, teilweise aber auch wieder verschwanden. Die darauf bezüglichen Stempel erlauben in manchen Fällen eine genauere Datierung des Gewehrs, die allerdings heute mehr für Waffensammler als für Jäger von Interesse sein dürfte, da derartige, meist nur für Schwarzpulver beschossene und fast alle über 50 Jahre alten Flinten heute wohl kaum noch in Verwendung stehen.

Das erste dieser königlichen Dekrete stammt vom 1. März 1891. Es führte zum ersten Mal in Belgien und auf dem europäischen Kontinent den freiwilligen Beschuss mit einem der damals bekannten beiden rauchschwachen Pulver für den Schrotschuss, damals „Holzpulver" genannt, Schultze und EC ein. So beschossene Läufe erhielten einen neuen besonderen Stempel.

Später wurden noch eine ganze Reihe von Stempeln für andere rauchschwache Pulver eingeführt, Cooppal, Mullerite, Clermonite, französisches T-Pulver etc.

Am 6. Juni 1892 erschien ein weiteres königliches Dekret, das eine zusätzliche Stempelung der Läufe, die diesen freiwilligen Beschuss überstanden hatten, mit dem Laufgewicht in Gramm und den Abmessungen des Patronenlagers in Millimeter vorschrieb. Das Wie war aber in der Vorschrift nicht gegeben, doch benutzte die Lütticher Beschussanstalt die nebenstehende

70/20,6 Form. Hier bedeutet 70 die Länge des Patronenlagers und 20,6 den Durchmesser desselben dicht vor dem Einschnitt für den Patronenrand, beide in mm. Die angegebenen Zahlen sind natürlich nur ein Beispiel und in Wirklichkeit für jedes Kaliber verschieden.

Ein neues Dekret vom 11. Juli 1893 setzte fest, dass der Durchmesser – oder das Kaliber – des Laufes auf 22 cm vor der Basküle zu messen sei. Das Dekret vom 30. Januar 1897 schrieb die Bezeichnung CHOKE, für Würgebohrungsläufe, oder gegebenenfalls CH. B. RAYE für gezogene Wurgebohrungsläufe vor. Die betreffenden Laufdurchmesser wurden folgendermaßen aufgeschlagen:

CHOKE
16,3
17,0

wobei die kleinere Zahl, hier 16,3 mm, den Laufdurchmesser an der Mündung in Millimeter und Zehntelmillimeter, die größere 17,0 ebenso den Laufdurchmesser auf 22 cm von der Basküle bezeichnete.

Dasselbe Dekret verlangte auch die Bezeichnung des Kalibers des Patronenlagers ohne aber das Wie anzugeben. Daraufhin erschien am 4. Oktober 1898 ein neues, das letzte der Serie, das die Kaliberbezeichnung aus der Kalibernummer (12, 16 etc.), darunter der Buchstabe c (für „chambre" Patronenlager) und das Ganze mit einem auf der 

Spitze stehenden Rhombus eingeschlossen, bestehen ließ. Genau nach englischem Vorbild.

Der zweite endgültige und obligatorische Beschuss mit Schwarzpulver, der wie bereits erwähnt einen Druck von 620 kg/qcm ergeben muss, wird mit folgenden Ladungen erschossen:

Beschussladungen für Gewehre mit bis zu 70 mm langen Hülsen

Kaliber		Schwarzes Beschusspulver	Weichschrot $2\frac{1}{2}$ mm
Normal	mm*	g	g
12	18,52	11,6	47,3
16	16,81	9,5	38,4
20	15,62	9,0	33,3

Durch das neue Gesetz – in Kraft getreten am 23. Juni 1924 – wurden alle diese Bezeichnungen abgeschafft, außer CHOKE und CH. B. RAYE, die von nun an aber nur noch bedeuten, dass der Durchmesser des Laufes, der nach wie vor auf 22 cm von der Basküle gemessen und dementsprechend aufgeschlagen wird, an der Mündung mindestens um $^2/_{10}$ mm verengt ist, aber ohne das Maß dieser Verengung anzugeben. Ebenso wie für das Gesetz von 1888 geben wir auch für das neue ein Beispiel.

So hätten wir zum Beispiel auf einer Doppelflinte auf dem rechten Lauf den Stempel 18,4 CHOKE 18,2 und auf dem linken 18,3 CHOKE 18,2, was bedeuten würde, dass

1) die Verengung an der Mündung bei beiden Läufen über $^2/_{10}$ mm beträgt, daher die Bezeichnung CHOKE trägt;
2) dass der Durchmesser beider Läufe beim vorläufigen Beschuss auf 22 cm von der Basküle 18,2 mm betrug und
3) dass der Durchmesser des rechten Laufes nach dem endgültigen Beschuss mit 18,4, derjenige des linken Laufes mit 18,3 mm an derselben Stelle gemessen wurden.

Dieses neue Gesetz führt die obligatorische Bezeichnung der Maße des Patronenlagers nach Kaliber und Länge in mm ein. Der betreffende Stempel sieht so aus: 

weicht also in seiner neuen Form von der des englischen endgültig ab. Das Gesetz sieht ferner den freiwilligen Beschuss der Flintenläufe mit rauchlosem Beschusspulver nach dem endgültigen Beschuss mit Schwarzpulver vor. Hierbei müssen die Waffen völlig gebrauchsfertig

*) Das sind die theoretischen Kaliber-Durchmesser.

– nur die Brünierung darf fehlen – vorgestellt werden. Der Beschuss geschieht mit einem speziellen rauchlosen Pulver, welches besonders für diesen Beschuss hergestellt wird und welches in einer Patrone Kaliber 12/65 mit 36 g Schrot Nummer 7 englisch (etwa 2,4 mm Durchmesser) einen mittleren Druck von 850/900 kg/cm^2 bei 20 Schüssen entwickelt. Unter diesen 20 Schüssen darf keiner sein, dessen Druck unter 800 und keiner über 975 kg/cm^2 beträgt. Diese Maße gelten für die erste Messstelle, an der zweiten muss er immer noch 200 bis 300 kg/cm^2 betragen. Ich möchte darauf aufmerksam machen, dass an dieser zweiten Messstelle der Druck der endgültigen Schwarzpulver-Beschussladung um 410 kg/cm^2 liegt, also bedeutend stärker ist. Das belgische Gesetz ist also für rasch verbrennende rauchschwache Pulver bestimmt. Wie steht es aber nun mit den modernen, progressiv verbrennenden Pulvern?

Die oben genannten Werte sind aber nur die mittleren Werte des Pulvers als solches. Der Druck beim Beschuss muss für Kaliber von 16 aufwärts mindestens 900 kg/cm^2 und für die kleineren Kaliber mindestens 1000 kg/cm^2 betragen. Gewehre die für längere Patronen eingerichtet sind werden einem extrastarken Druck von 1000 oder 1100 kg/qcm unterworfen, alle an der ersten Meßstelle gemessen.

Nach der Beschussordnung wird auf jeden so beschossenen Lauf der Stempel

geschlagen. Dasselbe geschieht auf der Basküle. Dort wird auch das Gewicht des Laufes in Gramm aufgeschlagen.

Für jedes mit rauchschwachem Pulver beschossene Gewehr kann ein nummeriertes Zeugnis ausgestellt werden – dieses enthält:

- das System der Waffe und den Grad ihrer Fertigstellung im Augenblick des Beschusses;
- die Fabriknummer der Waffe;
- den Seelendurchmesser des Laufes in Millimeter und Zehntelmillimeter;
- das Gewicht des Laufes oder der Läufe in Gramm;

– die Lauflänge in Millimeter;
– die Länge der Patronenhülse, für welche die Kammer gebohrt ist, und den Beschussdruck.

Außer diesem Beschuss für rauchloses Pulver gibt es noch einen weiteren gleichfalls freiwilligen Beschuss mit einem vom Einsender angegebenen rauchschwachen Pulver.

Nach den neuesten Bestimmungen sind dazu zugelassen die belgischen Pulver: Clermonite, Mullerite und Cooppal in Korn- oder Blättchen-Form;

die französischen Pulver: J, S, M, R und T;

die britischen Pulver: EC[3], Amberite und Ballistit.

Vor dem Kriege waren auch die deutschen Pulver Rottweiler Blättchen-Pulver und Walsrode, sowie die italienischen Acapnia, BPD und Sipe zugelassen. Ob deren Zulassung wieder erfolgt ist, ist nicht bekannt. Diesem Beschuss dürfen nur Flinten unterworfen werden, die den normalen rauchschwachen Beschuss überstanden haben. Die Beschussladung für alle diese Pulver ist diejenige, welche sich ohne Häufung in eine normale Patronenhülse für das betreffende Gewehr laden lässt, wobei die Patrone nach der Befüllung mit Schrot sich noch vorschriftsmäßig rändeln lassen muss. Der Druck darf aber nicht den des normalen rauchschwachen Beschusses – also 900 und 1000 kg/cm^2 – übersteigen. Die so beschossenen Waffen erhalten einen besonderen Stempel mit dem belgischen Löwen und darunter den abgekürzten Namen des betreffenden Pulvers (siehe unten). Glattläufige Pistolen für Flintenpatronen werden nach denselben Regeln wie Flintenläufe beschossen und mit denselben Stempeln versehen. Gezogene Flobertbüchschen werden mit einem Schuss beschossen. Dazu nimmt man die Gebrauchspatrone voll mit extrafeinem Schwarzpulver und dem Gebrauchsgeschoss. Auf den Lauf wird außer der Marke ELG mit Krone, dem „Perron“ und dem Stempel des Kontrolleurs noch der Stempel R mit Krone und die handelsübliche abgekürzte Bezeichnung der Patrone aufgeschlagen.

Zu bemerken ist dabei, dass „22C“ die kurze 5,6-mm-Randfeuerpatrone bedeutet und nicht 22 Central, wie es manchmal ausgelegt wird. In diese Kategorie gehören alle Randfeuerwaffen Kaliber .22 und 9 mm Rundkugel. Alle gezogenen langen Läufe, gleichgültig auf welchen Waffen befindlich, werden nur einem einmaligen Beschuss entweder mit Schwarzpulver oder mit rauchlosem Pulver unterworfen.

Vollautomatische Waffen und Selbstlader werden nur mit rauchschwachem Pulver beschossen und müssen dazu in weißfertigem Zustande vorgestellt werden, wobei Lauf und Verschluss ihre endgültige Stärke und Kaliber haben müssen. Der Beschuss selbst erfolgt mit drei Schuss je Lauf, davon ist der erste mit einer Patrone geladen, die 30 % mehr Druck als der Gebrauchsdruck entwickelt. Die beiden anderen sind normale Handelspatronen, um die Funktion des Mechanismus, des Magazins etc. zu prüfen. Falls es sich um Selbstlader Kaliber .22 handelt, fällt der Gebrauch dieser beiden letzten Patronen weg. Die in Betracht kommenden Stempel siehe unten.

Wird der Beschuss mit rauchschwachem Pulver ausgeführt, so wird auch

noch der Stempel dafür aufgeschlagen, also W
PV

Für doppelläufige, sogenannte „Expressbüchsen“, die mit rauchschwachem Pulver geprüft wurden, wird ein Zeugnis ausgestellt, auf dem folgende Angaben vermerkt werden:

- der Zustand der Waffe bei der Probe;
- ihre Fabriknummer;
- die handelsübliche Bezeichnung der Gebrauchspatrone;
- ob Blei- oder Mantelgeschoss und
- das Gewicht und die Länge der Läufe.

Auf Verlangen des Fabrikanten können die für Büchsen bestimmten Läufe auch einem vorläufigen Beschuss unterworfen werden. Dabei muss der Lauf weißfertig, aber noch ungezogen sein, und sein Durchmesser darf nur

$^{2}/_{10}$ mm kleiner sein, als sein zukünftiges Kaliber. Das Patronenlager fehlt noch, und die Läufe werden von hinten mit einem Bolzen verschlossen. Die Beschussladung beträgt die doppelte Schwarzpulverladung, die in der Gebrauchshülse Platz hat, und ein Bleizylinder im 1 $^{1}/_{2}$-fachen Gewicht des Gebrauchsgeschosses. Die so beschossenen Läufe erhalten

die Marke 

und das Zeichen des Kontrolleurs. Der endgültige Beschuss derselben besteht aus einem Schuss mit 30% Überdruck über der Gebrauchspatrone. Handelt es sich um kombinierte Waffen – Büchsflinten, Drillinge – so wird jeder Lauf nach den für seinesgleichen geltenden Bestimmungen beschossen.

Revolver werden mit je einem Schuss aus jedem Patronenlager beschossen. Die Schwarzpulverpatronen entwickeln einen Überdruck von 30%, die mit rauchschwachem Pulver dagegen einen solchen von 50%.

Selbstladepistolen werden mit drei Beschusspatronen beschossen, die 50% Überdruck entwickeln. Auf dem Lauf oder dem Gehäuse muss an sichtbarer Stelle die handelsübliche Bezeichnung des Kalibers aufgeschlagen werden. Pistolen mit Kipplaufverschluss für Flobert- oder Revolverpatronen, Schlachtpistolen, Einschiebeläufchen, Gasdruckmesser und andere nicht vorgesehene Waffen werden nach denselben Regeln beschossen, wie die angegebenen.

Belgische Beschussmarken

Stempel nach dem vorläufigen Beschuss auf Läufen von Hinterlader-Flinten, glatten Vorder- und Hinterlader-Pistolen für Flintenpatronen und Zentralfeuerbüchsen.

Dieser Stempel wird auch als vorläufiger Abnahmestempel auf den Läufen für einzel- und doppelläufige Vorderladerflinten gebraucht.

Stempel für den freiwilligen vorläufigen Beschuss roher Läufe für Vorder- und Hinterladerflinten.

Stempel für den endgültigen Beschuss von Vorderladerflinten mit normalen Ladungen.

Einige Kontrolleurmarken, wie sie auf Läufen und Basküleln gebraucht werden. Die Namen der einzelnen Kontrolleure, die durch diese Stempel vertreten werden, gelten als Geheimnis.

Dieser Stempel – der Perron – wird geschlagen auf:

1) Der Basküle oder dem Verschluss:
   a) von Vorderladerflinten nach der endgültigen Abnahme der Systemierung;
   b) von Hinterladerflinten nach dem endgültigen Beschuss mit Schwarzpulver, dem alle Flinten unterliegen, auch die, welche später mit rauchschwachem Pulver beschossen werden;
   c) von gezogenen Waffen, die nach dem Beschuss angenommen werden.
2) Auf dem Lauf, Verschluss und oder der Basküle:
   a) von Flobertgewehren und Pistolen.
3) Auf den Verschlusshaken von Hinterladerflinten nach dem endgültigen Beschuss mit Schwarzpulver, wenn die Haken nicht mit den Läufen aus einem Stuck bestehen.

Der nächste Stempel wird aufgeschlagen auf:

a) die Läufe von Vorderladerflinten nach einem extra starken Beschuss mit Schwarzpulver. Dieser Beschuss ist freiwillig und wurde als Folge des deutschen Beschussgesetzes vom Jahre 1891 eingeführt.

b) die Läufe von Hinterladerflinten nach dem endgültigen Beschuss mit Schwarzpulver;
c) auf Läufen von gezogenen Langwaffen nach dem einmaligen Beschuss;

d) auf Läufen von Militärwaffen, wenn ihre Abnahme auf Grund der Bestimmungen einer besonderen Abnahmekommission erfolgt und bei einem Überdruck von mindestens 30% bei Langwaffen und von 50% bei Faustwaffen;
e) auf Läufen von Signalwaffen für Flintenpatronen;
f) auf den Läufen von Gasdruckmessern.

Derselbe Stempel in kleinerem Format:
1) a) auf Läufen von Flobertwaffen;
b) auf Läufen von Selbstladepistolen mit Überdruck von 50%;

c) auf Läufen von Kipplaufwaffen für Flobert- oder Revolverpatronen mit 30% Überdruck im Fall von Schwarzpulver und 50% im Falle von rauchschwachem Pulver;
2) auf Revolvertrommeln mit 30% beziehungsweise 50% Überdruck beschossen.

Stempel für freiwilligen „doppelten“ vorläufigen Beschuss roher Läufe.

Stempel für freiwilligen „dreifachen“ vorläufigen Beschuss roher Läufe.

Der nächste Stempel wird aufgeschlagen auf:
1) Lauf und Verschluss von:
a) Hinterladerflinten nach dem freiwilligen rauchschwachen Beschuss;
b) Flobert-Kipplauf-Pistolen oder Pistolen für Revolverpatronen nach dem rauchschwachen Beschuss mit 50% Überdruck;

2) Lauf und wichtigste Teile des Gehäuses nach einmaligem Beschuss mit drei Beschusspatronen mit 50% Überdruck;
3) Lauf und Trommel von Revolvern nach einmaligem rauchschwachen Beschuss; ein Schuss mit Beschusspatrone aus jeder Kammer, mit 50% Überdruck.

Stempel, der nach dem freiwilligen Beschuss mit einem von der Beschussanstalt anerkannten ausländischen rauchschwachen Pulver auf Lauf und Basküle von Hinterladerflinten aufgeschlagen wird. Der Stempel besteht aus dem belgischen Löwen und darunter die abgekürzte handelsübliche Bezeichnung des betreffenden Pulvers.

Dieser Stempel wird auf gezogene Läufe aufgeschlagen:
a) von Flobertbüchsen nach dem Beschuss mit Schwarzpulver;
b) von Revolvern nach dem Beschuss mit Schwarzpulver mit 30% Überdruck;
c) von Flobert-Kipplauf-Pistolen nach rauchschwachem Beschuss;
d) von Revolvern nach dem Beschuss mit rauchschwachem Pulver mit 50% Überdruck;
e) von Vorderladerpistolen nach dem Beschuss mit Schwarzpulver;
f) von Langwaffen.

Stempel, der auf Läufe und wichtigste Teile aller nicht in Belgien hergestellten Waffen aufgeschlagen wird, die keine in Belgien anerkannte Beschussmarken tragen, nachdem sie einem belgischen Beschuss unterworfen worden sind und ihn bestanden haben.

Stempel, der auf Waffen aufgeschlagen wird, die, obwohl in Belgien hergestellt, nicht dort beschossen werden, sondern direkt von der belgischen Beschussanstalt an eine ausländische Beschussanstalt gesandt werden.

Stempel für Gasdruckmesser internationalen Typs.

Stempel für die Kaliberbezeichnung auf Hinterladerflinten nach dem Gesetz von 1888.
Derselbe für solche nach dem Gesetz von 1923.

Auf den Läufen und Baskülen beziehungsweise Gehäusen von gezogenen Waffen wird das Kaliber nach der handelsüblichen Bezeichnung der Patrone aufgeschlagen.

CHOKE 170 Bezeichnung für Würgebohrung nach den neuesten Bestimmungen. Siehe im Text die älteren Bezeichnungen.

CH.B. RAYE Bezeichnung für gezogene Würgebohrungsläufe.

B.Plomb oder **B.P.** Stempel, der anzeigt, dass der betreffende gezogene Lauf für Bleigeschosse eingerichtet ist.

B.Blindée oder **B.B.** Stempel, der anzeigt, dass der betreffende gezogene Lauf für Mantelgeschosse eingerichtet ist.

Zusammenfassung

In allgemeinem guten Zustande befindliche belgische Flinten, die das

Zeichen Löwe
P. V.

mit oder ohne das Zeichen für ein spezielles Pulver tragen, und deren

Kaliberbezeichnung die nebenstehende Form hat 

können ohne Weiteres mit rauchschwachem Pulver in Gebrauch genommen werden. Diejenigen, welche die Kaliberbezeichnung innerhalb eines auf der Spitze stehenden Rhombus haben, oder aber nur die Bezeichnung der Pulversorte, sollten vor der Ingebrauchnahme mit rauchlosem Pulver von einem erfahrenen Büchsenmacher untersucht und eventuell zu einem neuen Beschuss eingeliefert werden.

Diese Waffen sind alle über 28 Jahre alt, können sogar aus dem Jahre 1891 stammen, sodass das Material gelitten haben kann, selbst wenn die Waffe zur Zeit ihrer Erzeugung erstklassig war.

Nachtrag

Im Generalreglement von 1968 wurde anstelle des belgischen Löwen und „PV“ für den Beschuss mit rauchschwachen Pulver, ein neuer Stempel eingeführt und zwar das Oval wie beim Beschuss mit Schwarzpulver. Darin sind hier ebenfalls die Buchstaben „PV“, die aber durch den Perron getrennt sind. Wurde ein verstärkter Beschuss durchgeführt, machen das Zweige um die untere Hälfte des Ovals, ersichtlich. Diese Zweige wurden später auch beim Beschusszeichen für ausländische Waffen verwendet.

Danach kamen dann noch die Zeichen auf gehärteten Teilen, das Zeichen für das Beschussamt Lüttich, für die Munitionskontrolle und für den Beschuss für Stahlschrot hinzu.

Zur besseren Übersicht, nachfolgend die Zusammenstellung der Beschussstempel, wie sie heute angebracht werden.

Beschusszeichen:

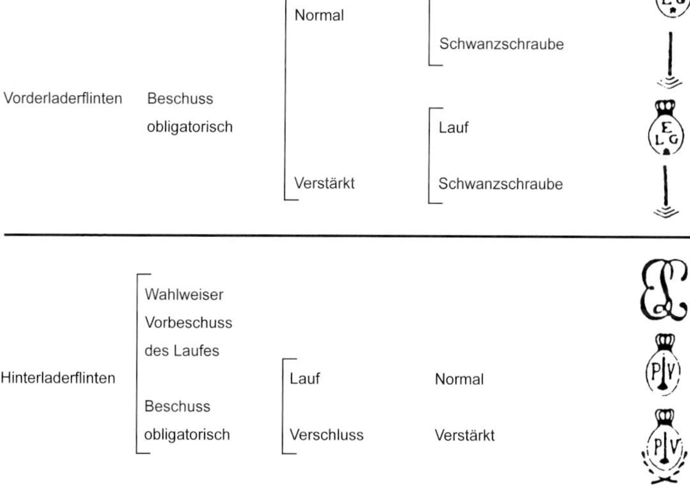

Waffe	Beschuss	Teile
Zimmergewehre	Beschuss	Lauf
		Verschluss 
	Beschuss PSF	Lauf, Verschluss 
Flinten und gezogene Gewehre	Beschuss obligatorisch	Lauf, Verschluss 
Revolver	Beschuss P. N.	Lauf, Rahmen 
		Trommel 
	Beschuss PSF	Lauf, Rahmen, Trommel 
Automatische Pistolen	Beschuss PSF	Lauf, Beschusspflichtige Teile 
Pistolen für „Flobert“ oder für Revolvermunition	Beschuss P. N.	Lauf, Beschusspflichtige Teile  
	Beschuss PSF	Lauf, Beschusspflichtige Teile 

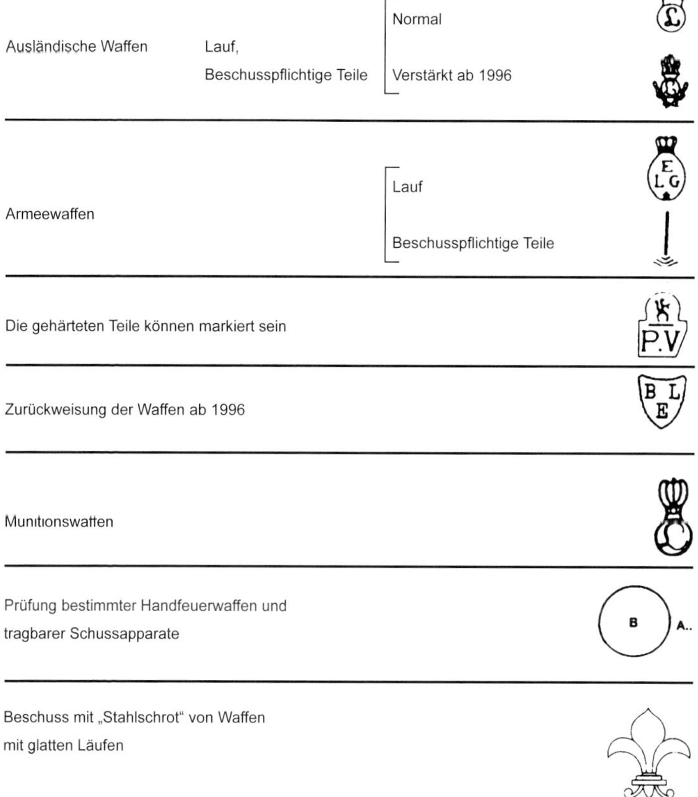

Ausländische Waffen	Lauf, Beschusspflichtige Teile	Normal	L
		Verstärkt ab 1996	G
Armeewaffen		Lauf	E LG
		Beschusspflichtige Teile	
Die gehärteten Teile können markiert sein			P.V
Zurückweisung der Waffen ab 1996			B L E
Munitionswaffen			
Prüfung bestimmter Handfeuerwaffen und tragbarer Schussapparate			B A..
Beschuss mit „Stahlschrot" von Waffen mit glatten Läufen			

Anmerkung: PN Schwarzpulver
PSF Nitropulver

Chile

Chile ist das einzige Land in Südamerika, das den staatlichen Beschuss von Waffen eingeführt hat. Das Beschussamt wurde am 7. November 1961 in der Hauptstadt Santiago errichtet. Organisatorisch gehört es zum Institut für Forschung und Kontrolle der chilenischen Armee (Institute de investigaciones y control del ejercite, abgekürzt IDIC). Dieses Institut ist auch für die Kontrolle von Pulver, pyrotechnischen Mitteln und für Sprengstoffe zuständig. Chile ist am 12. Juni 1963 der C.I.P. beigetreten.

Beschusszeichen

Beschusszeichen für alle Waffen
Prüfung tragbarer Schussapparate

Munitionskontrolle

Beschuss mit „Stahlschrot" von Waffen
mit glatten Läufen

England

England ist das klassische Land des Beschusses von Handfeuerwaffen und das einzige, in dem dieser seit seiner Einführung pausenlos bis zum heutigen Tag durchgeführt worden ist. Es sei uns daher erlaubt, etwas länger als wir es bei anderen Ländern tun bei der Geschichte der Entwicklung des Beschusswesens in England zu verweilen.

Wie bekannt stand in England im 15. und noch im 16. Jahrhundert der Langbogen in größtem Ansehen, als andere Staaten schon längst Feuerwaffen eingeführt hatten. Man soll darüber nicht lachen – die Engländer waren keineswegs rückständig sondern nur praktisch – ihr Langbogen leistete in der Hand eines geübten Schützen wirklich viel mehr als die damals üblichen Handfeuerwaffen mit Luntenschloss. Dazu kam, dass es erst am Ende des 16. Jahrhunderts gelang, aus dem damals als minderwertig geltenden englischen Eisen brauchbare Feuerwaffen herzustellen.

Wenn es auch schon unter Heinrich VIII. in England gute Büchsenmacher gab, so breitete sich dieses Handwerk erst am Ende des 16. Jahrhunderts aus, und erreichte schon damals eine gewisse Blüte. Bis das Büchsenmacherhandwerk dank dem ewig geldlosen König Jakob I. einen schweren Rückschlag erlitt. Jakob machte aus dem Büchsenmacherhandwerk ein königliches Monopol und verpachtete es an einen seiner Günstlinge. Resultat: Im Jahre 1607 gab es in ganz London nur noch fünf Laufschmiede. Da deren Produktion natürlich nicht für ganz England reichte, begann man – sofort nachdem es endlich gelungen war das Monopol aufzuheben – in beträchtlichem Umfang Läufe aus dem Ausland zu importieren. Die Folge war ein Unterbieten im Preise und eine natürliche Verschlechterung der Qualität. Inzwischen nahm in Anbetracht der kriegerischen Ereignisse auch die Zahl der englischen Büchsenmacher wieder zu, und es gelang ihnen gemeinsam mit den Waffenschmieden im Jahre 1631 (nicht wie so häufig angegeben wird 1637) ein königliches Privileg zu erreichen, das einer Gesellschaft von Waffenschmieden und verwandter Gewerbe, unter denen sich nicht weniger als sieben Büchsenschmiede befanden, das Recht, die Waffen der Londoner Bürgermiliz (trained bands) auf ihre Brauchbarkeit hin zu untersuchen und darüber zu wachen, dass diese nur von solchen Handwerkern repariert oder hergestellt werden durften, die mindestens sieben Lehrjahre hinter sich hatten. Der Handel mit Waffen, die nicht den Stempel dieser Gesellschaft, ein „A" mit Krone, trugen, war verboten. (Der Verfasser ist demjenigen Leser, der ihm den Aufbewahrungsort einer so gestempelten Feuerwaffe nachweisen kann, sehr verbunden. Bisher ist es noch niemand gelungen ein solches Exemplar zu finden und man weiß nicht, ob sie überhaupt noch existieren).

Bereits am 14. März 1637 gelang es den Büchsenmachern sich vollkommen zu emanzipieren und ihre eigene Zunft zu gründen, die sich „Worshipfull Company of Gunmakers of the City of London" nannte (Die ehrenwerte Gesellschaft der Büchsenmacher der Stadt London). Das ist der abgekürzte, noch heute gebräuchliche Name. Zuerst hieß die Gesellschaft: „The Master, Wardens and Society of the Misterie of Gunmakers of the City of London" (Der Meister, die Gehilfen und Gesellschaft des Mysteriums der Büchsenmacher der Stadt London).

Die Gründungsurkunde erwähnte das Vorhandensein privater Proben oder eines privaten Beschusses, sodass man annehmen kann, dass der Beschuss der Läufe von Feuerwaffen Anfang des 17. Jahrhunderts in England ein bekannter Gebrauch war. Diese Gesellschaft bestand schon aus 125 Büchsenmachern, von denen 63 Bürger von London waren. Sie hatten das Recht des Beschusses aller Art von Feuerwaffen. Zudem waren sie berechtigt nach unbeschossenen Feuerwaffen zu suchen und diese zwangsweise zu beschießen, und zwar innerhalb der Stadt London und in einem Bannkreises von zehn Meilen um die Stadt. Innerhalb dieser Zone durfte keine Waffe gehandelt werden, die nicht den Stempel der „Gunmakers Company" trug, wie sie sich abgekürzt nannte. Die Urkunde regelte auch die Lehrzeit, das Gesellenstück etc. Schon damals wurden als Beschussstempel die gekrönten Buchstaben „GP" angenommen, die auch heute noch den Stempel der Londoner Beschussanstalt bilden.

1670 wurden der Gesellschaft diese Privilegien bestätigt und neue dazu verliehen. Der Stempel der Gesellschaft, der den Beschuss bestätigte, blieb das gekrönte „GP“, wozu jetzt noch ein gekröntes „V“ kam als Zeichen dafür, dass der Lauf, nach dem Beschuss einer Beschau unterworfen worden war.

Die beiden Zeichen gehören zusammen und häufig sah man, besonders im 18. Jahrhundert, zwischen beiden die Marke des betreffenden Laufmachers.

Im Jahre 1713 gründete die Gesellschaft ihre eigene Beschussanstalt in Goodman‘s Field, Whitechapel, London, wo sie sich auch noch heute befindet.

Genau 100 Jahre später, im Jahre 1813, wurde das Recht der Gesellschaft zur Inspektion und zum zwangsweisen Beschuss von Feuerwaffen auf ganz England und Wales ausgedehnt. Gleichzeitig aber brachte derselbe Parlamentsbeschluss die Gründung einer Beschussanstalt in Birmingham, das sich sehr bald zum Zentrum der englischen Waffenfabrikation machte. Es gab unendliche Zänkereien zwischen den Fabrikanten und der neuen Anstalt sowie zwischen dieser und ihrer älteren Rivalin in London, auf die wir hier aber nicht näher eingehen können.

Die Beschussladung von damals war aber für beide Anstalten das Verfache der Gebrauchsladung an Pulver und das Gebrauchsgeschoss – die Rundkugel. Als Beschussstempel wurde der bisherige Stempel eines der bedeutendsten Fabrikanten der Stadt, Ketland, bestehend aus zwei gekreuzten Zeptern, der auch als privater Beschussstempel dieses Hauses gedient hatte, angenommen, unter dem Zusatz der Buchstaben BPC für den

Beschussstempel und V für den Inspektionsstempel.

Dieses beiden Stempel blieben in Kraft bis 1904. Im Jahre 1855 kam ein neues Gesetz heraus, das man eigentlich als die Grundlage der englischen Beschussgesetzgebung ansehen kann, obgleich offiziell das Gesetz vom Jahre 1868 dafür gilt. Es bestätigte die bisherigen Privilegien der beiden Gesellschaften, die Beschussstempel und brachte zuerst die Klasseneinteilung der zu prüfenden Waffen in fünf Klassen. Obgleich diese Einteilung nur von rein historischem Interesse ist, möchte ich sie hier angeben, schon allein, um die damaligen Gewehrtypen kennen zu lernen. Es gehörten zu:

Klasse 1 – Glatte einläufige Militärwaffen.
Klasse 2 – Glatte doppelläufige Militärwaffen und alle gezogenen Waffen mit langen Läufen, gleichgültig ob ein- oder mehrläufig, aus gewöhnlichem oder gedrehtem Eisen gemacht.
Klasse 3 – Einläufige Jagdflinten zum Gebrauch mit Schrot, und die unter den Namen Dänische, Holländische, Carolina und Spanische Flinten bekannten. (Diese Waffen waren alles Steinschlossflinten, nach den Orten benannt, wo sie besonders geschätzt wurden und wohin sie ausgeführt wurden – so zum Beispiel die „Holländischen" nach West-Afrika, besonders Lagos etc.)
Klasse 4 – Doppelläufige Jagdflinten aller Arten zum Gebrauch mit Schrot.
Klasse 5 – Trommelwaffen (Revolver und Revolver-Gewehre) und Hinterlader aller Arten.

In diesem Jahr wurde auch die vorläufige Prüfung der rohen Läufe eingeführt. Der Beschuss wurde durch den Stempel

 für die Beschussanstalt London und  für Birmingham bestätigt.

Im Jahre 1868 erschien ein neues Gesetz über den Beschuss von Handfeuerwaffen, der „Gun Barrel Proof Act of 1868". Obwohl dieses Gesetz eigentlich nur wenig Neues brachte, gilt es doch als die offizielle Grundlage des Beschussgesetzes in England. Nach ihm sind bis auf die neueste Zeit keine Gesetze mehr herausgekommen. Vielmehr wurden die Neuerungen durch einfache ministerielle Verfügungen erlassen und so das Veralten der Bestimmungen nach Möglichkeit vermieden.

Damals verkaufte der englische Staat größere Mengen alter, meist glatter Militärgewehre mit Stein- und Perkussionsschlossen. Da sie alle das

Abnahmezeichen der Armee oder der ostindischen Kompanie trugen, und der Beschussverpflichtung nicht unterlagen, glaubte man im Publikum, sie brauchten nicht mehr beschossen zu werden. Das neue Gesetz bestätigte, dass sie dem Beschuss nicht unterlagen, aber dass sie, falls sie ordnungsgemäß in den Handel gebracht wurden, und noch gebrauchsfähig waren, über das

Hoheitszeichen, den „breitspitzigen Pfeil“,  den Buchstaben „S“

tragen mussten. Waren sie aber zum Gebrauch nicht mehr geeignet, so wurden sie mit dem Buchstaben „O“ gestempelt, und unterlagen dann einem neuen Beschuss. Läufe, die keinen dieser beiden Buchstaben

trugen, wurden als unbeschossene Läufe angesehen.

Interessant sind die Strafbestimmungen dieses Gesetzes, die auch heute noch in Kraft sind. Für das In-den-Handel-bringen unbeschossener Läufe gibt es 20 Pfund Strafe per Lauf. Der Verkauf von ausländischen Läufen als englische Ware unterliegt der gleichen Strafe.

Ausländische, ordnungsgemäß beschossene Läufe – in Betracht kamen damals nur französische und hauptsächlich belgische Läufe – durften ohne neuen Beschuss eingeführt werden, wenn die betreffenden ausländischen Beschussstempel von einer öffentlichen Beschussanstalt dieser Länder, welche in England anerkannt und in den beiden Beschussanstalten von London und Birmingham hinterlegt waren.

Die weiteren Bestimmungen dieses Gesetzes können wir hier übergehen, da sie im Großen und Ganzen nur unbedeutende, wenn auch häufig grundlegende Änderungen einführen.

Im Jahre 1875 erschien die erste neue ministerielle Verfügung zum neuen Gesetz, die einen besonderen Beschuss für Würgebohrungslaufe einführte Diese wurden mit englischem Weichschrot Nummer 6, statt mit wie bisher mit der Rundkugel beschossen. Der Beschussstempel trug das Kaliber des weitesten Teiles des Laufes  (London) abgesehen vom Patronenlager, zusammen mit dem Buchstaben „B" (Barrel = Lauf) und darunter den Durchmesser des Laufes an der Mündung mit dem Buchstaben „M" (muzzle = Mündung) und dahinter die Worte „NOT FOR BALL" (Nicht für Kugel) die nach dem endgültigen Beschuss aufgeschlagen wurden. Davor kamen  (Birmingham) die Beschussstempel der betreffenden Beschussanstalt. Für Läufe mit Nischenchoke wird obiger Stempel durch den einfachen Stempel „CHOKE" ersetzt.

Im Jahre 1887 kommen neue Bestimmungen. Diese führen unter anderen die Längenbezeichnung der Patronenkammern ein. So tragen alle Läufe mit Kammern für Patronen Kaliber 10 und kleinere Kaliber für Hülsen von 75 mm abwärts den Stempel , wänrend Patronenlager für längere Patronen den Stempel  tragen müssen. In dieser Form hat die Bezeichnung der Patronenhülsenlänge eigentlich wenig praktischen Wert, da Läufe zum Gebrauch von Patronen über 75 mm Länge doch recht selten vorgekommen sein müssen.

Hier finden wir auch die berüchtigte Kalibertafel, die später solch einen Unfug im deutschen Gesetz von 1891 angerichtet hat, zum ersten Mal vor. Hier wird der Laufdurchmesser aller Kaliber in tausendstel Zoll angegeben, wobei die großen Kaliber von 4 bis 10 noch in drei Unterkaliber geteilt sind, die in Bruchform bezeichnet werden. Beispiel: Kaliber 8, 8/1, 8/2. Von Kaliber 11 bis 17 sind sie nur noch in zwei Kaliber unterteilt, wie Kaliber 13 und 13/1, während alle kleineren Kaliber nur mit einem einzigen Durchmesser angegeben sind. Alle glatten und Würgebohrungsläufe sollen 9 Zoll (22,5 cm) von der Basküle gemessen werden, alle anderen Läufe an der Mündung. In dieser Form war die Kalibertabelle in England ganz brauchbar und für jedermann verständlich. Was aber daraus nach der Umrechnung in mm wurde, ist im Kapitel Deutschland zu sehen. Alle Würgebohrungsläufe wurden auch noch mit „CHOKE" gestempelt, waren sie außerdem noch gezogen, wie bei den gerade damals aufgekommenen Paradoxläufen, so kam noch ein R dazu „R CHOKE". Die Stempel sehen also folgendermaßen aus:

Hier kommen auch zum ersten Mal besondere Stempel für Expressbüchsen vor:

London Birmingham

Seit Einführung dieser Bestimmungen verschwindet die Angabe „Not for ball" und so kann man als sicher annehmen, dass englische Flinten, die diesen Stempel tragen, aus den Jahren 1875 bis 1887 stammen.

Auf schriftliches Ansuchen der Einsender hin konnten glatte Läufe auch nur einmal endgültig beschossen werden. Sie mussten dann weißfertig für den endgültigen Beschuss vorgestellt werden und wurden mit der Ladung für den vorläufigen Beschuss beschossen. So beschossene Läufe wurden

gestempelt:

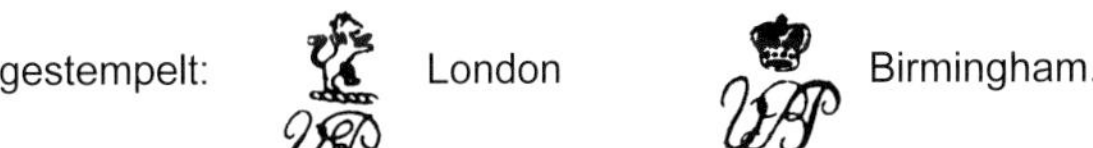

Hier treffen wir auch zum ersten Mal auf den rauchschwachen Beschuss. Um zugelassen zu werden, muss der betreffende Lauf oder das Gewehr den endgültigen Beschuss mit Schwarzpulver bestanden haben. Der Lauf wird dann mit dem Namen des vom Einsender angegebenen rauchschwachen Pulvers gestempelt – beispielsweise „E. C.“ oder „Sch“ für Schultze-Pulver. Die beiden Beschussanstalten haben die Gebrauchsladung der betreffenden Pulver festzustellen und danach die Ladung so zu berechnen, dass der Druck beim Beschuss den der Gebrauchsladung nur um so viel übersteigt, wie das auch zwischen dem Druck der Gebrauchsladung und dem der Beschussladung beim Schwarzpulverbeschuss geschieht. Die Gebrauchsladung des betreffenden Pulvers und seine abgekürzte handschriftliche Bezeichnung wird auf den Lauf geschlagen. Sollten im Laufe der Zeit weitere rauchschwache Pulver dazukommen, so wird ebenso verfahren werden.

Die neuen Bestimmungen, die im Jahre 1896 herauskamen, bringen nur wenig Neues. Sie betreffen hauptsächlich den Beschuss mit rauchschwachem Pulver. Als allgemeine Regel gilt von jetzt ab, dass für rauchschwaches Pulver bestimmte Gewehre nicht mit diesem beschossen werden, sondern mit einem besonderen Schwarzpulver, da man herausgefunden hatte, dass der Druck der rauchschwachen Pulver bei Überladungen, wie sie das Beschussverfahren mit sich brachte, zu unregelmäßig war. In Deutschland wusste man das natürlich auch, aber man richtete sich nicht danach. So konnte es zu den unsinnigen Beschussladungen kommen, wie die im Kapitel Deutschland erwähnte von 12 g Schultze-Pulver und 70 g Schrot. Diese Ladungen betrugen:

	Beschussladung		**Gebrauchsladung**			
			Schultze		Walsrode	
	Pulver	Schrot	Pulver	Schrot	Pulver	Schrot
	g		g		g	
Kal. 12	7,4	47,1	2,7	32,0	2,0	32,0
Kal. 16	6,75	37,7	2,4	28,3	-	-
Kal. 20	6,2	33,0	2,15	24,5	-	-

Diese Ladungen beruhten auf den von beiden Anstalten festgesetzten Gebrauchsladungen. Sollte die Gebrauchsladung erhöht werden, so musste der Einsender das der betreffenden Anstalt schriftlich anzeigen und die Beschussladung wurde entsprechend erhöht. So beschossene Läufe erhielten den Stempel: **NITRO PROOF OZ MAXIMUM**

Auf das schriftliche Gesuch des Einsenders hin konnten Läufe für beliebige Waffen für Schultze, EC oder jedes andere rauchschwache Pulver beschossen werden, nachdem sie den gewöhnlichen endgültigen Schwarzpulverbeschuss überstanden hatten. Die beiden Anstalten haben die Gebrauchsladungen und die entsprechenden Beschussladungen festzustellen, wobei zu beachten ist, dass der Druck der so festgelegten Beschussladungen niemals unter 80% oder über 100% höher ist, als derjenige der Gebrauchsladung. Die Gebrauchsladung von Pulver und Schrot, die erste Angabe in Grains, die letzte in Unzen, und der abgekürzte Name des Pulvers mussten auf die Läufe aufgeschlagen werden **MAXM SCH. 45 Grs., SHOT 1,25 OZ.**

Läufe für gezogene Waffen im Kaliber .303 für rauchschwaches Pulver und Mantelgeschoss, wie sie in der englischen Armee eingeführt waren, mussten endgültig mit 3 g „Rifleite“ oder einem ähnlichen Pulver und einem mit gefettetem Papier umwickelten Bleizylinder von 18,6 g Gewicht beschossen werden. Gezogene Läufe für größere oder kleinere Kaliber als .303, in denen rauchschwaches Pulver und ein Geschoss von 4 oder mehr Kaliber Länge verschossen werden sollte, mussten schriftlich als solche vom Einsender bezeichnet werden und unterlagen dem Beschuss mit „Rifleite“ oder einem ähnlichen Pulver und einem Bleizylinder in der Art, dass der so erzeugte Druck der Beschussladung im selben Verhältnis den der Gebrauchsladung überstieg, wie im Falle des Kalibers .303. Auf das Gesuch des Einsenders hin konnten solche Läufe aber auch mit stärkeren Ladungen beschossen werden, wurden aber auch in diesem Falle nur mit dem gewöhnlichen Beschussstempel versehen.

Die Beschussverordnung von 1904

Diese neue Beschussordnung räumt mit einer ganzen Reihe veralteter Bestimmungen auf und führt neue, zeitgemäße ein. So verschwinden die als Klasse 3 immer noch aufgeführten glatten Vorderlader mit Steinschloss, mit den verschiedenen Fantasienamen, die noch an frühere romantische Zeiten erinnerten. So verschwinden auch die abgekürzten handelsüblichen Bezeichnungen der verschiedenen rauchschwachen Pulver bei glatten Läufen für den normalen Beschuss und werden durch eine einheitliche, für alle rauchschwachen Pulver gültige, ersetzt, ferner die alten ehrwürdigen Stempel der Beschussanstalt Birmingham, die auch neuen Platz machen müssen. Die Klasseneinteilung wird, nachdem sie schon bei jeder Änderung der Beschussordnung erweitert und verändert worden war, auf neun Klassen erhöht und zeitgemäßer gestaltet.

Dies sind die beiden Stempel, welche die Birmingham-Stempel ersetzen.

BP (Birmingham Proof) ist der Beschussstempel für den endgültigen Beschuss mit Schwarzpulver,

BV der Inspektionsstempel.

Die neuen Stempel für rauchschwachen Beschuss gelten für alle mit rauchschwachem Pulver beschossenen Läufe,

London

Birmingham

sowohl glatte als auch gezogene, lange und kurze.
Gezogene Läufe bekommen in der Nähe des Beschussstempels für den endgültigen Beschuss, das Kaliber in tausendstel Zoll und das Gewicht der Gebrauchsladung sowie des schwersten Gebrauchsgeschosses in englischen Grains **360 14 - 134** aufgeschlagen.

Für Expressbüchsen werden dieselben Angaben mit **577 EX 167 - 610** mit dem Zusatz „EX“ aufgeschlagen.

Auf für rauchschwaches Pulver bestimmten Läufen wird am selben Ort das Kaliber, mit oder ohne Zusatz EX, gefolgt vom Stempel für rauchschwachen Beschuss, vom Namen des Gebrauchspulvers, abgekürzt oder nicht (wohl meist Cordite), die Gebrauchsladung in Grains und das Gewicht der schwersten Gebrauchsgeschosses aufgeschlagen: CORDITE 75 - 480 MAX.

Läufe für den Militärpatronen ähnliche Munition werden am selben Orte noch mit den beiden Worten „NITRO PROVED“ (rauchschwach geprüft) gestempelt.

Läufe die für den Gebrauch sowohl von Schrot als auch für Kugel bestimmt sind, und in ihrer ganzen Länge gezogen sind, erhalten hinter dem Stempel für den endgültigen Beschuss die Buchstaben „S & B“ (Shot and Bullet – Kugel und Schrot). Haben sie außerdem Würgebohrung, so kommt noch die entsprechende Bezeichnung dazu:
R CHOKE (gezogener Würgebohrungslauf).

Läufe für extra starke Ladungen erhalten die Gebrauchsladung in Drams oder Grains aufgestempelt, zum Beispiel: 4 dr oder 100 gr.

Glatte, rauchschwach beschossene Läufe erhalten außer dem Stempel, der diesen Beschuss anzeigt, noch die Angabe der Schrotladung in Unzen (eine Unze ist 28,35 g) und die Bezeichnung „NITRO PROOF“ aufgestempelt. Das sieht so aus: NITRO PROOF $1^1/_8$. Sind sie zum Gebrauch von Schrot und Kugel bestimmt – sogenannte Paradoxläufe und ähnliche – so erhalten sie den Stempel: NITRO PROOF $1^1/_8$ Shot.

Als Beweis des erfolgten Beschusses mit der Kugel wird der betreffende Lauf mit dem eventuell abgekürzten Namen des Gebrauchspulvers, dem Geschossgewicht, dem englischen Wort BULLET für Kugel und die Angabe, dass diese Ladung die höchste ist für die der Lauf beschossen worden ist, also so: CORDITE 750 BULLET MAX, aufgeschlagen.

Glatte Läufe, die außer dem normalen Beschuss mit rauchlosem Pulver noch mit einem besonderen rauchschwachen Pulver beschossen worden sind, erhalten den abgekürzten Namen des Pulvers und die Gebrauchsladung – Pulver in Grains, Schrot in Unzen – geschlagen: SCH 42 – $1^{1}/_{8}$, das heißt, die Gebrauchsladung beträgt 42 Grains (2,7 g) Schultze-Pulver und $1^{1}/_{8}$ Unze (32 g) Schrot.

Alle mit rauchwachem Pulver oder für den Gebrauch von rauchschwachem Pulver mit Schwarzpulver beschossenen Läufe erhalten von jetzt ab den folgenden Stempel NP mit Schwert NP für London oder Krone NP. für Birmingham.

Ferner wurde die Klasseneinteilung der Waffen um eine – die zehnte – vermehrt, die alle Militärwaffen bis zum Kaliber .303 umfasst. Die zu dieser Klasse gehörige Waffe wurde nur einmalig endgültig mit Cordite oder einem anderen rauchschwachen Pulver und einem dem Gebrauchsgeschoss in der Form ähnlichen Mantelgeschoss beschossen und erhielt dann den folgenden Stempel:  London 

Birmingham.

Die übrigen bestehenden Beschussstempel blieben weiter im Gebrauch.

Während des Ersten Weltkrieges wurde die Schrotladung der Jagdpatronen in England aus Rücksichten der Materialersparnis von $1^{1}/_{8}$ Unze auf $1^{1}/_{16}$ Unze für Kaliber 12 herabgesetzt. Da diese Ladung sich für englische Verhältnisse bewährte, so blieb sie auch nach dem Krieg unverändert, was aber noch keinen Ausdruck in der im Jahre 1916 herausgekommenen neuen Beschussverordnung fand. Diese Verordnung brachte als bemerkenswertes Neues die Forderung, dass rauchschwach beschossene Revolver und Selbstladepistolen außer den Stempeln für den endgültigen Schwarzpulverbeschuss auch den für rauchlosen Beschuss, also die Buchstaben NP mit Krummschwert oder Krone tragen müssen.

Die Klasseneinteilung der Waffen für den Beschuss wurde um eine vermehrt, Sie beträgt also seit 1916 zehn Klassen. Die neue Klasse umfasst alle Militärwaffen im Kaliber bis .315 Zoll für den Gebrauch von rauchschwachem Pulver. Hierzu gehören also auch Maschinengewehre und ähnliche Waffen. Man beachte hierbei einen feinen Unterschied. Die Klasse 10 umfasst nur „Militärwaffen", während alle diejenigen Büchsen, die eine rauchschwache Militärmunition schießen, ohne aber „militärische" oder für den Gebrauch von Militär bestimmt zu sein, also fast alle modernen Repetierbüchsen im Kaliber bis zu .315 Zoll, nach dem Beschuss mit dem Stempel NP und NITRO PROVED auf den Lauf gestempelt werden. Seit 1925 ist diese Bestimmung vereinfacht worden. Die Kaliberbegrenzung ist gefallen, sodass der umseitig abgebildete Stempel für alle Militärwaffen gebraucht wird, für Handelswaffen zum Gebrauch mit Militärpatronen, gleichfalls ohne Kaliberbeschränkung, dagegen der Stempel NP mit NITRO PROVED.

Die jetzt noch geltenden Beschussstempel von 1925

In diesem Jahre kam die noch heute in England geltende Beschussverordnung heraus. Sie bringt, verglichen mit den älteren, eine ganze Reihe Neuerungen. Die Klasseneinteilung aller Waffen ist teilweise geändert worden, bleibt aber bei zehn Klassen. Die Kalibertabelle hat sich auch verschiedene Veränderungen gefallen lassen müssen. Unter anderen ist die Gebrauchsladung für das Kaliber 12 von 1 $^{1}/_{4}$ Unze auf 1 $^{1}/_{8}$ Unze herabgesetzt worden, obgleich die faktische Gebrauchsladung der meisten englischen Patronen jetzt 1 $^{1}/_{16}$ Unze beträgt, also nur 30 g Schrot. In Kaliber 16 finden wir in der 70 mm langen Hülse auch eine Gebrauchsladung von 1 $^{1}/_{8}$ Unze (32 g) Schrot und eine nur 2 Zoll (50 mm) lange Miniaturhülse, zuerst als „Parvus"-Hülse herausgebracht. Im 12-mm-Kaliber, in England .410 genannt, erscheint die 3 Zoll (75 mm) lange Hülse nach amerikanischem Muster. Als Gebrauchsladung für dieses „römische Licht" finden wir aber nur $^{9}/_{16}$ Unze (16 g) Schrot, statt der amerikanischen Ladung von $^{3}/_{4}$ Unze (21 g). Ein neues Kaliber .390 (etwa 9 mm) ist ebenfalls erschienen, dessen Gebrauchsschrotladung nur 5,25 g Schrot beträgt.

Eine weitere interessante Neuigkeit ist die Forderung, dass alle in England beschossenen Läufe ausländischer Herkunft den Stempel „Not English make“ erhalten und die auf solchen Läufen aufgeschlagenen normalen Beschussstempel sind von einem dicken Ring umgeben. Als fremde, unbeschossene Läufe gelten alle, die nicht von England anerkannte ausländische Beschussstempel tragen, also auch deutsche und österreichische, deren Anerkennung durch Beschluss vom Jahre 1946 rückgängig gemacht wurde. Die italienischen Beschussstempel, deren Anerkennung gleichfalls im selben Jahr aufgehoben wurde, sind seit 1950 wieder anerkannt. Außerdem sind noch in England anerkannt die belgischen, französischen und spanischen Stempel.

Vielleicht die wichtigste Neuerung ist aber die Forderung des endgültigen, obligatorischen Beschusses aller glatten Läufe für rauchschwaches Pulver. Dieser Beschuss ersetzt den alten endgültigen Beschuss für Schwarzpulver, der nun verschwindet. Die Stempel werden aber nach wie vor für den endgültigen Beschuss als solchen, der übrigens genauso wie auch früher der freiwillige Beschuss für rauchschwaches Pulver, mit Schwarzpulver stattfindet, jetzt für rauchschwachen den Beschuss aufgeschlagen, das heißt eine endgültig beschossene englische Flinte muss heute drei Stempel tragen (außer dem für den vorläufigen Beschuss und eventuelle andere): den Stempel für den endgültigen Beschuss, den Inspektionsstempel und den rauchschwachen Beschussstempel.

Die Beschussstempel, die heute in Kraft sind, sind also folgende:

London Birmingham

Vorläufiger Beschuss mit Schwarzpulver.

Endgültiger Beschuss mit Schwarzpulver für den Gebrauch von rauchschwachem Pulver. Derselbe Stempel wird auch für den einmaligen und endgültigen Beschuss von allen glatten Vorderladerläufen mit Schwarzpulver benutzt.

London Birmingham

Inspektionsstempel der nach dem endgültigen Beschuss aufgeschlagen wird.

Endgültiger einmaliger Beschuss von gezogenen Militärwaffen mit rauchschwachem Pulver.

Rauchschwacher Beschuss aller Waffen, wo nicht anders bemerkt.

Freiwilliger Beschuss mit verstärkten Ladungen. Außer den vorgeschriebenen Stempeln wie oben und diesem, müssen die Waffen auch die Gebrauchsladung aufgestempelt tragen.

Stempel für den erneuten Beschuss bereits beschossener Waffen. Alte Gewehre die nur für den Gebrauch von Schwarzpulver gestempelt waren, und die jetzt von ihren Besitzern mit rauchschwachem Pulver benutzt werden sollen, müssen außer dem NP-Stempel auch diesen Stempel tragen, ebenso wie instandgesetzte Waffen, die einen neuen Beschuss erfordern.

Für glatte Waffen

$2\frac{1}{2}$''

Seit Einführung der neuen Bestimmung, muss auch die Hülsenlänge neben der Kaliberangabe angegeben werden. Das geschieht nach dem nebenstehenden Muster. Dabei bedeutet bei glatten Läufen $2\,{}^1/_2$ die Patronenlänge, nämlich $2\,{}^1/_2$ englische Zoll, oder 65 mm, $2\,{}^3/_4$ Zoll (70 mm) und 3 Zoll (75 mm).

Für gezogene Waffen
.360 3 1/4 oder
9 mm 2,61

Bei gezogenen Waffen haben wir in unseren Beispielen eine Patrone Kaliber .360 (ungefähr unserem 9,3 mm entsprechend) mit 3 1/4 Zoll langer, also 82 mm langer Hülse das heißt, die alte deutsche 9,3×82 R und eine 9-mm-Hülse mit 2.61 Zoll Länge, also etwa 65 mm langer Hülse.

Helle Buchstaben auf dunklem Grund

NOT ENGLISH MAKE

Alle ausländischen Läufe und unbeschossenen Waffen, oder solche, die nicht in England anerkannte Beschussstempel tragen – dazugehören seit 1946 auch die deutschen und österreichischen – müssen in England beschossen werden. Sie erhalten dann denselben Stempel wie die in England erzeugten von einem dicken Ring umgeben und außerdem die Bezeichnung NOT ENGLISH MAKE.

Die verschiedenen Bezeichnungen von Ladungen etc., sind dieselben geblieben wie oben geschildert. Ansonsten sind alle hier nicht angegebenen Beschussstempel als ungültig erklärt worden.

1950 veröffentlichten die beiden Beschussanstalten eine Notiz, dass in Zukunft beschossene Läufe, die nachträglich verchromt oder mit einer sonstigen Metallschicht im Innern der Läufe versehen würden, als unbeschossene Läufe angesehen werden würden und einem neuen Beschuss unterworfen werden müssten. Im selben Jahre kam auch ein neuer „Gun Barrel Proof Act of 1950“ heraus, der aber nur alte Verfügungen des „Gun Barrel Proof Act 1868“ erneuerte, die teilweise bereits in Vergessenheit geraten waren.

Um dem Leser das Zurechtfinden unter den vielen englischen Beschussstempeln zu erleichtern, geben wir anbei die vollständige Liste derselben mit den Angaben seit wann sie in Kraft sind, sodass man danach manchmal das ungefähre Alter einer Waffe abschätzen kann.

Englische Beschussstempel ab 1868 bis zur Gegenwart chronologisch geordnet

London	Birmingham	
		Vorläufiger Beschuss; in Gebrauch seit 1856.
		Endgültiger Schwarzpulverbeschuss. Der Londoner Stempel ist seit 1672 in ähnlicher Form in Gebrauch. Der Birminghamer von 1813 bis 1904. Seit 1925 wird der Londoner Stempel auch auf endgültig für den Gebrauch von rauchschwachem Pulver beschossenen Flinten benutzt, aber nur in Verbindung mit dem NP-Stempel.
		Inspektionsstempel in Gebrauch in London seit 1672; in Birmingham von 1813 bis 1904.
		Birminghamer Stempel für den endgültigen Schwarzpulverbeschuss von 1904 bis 1925. Von da an in Verbindung mit dem NP-Stempel auch für den Gebrauch von für rauchloses Pulver beschossene Gewehre.
		Birminghamer Inspektionsstempel seit 1904.
		Stempel für Waffen die einmalig und endgültig mit der Ladung für den vorläufigen Beschuss beschossen worden sind. In Gebrauch von 1868 bis 1925.
		Stempel für den rauchschwachen Beschuss aller NP-Waffen. In Gebrauch seit 1904.

Kaliberangabe: Bis 1925 bedeutete er, dass das Patronenlager für Patronen bis zu 3 Zoll (75 mm) lange Hülsen gebohrt war. Seit 1925 muss die Länge der Hülse in Zoll angegeben werden.

Kaliberangabe: Im Gebrauch bis 1925. Er bedeutet, dass das Patronenlager für Patronen über 3 Zoll Länge eingerichtet ist.

London

Birmingham

Stempel für Würgebohrungsläufe in Gebrauch von 1875 bis 1887.

London

Birmingham

Stempel für Würgebohrungsläufe zwischen 1887 und 1904. Seit 1904 wird nur noch der Stempel CHOKE aufgeschlagen. Der Gebrauch dieses Stempels bei Läufen mit 0,004 Zoll Verengerung (0,1 mm) ist freiwillig, bei Läufen mit 0,008 Zoll Verengerung (0,2 mm) dagegen obligatorisch

London

Birmingham

Bezeichnung für Expressbüchsenläufe von 1887 bis 1904.

NITRO PROOF OZ MAXIMUM	Stempel für den freiwilligen Beschuss mit erhöhten Gebrauchsladungen rauchschwachen Pulvers, durchgeführt mit Schwarzpulver. In Gebrauch von 1896 bis1904.
MAXM (SCH. 45 GRS., SHOT 1,25 OZ)	Läufe, die mit einem beliebigen, vom Einsender anzugebenden rauchschwachen Pulver beschossen werden sollten, nachdem sie den gewöhnlichen endgültigen Beschuss überstanden hatten, erhielten nebenstehenden Stempel. Die Beschussladung ist so festgelegt, dass der Druck derselben den der Gebrauchsladung niemals unter 80% oder über 100% übersteigen darf. In Gebrauch zwischen 1896 und 1904.
S & B	Waffen für Schrot und Kugelschuss erhalten diesen Stempel, wenn die Läufe ganz gezogen sind.
R CHOKE	Sind die Läufe nur an der Mündung gezogen, sogenannte Paradox-Bohrung oder ähnliche, so ist dieser Stempel in Anwendung. In Gebrauch seit 1904.
NITRO PROVED	Gezogene Hinterladungsbüchsenläufe militärischen Typs von nicht über 0,315 Zoll (circa 8 mm) Kaliber wurden zwischen 1916 und 1925 mit diesem Stempel bezeichnet. Nach 1925 für alle Läufe verwendet, die eine Patrone vom Typ einer Militärpatrone aufnehmen, ohne deswegen eine militärische Waffe zu sein. (Hierher gehören zum Beispiel alle Mauser- und Mannlicher-Schönauer-Büchsen.)

London | Birmingham

Stempel für Läufe gezogener Militärwaffen deren Kaliber 0,315 Zoll nicht überschreitet. Im Gebrauch zwischen 1916 und 1925. Nach 1925 für alle in den beiden Anstalten beschossene Militärwaffen benutzt.

Freiwilliger Beschuss von Läufen mit verstärkten Ladungen. Außer sonstigen ordnungsgemäßen Stempeln erhalten so beschossene Waffen auch die Gebrauchsladung.

NOT ENGLISH MAKE

Stempel für aus dem Ausland eingeführte, und in England beschossene Waffen. Diese müssen außerdem noch die englischen Stempel in einem Kreise führen.

360 14 - 134

Stempel für gezogene Läufe, die einem einmaligen endgültigen Beschuss mit Schwarzpulver unterworfen wurden. Er bedeutet das Kaliber der Gebrauchspatrone (circa 9,3 mm), die Gebrauchsladung in Grains (0,9 g) und das Gewicht des Gebrauchsgeschosses ebenfalls in Grains (8,65 g). In Gebrauch seit 1904.

577 EX 167 - 610

Stempel für gezogene Läufe sogenannter Express-Büchsen. Ebenso wie beim vorigen wird das Kaliber der Gebrauchshülse mit dem Zusatz EX, das 577 EX 167 - 610 Gebrauchsladungsgewicht des Pulvers und des Geschosses aufgeschlagen. Hier Kaliber 15 mm, Schwarzpulver 10,8 g sowie 37-g-Geschoss. In Gebrauch von 1904 bis 1925.

CORDITE 75 - 480 MAX	Stempel für rauchlos beschossene Express-Büchsen. Endgültig einmalig beschossen. Sie tragen außer den sonstigen Stempeln das Gebrauchskaliber und die Bezeichnung EX, das Gewicht der Gebrauchsladung an rauchschwachem Pulver und seinen Namen, abgekürzt oder nicht, sowie das Geschossgewicht, alles in Grains und die Angabe MAX – als Zeichen, dass diese Ladung nicht überschritten werden darf. In unserem Beispiel beträgt die Ladung ungefähr 4,85 g Cordite und ein 32 g schweres Mantelgeschoss. In Gebrauch von 1904 bis 1925.
CORDITE MK I 75 - 480 MAX	Ab dann lautet der Stempel wie nebenstehend.
4 dr 109 gr	Auf Läufen, die für stärkere als die normalen Gebrauchsladungen bestimmt sind, muss die Gebrauchsladung für welche die betreffenden Läufe beschossen sind, angebracht werden und zwar in „Drams“ (ein Hohlmaß) oder Grains. Im Gebrauch seit 1904.
NITRO PROOF 1 1/8	Glatte Läufe für verstärkte Gebrauchsladungen erhalten außer dem SP-Stempel mit Krone auch noch nebenstehenden Stempel mit der Angabe des Schrotgewichtes in Unzen (32 g). In Gebrauch seit 1904.

NITRO PROOF 1 1/8 SHOT	Handelt es sich um eine für Schrot und Kugel eingerichtete Waffe, so wird zu obigem Stempel noch das Wort „SHOT" (Schrot) zugesetzt. In Gebrauch zwischen 1904 und 1925.
CORDITE 32 - 750 MAX	Auf rauchschwach beschossene Büchsenläufe wird außer den sonstigen Stempeln auch nebenstehender geschlagen. Er enthält die Angabe des Gebrauchspulvers, das Ladungsgewicht der Pulverladung und das Geschossgewicht in Grains, hier ungefähr 2 g und 45 g sowie die Bezeichnung MAX als höchste Gebrauchsladung. Im Gebrauch von 1904 von 1925.
CORDITE 32 - 750 BULLETT MAX **CORDITE 750 BULLETT MAX**	Auch für rauchlos beschossene für Schrot und Kugel eingerichtete Läufe obige Angaben mit dem Zusatz „Bullett" (Geschoss). In Gebrauch seit 1925. Für dieselben Läufe derselbe Stempel unter Weglassung des Gewichtes der Pulverladung im Gebrauch zwischen 1904 und 1925.
SCH 42 - 1 1/8	Auf glatten Läufen, die mit einem besonders angegebenen rauchschwachen Pulver beschossen sind, die Angabe des Namens dieses Pulvers in Abkürzung und die Ladung von Pulver und Schrot in Grains und Unzen. In unserem Beispiel zum Beispiel 2,7 g Schultze-Pulver und 32 g Schrot. In Gebrauch seit 1904.

London Birmingham

Stempel für den erneuten Beschuss bereits einmal endgültig beschossener Waffen, nach Instandsetzungen, die einen neuen Beschuss erfordern, oder wenn alte nur für Schwarzpulver beschossene Flinten mit rauchschwachem Pulver beschossen werden sollen; außerdem NP-Stempel.

Zusammenfassung

Alle für rauchloses Pulver in England beschossenen Waffen müssen den NP-Stempel auf dem Lauf tragen. Eine Ausnahme machen nur Militärwaffen, bei denen dieser Stempel durch  oder  ersetzt ist.

Englische, nach 1925 rauchschwach beschossene Läufe können, immer vorausgesetzt, dass die ganze Waffe sich in gutem Zustande befindet, ohne Weiteres mit normalen deutschen rauchschwachen Patronen der für die Kammer passenden Länge gebraucht werden. Man erkennt sie am besten daran, dass sie die Länge der Patronenhülse in Zoll gestempelt haben. Ältere englische Waffen, bei denen diese Angabe fehlt, oder etwa durch den Stempel LC ersetzt ist, sowie alle solchen, die nur den Namen eines rauchschwachen Pulvers, für das sie beschossen sind, tragen, sollten der Sicherheit halber vor der Ingebrauchnahme von einem erfahrenen Büchsenmacher auf ihre Tauglichkeit zum Gebrauch mit rauchschwachem Pulver untersucht und eventuell neu beschossen werden. Sehr viele von ihnen werden für eine Gebrauchsladung von 30 oder 32 g Schrot im Kaliber 12 oder die entsprechende Ladung in den anderen Kalibern noch vollkommen brauchbar befunden werden – aber sicher ist sicher!

Die neuen englischen Beschussmarken

Schon sehr bald nach der Einführung der Beschussmarken vom Jahre 1925 machte sich in England das Bestreben geltend, das ganze Beschusssystem nach zeitgemäßeren Gesichtspunkten von Grund auf zu ändern. Allerdings kam zunächst der Zweite Weltkrieg dazwischen und schließlich vergingen noch mehrere Jahre bis es endlich so weit war: Ab 1. Februar 1955 wurden die neuen Regeln eingeführt. Die wichtigsten Unterschiede zu denen des Jahres 1925 sind wohl:

Der Druck der Beschussladung wird festgesetzt, indem man den höchsten mittleren Druck der Gebrauchspatrone als Grundlage nimmt, und den Beschussdruck bei glatten Läufen um 60 bis 80%, bei gezogenen um 30 bis 45% erhöht. Der höchstzulässige mittlere Druck der Gebrauchsmunition wird auf den Lauf in Tonnen auf den Quadratzoll (157,49 kg auf den cm²) geschlagen. Die Patronenfabriken sind gehalten, auf den Schachteln den höchsten mittleren Druck anzugeben. Ferner ist man endlich zur Überzeugung gekommen, dass der Beschuss und die nachfolgende Untersuchung des Laufes ein zusammengehörendes Ganzes bilden, also die Untersuchungsmarke –

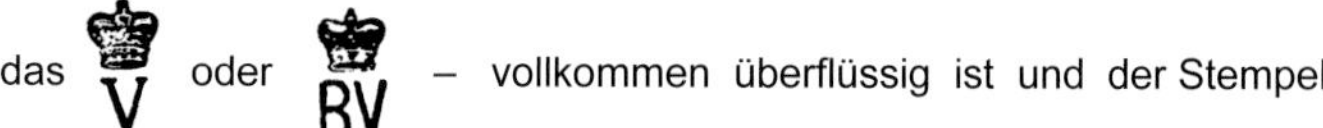
das V oder BV – vollkommen überflüssig ist und der Stempel

des definitiven Beschusses, also  und BP genügt.

Da man mit Recht annimmt, dass heute wohl nur noch sehr wenige Jagdwaffen nur für den Gebrauch von Schwarzpulver hergestellt werden, werden von vornherein sämtliche Läufe für den Gebrauch von rauchschwachem Pulver beschossen und es tragen deshalb alle in London beschossenen Läufe den Stempel  und die in Birmingham beschossenen den neuen, aus PB und NP zusammengezogenen Stempel , während die Worte

NITRO PROOF oder NITRO PROVED überall entfallen. Wird der Beschuss eines Laufes nur für Schwarzpulver verlangt, so kann dem stattgegeben werden, es wird aber dann ein besonderer Stempel aufgeschlagen, nämlich NOT NITRO in London und BLACK POWDER in Birmingham. Das dürfte wohl Verwechslungen, die schon so häufig Unglücksfälle verursacht haben, ziemlich ausschließen.

Unbeschossene Läufe, oder solche die in England nicht anerkannte Beschussmarken tragen – dazu gehören seit 1945 auch die deutschen und österreichischen Beschussmarken – werden von jetzt ab in gleicher Weise wie die englischen Läufe dem normalen englischen Beschuss unterworfen und mit dessen Marken gestempelt, statt wie seit 1925 üblich, mit den englischen Beschussmarken, umgeben von einem dicken Kreis, gestempelt zu werden. Der Stempel NOT ENGLISH MAKE ist gleichfalls abgeschafft worden. Da aber die Verfügung, dass eingeführte Läufe deutlich ihre ausländische Firmen- und Herkunfts-Bezeichnung tragen müssen, weiter besteht, so bedeutet diese Änderung nur, dass die Einfuhrkontrolle jetzt nicht mehr von den Beschussanstalten, sondern vom Handelsministerium (Board of Trade) ausgeübt wird.

Der früher freiwillige vorläufige Beschuss der rohen, für einläufige Flinten bestimmten Läufe, wird generell aufgegeben, da man der Ansicht ist, dass diese sowieso stark genug sind und der zweite obligatorische Beschuss genügt, um etwaige die Sicherheit gefährdende Fehler aufzudecken. Diese Verfügung ist wohl hauptsächlich getroffen worden, um das Beschussamt Birmingham zu entlasten, wo jährlich fast 20000 Läufe für einläufige Flinten einem vorläufigen Beschuss unterworfen wurden.

Die bisher auf englischen Läufen mit über 0,1 mm (0,004 Zoll) Würgung aufgestempelte Wort CHOKE verschwindet von jetzt ab und wird durch die Kaliberangabe des zylindrischen Laufteils in Zoll ersetzt. Dies ermöglicht bis zu einem gewissen Grad die Nachprüfung, ob ein Lauf später, um ihn blank erscheinen zu lassen, nachgeschmirgelt worden ist, sodass die Wandungen vielleicht gefährlich dünn geworden sind. Die geläufige Kaliberangabe und Hülsenlänge bleibt wie früher bestehen. Der besondere Stempel für gezogene Läufe von Militärkalibern fällt weg und das ganze System der Klasseneinteilung, das noch 1925 zehn Klassen, davon allein drei für Vorderladerwaffen und drei für gezogene Läufe enthielt, ist bedeutend vereinfacht worden. Von jetzt ab gibt es nur noch vier Klassen. Das sind:

Klasse 1) Flinten mit glatten Läufen in normalen Kalibern
Klasse 2) Büchsen mit Normal-Kalibern
Klasse 3) Revolver und Pistolen mit normalen Kalibern
Klasse 4) Alle anderen Waffen, einschließlich solche, die nur für den Gebrauch von Schwarzpulver beschossen werden:Vorderladerwaffen und besondere Waffen, wie Harpunenkanonen, Schlachtapparate, Nagelapparate (cable-spiker) usw., die vor dem Verkauf beschossen werden müssen.

Ebenso wie die deutschen Beschussregeln enthalten auch die neuen englischen die offiziellen Abmessungen der Patronenlager, Durchmesser der Läufe, die Größen der Patronenhülsen etc.

Wie bisher findet der Beschuss auch der für rauchschwaches Pulver bestimmten Läufe mit einem besonderen Beschuss-Schwarzpulver statt, da die englischen rauchschwachen Pulver, die den nötigen Gasdruck im Lauf entwickeln, wie er beim Beschuss für moderne Progressivpulver erforderlich ist, zu hohe Drucke im Patronenlager ergeben. Sollte aber ein alle Ansprüche befriedigendes rauchloses Pulver entwickelt werden, so kann es ohne weitere Gesetzänderungen sofort verwendet werden, wozu es nur des Beschlusses der Beschussanstalten bedarf.

Die Anzahl der verwendeten Beschussmarken ist stark verringert worden. Wie man auf der Tabelle sehen kann, ist die Zahl der Marken eines in London beschossenen Schrotlaufs Kaliber 12 von 9 auf 6, und eines ebensolchen in Birmingham beschossenen von 10 auf 5 verringert worden und diejenige auf einem Büchsenlauf Kaliber .318 (circa 8 mm) von 9 auf 6.

Beschussmarken auf einer Büchse Kaliber .318 (ca. 8 mm) randlos Nitro Express

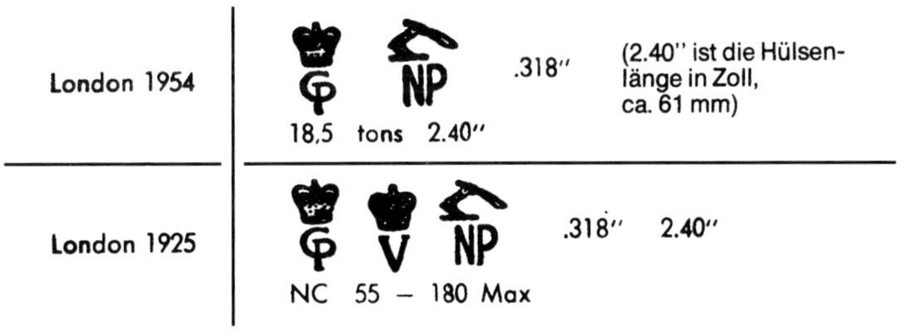

Schrotflinte Kaliber 12, 65 mm lange Hülse

Birmingham 1954	.729	BNP 3 tons	12	$2^1/_2$" per "2
Birmingham 1925	12	BV BP NP Nitro	12 C	$2^1/_2$" Choke Proof $1^1/_8$ oz

Nachtrag

Entsprechend der Weiterentwicklung des Beschusswesens wurden auch in England die vorhandenen Beschusszeichen erweitert und zwar um die Stempel für die Munitionskontrolle, der Geräteprüfung und den Beschuss für Stahlschrot.

Beschusszeichen:

	London	Birmingham
Munitionskontrolle	 L	 B
Geräteprüfung	LH	BH
Beschuss „Stahlschrot“ für Waffen mit glatten Läufen		

Anmerkungen: Der Gebrauchsgasdruck, für den die Waffe gebraucht wurde, wird in Tonnen pro Quadratzoll auf dem Lauf angegeben, z. B. 3 Tons.
Das Nominalkaliber und die Länge des Patronenlagers werden ebenfalls auf dem Lauf angegeben, z. B. 12,2 1/2“

Finnland

Entsprechend des Sitzungsprotokolls Nummer XVIII vom Juni 1984 ist auch Finnland Mitglied der C.I.P.

Die finnischen Beschussstempel sind klar und übersichtlich. Sie unterscheiden sich teilweise nur in ihrer unterschiedlichen Größe oder durch zusätzliche Buchstaben.

Wie bei allen C.I.P.- Mitgliedsländer, so kam auch in Finnland das Zeichen für den Beschuss für Stahlschrot dazu.

Beschusszeichen:

Beschuss mit Nitropulver

Beschuss mit Schwarzpulver

Verstärkter Beschuss,

Munitionskontrolle

Beschuss mit „Stahlschrot“ von Waffen mit glatten Läufen

Frankreich

Auch in Frankreich hat die Frage des Beschusses von Handfeuerwaffen schon früh die Geister beschäftigt. Wenn auch die Annahme, in St. Etienne, der großen französischen Waffenstadt, habe schon im Anfang des 16. Jahrhunderts ein regulärer Beschuss stattgefunden, bis heute unbewiesen ist, so wurde doch dort die erste bekannte französische Beschussordnung im Jahre 1700 herausgegeben, der im Laufe des Jahrhunderts noch mehrere andere folgten. Schon im Jahre 1729 kannte man dort einen vorläufigen und einen endgültigen Beschuss. Wie interessant für den Forscher auch diese Beschussordnungen sein mögen, hier haben wir keinen Platz für sie, umsomehr da keine von ihnen Beschussstempel vorsah, sondern sich mit Jahreszahlen oder den Anfangsbuchstaben der Namen der betreffenden Inspektoren begnügte. Erst am 17. Januar 1782 erschien ein königliches Dekret, das in einer oder der anderen Form bestimmt war, bis tief ins 19. Jahrhundert hinein seine Wirksamkeit zu erstrecken. Dieses Dekret setzte auch zum ersten Male in Frankreich einen Beschussstempel fest, nämlich das Wappen der Stadt St. Etienne. Da man aber damals glaubte, dass das Einschlagen des ganzen Wappens den Lauf schwächen könnte, begnügte man sich meist mit dem Hauptteil, den beiden gekreuzten

Palmenzweigen, 

die noch dazu oft nur leicht eingraviert wurden und in der Folge durch das häufige Putzen der blanken Läufe meist gänzlich verschwunden sind.

Während der Revolutionszeit wurde der Handel mit Privatwaffen verboten; 1797 wieder gestattet und die alte Beschussordnung wieder eingeführt, um 1810 der neuen, napoleonischen, Platz zu machen. Diese, vom 14. Dezember 1810 datiert, fußte noch vollständig auf der alten von 1782, brachte aber doch sehr viel Neues, so zum Beispiel die Kaliberskala, die bisher auf der Anzahl von Rundkugeln im französischen Pfund beruht hatte und jetzt auf der Anzahl solcher Rundkugeln im Kilogramm fußte. Die französischen Kaliberbezeichnungen von Kaliber 32 bis 56 statt 12 bis 24 sind dann bis 1868 im Gebrauch. Jede französische Waffenfabrik musste ihre eigenen Waffen beschießen lassen und bekam ihren eigenen Beschussstempel:

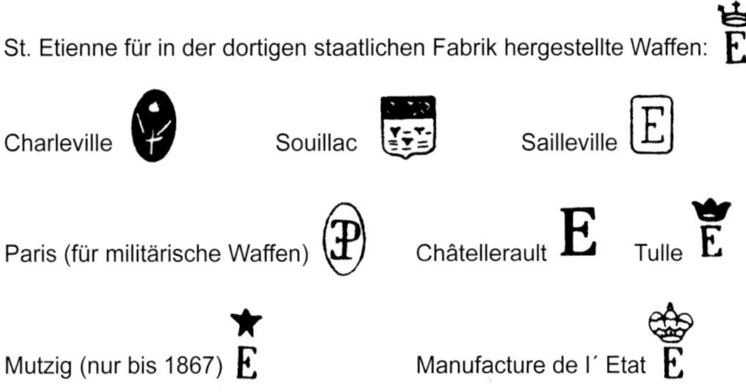

Der letzte Stempel wird noch heute auf alten Gras-Gewehren gefunden, die in Frankreich auf Kaliber 28 ausgebohrt wurden und dann in Belgien ohne neuen Beschuss eingeführt werden durften. In diesem Fall trugen sie diesen Stempel zweimal wiederholt, den ersten als Beweis des Beschusses bei der Herstellung des Original-Gras-Gewehrs, den zweiten erhielten die Waffen nach der Ausbohrung. Auf größere Kaliber ausgebohrte Gras-Gewehre mussten in Belgien neu beschossen werden.

Die Beschussladung für einen glatten Lauf Kaliber 16 oder wie es damals hieß Kaliber 40, betrug 16 g Pulver und eine kalibergroße Rundkugel. Ein Paar Pistolen desselben Kalibers wurden mit demselben Pulvergewicht für beide, also jede mit 8 g Pulver und der kalibergroßen Kugel beschossen. Der verstärkte Beschuss wurde durch die Verdoppelung des Beschussstempels angezeigt.

In St. Etienne gab es Schwierigkeiten bei der Annahme eines neuen Beschussstempels, doch einigte man sich endlich auf nebenstehenden. Dieser wurde am 26. September 1811 offiziell bestätigt.

Er wurde am 19. Februar 1824 durch den nebenstehenden ersetzt,weil nach Angabe der Präfektur von St. Etienne der frühere bei den vielen Umänderungen, welche die Änderung der Staatsform mit sich brachte, verlorengegangen war. Im Jahre 1856 wurde die Beschussanstalt in St. Etienne von der Handelskammer übernommen und

seit dieser Zeit dieser Stempel in einem Oval

benutzt. Ein neues Gesetz vom 14. Juli 1860 erlaubte den privaten Fabriken sich an der Umänderung der alten Feuersteinflinten der Armee in

Perkussionswaffen zu beteiligen. Als Stempel wurde der nebenstehende angenommen, der als Zusatz zu allen anderen auf den Läufen befindlichen Stempeln benutzt werden sollte.

Am 22. April 1868 wurde das letzte französische Beschussgesetz, das den obligatorischen Beschuss vorschreibt, veröffentlicht. Es war sehr viel strenger wie alle vorhergehenden und unterschied sich bedeutend von dem aller anderen Länder. So interessant es ist, wir können dabei nicht verweilen. Sagen wollen wir aber doch, dass es den vorläufigen und endgültigen Beschuss aller gezogenen Waffen vorschrieb, während glatte Läufe nur einmal beschossen wurden. Bei den kurzen Läufen von Pistolen konnte es bei den großen Schwarzpulverladungen vorkommen, dass die Beschussladungen nicht in den Lauf passten, dann wurde der Lauf halbvoll mit Pulver befüllt, ein Pfropfen daraufgesteckt und der Lauf mit Weichschrot von 2 mm Durchmesser so gefüllt, dass man noch einen Pfropfen obendrauf aufsetzen konnte. Das war die Beschussladung.

Waffen, die nach dem neuen Gesetz beschossen worden waren, erhielten seit dem Jahre 1869 auch einen neuen Beschussstempel. 

Während all dieser Jahre gab es immer nur einen Beschussstempel für jede Beschussanstalt, die für alle handelsüblichen Läufe angewendet wurden. Der verstärkte Beschuss wurde, wie bereits erwähnt, durch Verdoppeln des Beschussstempels ausgedrückt. Bis dahin hatte es auch keinen vorläufigen Beschuss gegeben, also auch keinen Stempel dafür. Jetzt aber, am 20. April 1879 führte der Handelsminister, dem die Beschussanstalten unterstanden, gleich drei neue Stempel ein. Der erste 

davon war für in St. Etienne hergestellte Waffen bestimmt, der zweite für im Ausland 

hergestellte, die nach Frankreich eingeführt wurden

und schließlich einen Stempel, der auf Waffen geschlagen wurde, die in Frankreich, aber nicht in St. Etienne hergestellt 

worden waren. Dieser Stempel war auf das besondere Ersuchen der Pariser Büchsenmacher hin eingeführt worden. Dies scheint die erste Regung der Pariser Büchsenmacher gewesen zu sein, von denen bisher auf dem Gebiet des Beschusses nichts zu hören gewesen war. Manche von ihnen hatten eigene Beschussstempel gehabt, so zu napoleonischer Zeit Boutet in Versailles, vielleicht auch Bernard, der nachgewiesenermaßen im Jahr circa 2000 Läufe herstellte und andere. Im Fall von besonders verstärktem Beschuss wurden diese Stempel, wie auch früher, verdoppelt. Die Ausführungsbestimmungen zu dieser Verfügung wurden am 20. April 1879 in St. Etienne der Öffentlichkeit übergeben.

Dieses Gesetz blieb bis zum Jahre 1885 in Kraft. Nachdem dieses neue Gesetz vom Parlament angenommen und vom Präsidenten bestätigt worden war, stellte sich zum allgemeinen Erstaunen heraus, dass sein Wortlaut so gehalten war, dass er den obligaten Beschuss in Frankreich aufhob. Nach langen Verhandlungen ließ man es dabei bewenden und blieb beim fakultativen oder freiwilligen Beschuss. Man kann ruhig sagen, dass Frankreich und seine Waffenindustrie dabei nicht schlecht gefahren sind. Kein französischer Jäger oder Schütze kauft eine unbeschossene Waffe, kein Ausländer will eine solche haben und so hat sich dann die Gewohnheit des Beschusses fortgepflanzt, genau so, als ob der Beschuss obligatorisch wäre. Frankreich hat sich auch der internationalen Konferenz von 1914 angeschlossen und seine freiwilligen Beschussstempel sind in der ganzen Welt als gleichberechtigt anerkannt.

Trotz des neuen Gesetzes blieben die Beschussstempel noch einige Zeit unverändert.

1886 wurde nur ein besonderer Stempel $\frac{\mathbf{E}}{\mathbf{F}}$ für Waffen eingeführt, die in fertigem Zustande beschossen worden waren. Am 18. Oktober 1893 wurde beschlossen, dass Waffen, die einem verstärkten Beschuss im fertigen Zustand unterworfen worden waren, den Stempel $\frac{\mathbf{E}^{S}}{\mathbf{F}}$ zu tragen hätten. Dieser blieb bis zum Jahre 1897 in Gebrauch.

1892 wurde zu den bestehenden Beschussarten noch der Beschuss der rohen Läufe hinzugefügt, wie er in den Beschussordnungen der meisten anderen Staaten existiert. Dazu gehört der Stempel

Ein Dekret vom 7. November 1895 ermächtigte die Pariser Handelskammer, eine Beschussanstalt zu gründen. Die Ausführungsbestimmungen, die denen von St. Etienne gleichlautend waren, wurden am 30. Juli 1897 veröffentlicht. Aber schon bevor diese Bestimmungen in Kraft traten, hatte man in St. Etienne den Beschuss mit rauchschwachem Pulver angenommen. Sämtliche Bestimmungen wurden von der Beschussanstalt in Paris in Bausch und Bogen übernommen. Wir werden sie alle zusammen später behandeln. Die auf den Läufen und Baskülen aufgeschlagenen Gebrauchsladungen sind aber nur mit großer Vorsicht zu behandeln, denn die Stärke der erwähnten Pulver ist mehrmals verändert worden, und dementsprechend auch die Beschuss- und Gebrauchsladungen. So braucht beispielsweise die Gebrauchsladung einer im Jahre 1900 beschossenen Flinte, die mit dem damals verwendeten Pulver absolut sicher war, es heute, bei der neuen Stärke des betreffenden Pulvers, nicht mehr zu sein; sie kann sogar gefährlich sein. Also Vorsicht mit älteren französischen Gewehren, die sonst noch sehr gut erhalten sein können.

Die laut Dekret vom 30. Juli 1897 in St. Etienne und nach ihrer Gründung auch von der Beschussanstalt in Paris gebrauchten Beschussstempel sind folgende:

Für rohe Läufe.

Für fertig bearbeitete und zusammengesetzte Läufe.

Für Läufe, die in fertig bearbeitetem und zusammengesetztem Zustand einem verstärkten Beschuss unterworfen worden sind.

Für in gebrauchsfertigem Zustand beschossene Waffen.

Für in gebrauchsfertigem Zustand einem verstärkten Beschuss unterworfene Waffen. Dieser Stempel ersetzt den bisherigen $\frac{E^{s}}{F}$ in St. Etienne.

Der für rohe Läufe gebrauchte Stempel in kleinerem Format wird für Kleinkaliberwaffen, Revolver und Pistolen gebraucht.

Für mit rauchschwachem J- oder S-Pulver beschossene Läufe. Eingeführt am 30. März 1896.

Für mit rauchschwachem R- oder M-Pulver beschossene Läufe. Eingeführt am 14. Mai 1898.

Für mit rauchschwachem T-Pulver beschossene Läufe. Eingeführt nach 1900.

*) Stempel wurden nicht herausgegeben

**) Stempel sind nicht mehr vorhanden

Alle diese Stempel sind noch heute in Gebrauch und wir werden sie am angegebenen Ort wiederfinden, wo sie zum besseren Verständnis noch einmal abgebildet werden.

Im Jahr 1901 kamen zu diesen Stempeln neue hinzu, da inzwischen ein bedeutend verstärkter, aber immer noch freiwilliger Beschuss der fertigen Läufe in St. Etienne eingeführt worden war, der auch sofort von Paris übernommen wurde.

Diese Stempel sind:

Für den doppelten Beschuss fertiger Läufe.

St. Etienne

Paris

Vier Wappen hintereinander

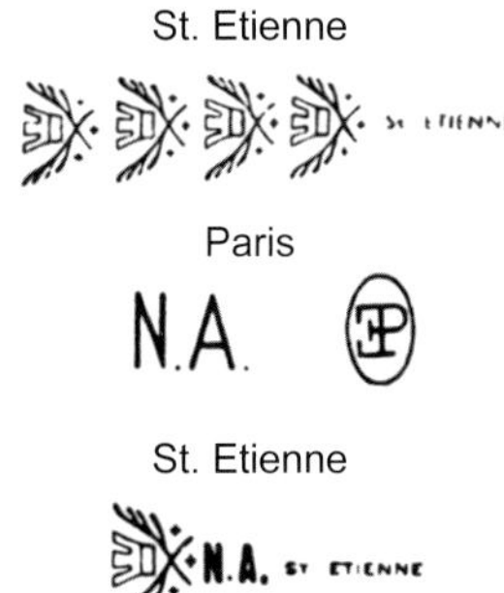

Für den „dreifachen“ Beschuss fertiger Läufe.

Für den Beschuss fertiger, aber noch nicht zusammengesetzter Läufe. In Gebrauch seit 1901.1928 abgeschafft und 1946 wieder eingeführt (siehe unten).

Durch ein Dekret vom 18. Dezember 1923 wurden die Regeln für den Beschuss geändert. In Gebrauch blieben nur der gewöhnliche und der verstärkte Beschuss, deren neue Beschussladungen nicht mit den für die oben erwähnten und als „doppelter“ oder „dreifacher“ bezeichneter Beschuss übereinstimmen. Trotzdem blieben die Stempel dieselben. Wenn man nicht das Beschussjahr kennt, wurde es dadurch vollkommen unmöglich festzustellen, mit welcher Ladung und folglich mit welchem Druck eine in Frankreich in dieser Zeit geprüfte Waffe beschossen worden ist.

Um zu zeigen, wie man versuchte mit hohen Drücken Reklame zu machen, geben wir hier eine Tabelle der in St. Etienne – und folglich auch in Paris – zwischen 1901 und 1923 benutzten Beschussladungen. Die Erklärung für den ungeheueren Druck, den die Läufe angeblich aushalten ist die, dass ein anderer Gasdruckmesser benutzt wurde. Man muss im Auge behalten, dass alle Gasdruckangaben nur Vergleichswerte darstellen, und nicht absolute Zahlen. Die Angaben stammen aus französischen Quellen, denen ich die Verantwortung für die einzelnen Angaben überlasse, aber es gibt noch heute in Frankreich Firmen, die sich auf diese Fantasiezahlen berufen.

Französische Beschussladungen zwischen 1901 und 1923

Beschuss mit extra starkem Schwarzpulver Nummer 2
und französischem Weichschrot Nummer 8

	Kaliber 16			Kaliber 12		
Beschuss	Ladung in g		Gasdruck	Ladung in g		Gasdruck
	Pulver	Schrot	in kg/cm²	Pulver	Schrot	in kg/cm²
Erster Beschuss der rohen Läufe	10	60	893	11	70	941
Beschuss des fertigen Laufs	9	50	764	10	60	791
Verstärkter Beschuss der fertigen Läufe (épreuve supérieure)	13	60	1050	14,5	75	1133
„Doppelter“ Beschuss der fertigen Läufe	18	100	1472	20	120	1441
„Dreifacher“ Beschuss der fertigen Läufe	27	150	1800	30	180	1726
Ladungen mit Normaldruck französischer Patronen	4,5	28	438	5,25	34	455

Frankreich nahm alle von der internationalen Konferenz in Brüssel im Jahre 1914 ausgearbeiteten Bedingungen für den Beschuss von Handfeuerwaffen an, die schließlich durch eine Verfügung des Handelsministeriums vom 4. Juni 1926 in Frankreich eingeführt wurden. Beschossen wird wie früher schon mit „starkem“ Schwarzpulver Nummer 2 und Weichschrot französisch Nummer 8 bis 2,25 mm Durchmesser. Falls ein verstärkter Beschuss über den in den Tabellen angezeigten gewünscht wird, kann er zugestanden und auch ein Zeugnis darüber ausgestellt werden, das die gebrauchten Ladungen, die inneren und äußeren Abmessungen der Läufe und ihr Gewicht angibt, aber es werden dafür keine besonderen Stempel aufgeschlagen. Läufe, die einem solchen verstärkten Beschuss unterworfen werden sollen, müssen sich im selben Zustand befinden wie die für den normalen Beschuss.

Die jetzt in Gebrauch befindlichen französischen Beschussstempel sind:

Vorläufiger Beschuss der rohen, aber innen schon polierten Läufe. Der Druck der Ladung soll 1150 kg/cm² betragen.

Gewöhnlicher Beschuss der für mehrläufige Gewehre bestimmten Läufe, zusammengesetzt, außen völlig fertig, ebenso innen, außer der letzten Politur. Gasdruck 1000 kg/cm².

„Doppelter“ Beschuss dem alle Läufe unterworfen werden können, einerlei ob sie die beiden vorigen durchgemacht haben oder nicht. Gasdruck 1150 kg/cm².

„Dreifacher“ Beschuss nach denselben Bestimmungen wie der „Doppelte“. Gasdruck 1300 kg/cm².

Stempel für den Beschuss fertiger Einzelläufe, einerlei ob sie später zusammengelegt werden sollen oder nicht, die demselben Beschuss unterworfen werden, wie fertige, zusammengelegte Läufe.

Dieser letzte Beschuss samt dazugehörigem Stempel war schon 1901 geschaffen worden, wurde aber 1924 nicht mehr in das neue Dekret aufgenommen. Da jedoch die Manufacture National d'Armes de St. Etienne wünschte, einzelne, vollkommen fertige Läufe unter den Bedingungen des Beschusses der zusammengelegten Doppelläufe vorzustellen, wurde er laut Ministerialbeschluss vom 26. Oktober 1946 wieder eingeführt und wird auf komplett fertige Einzelläufe aufgeschlagen, gleichgültig ob sie später zu Doppelläufen zusammengelegt werden oder nicht. Er besteht auch für Paris, ob er dort aber viel Anwendung findet oder nicht, ist unbekannt. Werden so zu beschießende Läufe schon in zusammengesetztem Zustand zum Beschuss vorgestellt, so wird nur der Stempel allein aufgeschlagen, ohne die Buchstaben NA (non assemble). Alle bisher erwähnten Beschüsse gehören in die Kategorie der vorläufigen. Für den endgültigen Beschuss werden alle Waffen in drei Klassen eingeteilt. Zu der ersten gehören alle Langwaffen mit glatten Läufen, zu der zweiten alle mit gezogenen Läufen und zu der dritten die Faustfeuerwaffen.

In Gebrauch sind folgende Stempel:

Paris	St. Etienne	
	F	Der gewöhnliche endgültige Beschuss mit Schwarzpulver mit einem Gasdruck von 620 kg/cm² an der ersten Messstelle des internationalen Gasdruckmessers.
	S	Verstärkter Beschuss mit Schwarzpulver. Druck 800 kg/cm² an der ersten Messstelle.
PT	PT	Stempel für den gewöhnlichen rauchschwachen Beschuss, welcher mit T-Pulver ausgeführt wird. Druck von 850 kg/cm² an der ersten Messstelle.
 P T	PT	Verstärkter rauchschwacher Beschuss mit T-Pulver unter einem Druck von 1100 kg/cm². Auch S-Pulver wird gebraucht. Derselbe Stempel mit S statt T.

Paris St. Etienne

Zu diesem Beschuss werden die Waffen in weißfertigem Zustand vorgestellt. Im Fall, dass sie gebrauchsfertig vorgestellt werden, so wird, außer den oben angegebenen Stempeln auch noch der nebenstehende aufgeschlagen.

Alle Läufe müssen an einem gut sichtbaren Platz die Marke eines französischen Laufmachers tragen, aber es ist dem Einsender überlassen anzugeben, welchem Beschuss sie unterworfen werden sollen. Alle Läufe, die diese Ursprungsmarke nicht tragen, werden als Läufe ausländischer Herkunft angesehen.

ARME ETRANGERE

Sie werden, nachdem sie ordnungsgemäß beschossen worden sind, mit denselben Zeichen wie französische Läufe gestempelt, erhalten aber noch den nebenstehenden Stempel der ihre ausländische Herkunft bestätigt.

Alle Waffen, die den Beschuss aushalten, werden zusätzlich mit dem Laufgewicht, der Lauflänge in mm, der bereits oben erwähnten Fabrikmarke, mit dem Kaliber und der Länge des Patronenlagers gestempelt. Dies kann sowohl durch Aufschlagen der betreffenden Angaben geschehen, als auch durch Aufschlagen des Stempels „Normal“, der aber nur in St. Etienne gebraucht wird. Diese Bestimmungen sind insofern interessant, als dass keine andere Beschussordnung bisher die Lauflänge vorgesehen hat. Eine Erklärung dafür wäre vielleicht, dass das französische Gesetz keinen besonderen Stempel für Würgebohrungsläufe kennt, obgleich ein solcher auf manchen Gewehren in St. Etienne zu finden ist. Durch Nachmessen der Lauflänge kann also ein

eventueller späterer Käufer der Waffe feststellen, ob der Lauf noch seine ursprüngliche Länge hat, oder ob etwa ein Stück abgeschnitten ist.

Damit das Patronenlager als „NORMAL“ bezeichnet und so gestempelt werden kann, müssen seine Abmessungen denen der Brüsseler Konvention von 1914 entsprechen, mit dem Unterschied, dass in Frankreich nur Waffen mit einem Patronenlager für Hülsen von 65 mm Länge als NORMAL angesehen und dementsprechend gestempelt werden.

Sollte es sich herausstellen, dass das Kaliber einer zum endgültigen Beschuss vorgestellten Waffe größer ist als das beim vorläufigen Beschuss aufgeschlagene, so wird beim vorläufigen Beschuss angegebene Kaliber durch einen in der Laufrichtung verlaufenden Strich ungültig gemacht und ein neuer Kaliberstempel vor dem ungültigen eingeschlagen. Die Waffe ist dann mit der dem neuen Kaliber entsprechenden Ladung endgültig zu beschießen. Falls sie den Beschuss aushält, so wird sie dementsprechend gestempelt, aber nur als „fertig vorgestellte“ Waffe. Der NORMAL-Stempel kann gleichfalls aufgeschlagen werden, wenn das neue Kaliber innerhalb der zulässigen Toleranzen liegt. Der Kaliberstempel auf dem Lauf muss entsprechend geändert werden.

Sollte ein Fabrikant seine Läufe auch oder nur mit J- oder M-Pulver beschießen lassen wollen, so kann er das haben. In diesem Falle gibt die Beschussanstalt in St. Etienne keine „Beschuss-Bescheinigung“ heraus, stempelt auch den Lauf nicht ab, sondern gibt nur ein „Bulletin de Tir“ heraus, während die Beschussanstalt in Paris den Lauf mit den Initialen des betreffenden Pulvers stempelt. Der Grund dieser Maßregel ist, dass eine mit obigen Pulvern richtig geladene und gerändelte Patrone nicht lang genug ist, um eine Ladung aufzunehmen, die den nach den internationalen Bestimmungen erforderlichen Gasdruck von 850 kg/cm^2 liefert.

Stockflinten, die in Frankreich noch hergestellt werden, sowie Entenflinten, werden ebenso geprüft wie gewöhnliche Jagdflinten, wobei bei Jagdflinten die Schrotladung durch die Mündung eingeführt wird, da sie in der Patrone keinen Platz mehr hat.

Aus gezogenen Läufen wird aus jedem Lauf eine besondere Beschusspatrone abgefeuert, die einen Überdruck von 30% über dem Gebrauchsdruck liefert. Repetierbüchsen werden mit drei Schuss beschossen, wovon nur die erste eine Beschusspatrone ist, die beiden anderen aber handelsübliche Gebrauchspatronen.

Paris

St. Etienne

Flobert-Waffen werden mit der Gebrauchshülse, die bis oben mit extrafein gekörntem Schwarzpulver gefüllt ist und dem Gebrauchsgeschoss beschossen. Büchsen, die keine Militärpatronen (cartouches de service) verwenden, werden sowohl als einläufige wie als mehrschüssige Waffen demselben Beschuss unterworfen, wie diejenigen desselben Kalibers mit glatten Läufen. Sie erhalten auch dieselben Stempel. Der Felddurchmesser ihrer Läufe darf den bei dem vorläufigen Beschuss aufgeschlagenen nicht übertreffen, sonst muss die Waffe nach den für glatte Waffen gegebenen Vorschriften neu beschossen werden.

Faustfeuerwaffen werden mit besonderen Beschusspatronen beschossen, die im Fall von Selbstladepistolen einen Überdruck von 30% über den Gebrauchsdruck liefern. Bei Revolvern wird die längste in die Trommel passende Patrone mit Schwarzpulver gefüllt und mit dem Gebrauchsgeschoss geladen. Alle Faustfeuerwaffen werden mit soviel Schuss beschossen, als das Magazin, oder die Trommel aufnimmt. Revolver werden mit einem Schuss je Patronenlager beschossen, Selbstladepistolen mit einer Beschusspatrone und der Rest handelsübliche Gebrauchspatronen. Alle Faustfeuerwaffen müssen entweder weißfertig oder gebrauchsfertig zum Beschuss vorgestellt werden.

Paris

St. Etienne

Ebenso wie andere moderne Beschussgesetze zieht auch das französische die Prüfung von Jagdpatronen in den Kalibern 10, 12, 14, 16, 20, 24 und 28 auf ihre Sicherheit, Gasdruck, Schrotgeschwindigkeit etc. vor.

Zusammenfassung

Das französische Beschussgesetz kennt keinen allgemeinen rauchlosen Beschussstempel. Die beiden französischen Beschussanstalten Paris und St. Etienne benutzen zum Beschuss mit rauchschwachem Pulver meist das Pulver T, aber auch S wird manchmal genommen. In letztgenanntem Fall wird die Gebrauchsladung aber meist auch als T-Pulver zugegeben. Jedenfalls steht auf Lauf und/oder Basküle der Anfangsbuchstabe des betreffenden Pulvers hinter dem Buchstaben P und unter einem Stern für Paris oder einer Krone für St. Etienne als Beschussstempel, neben den anderen sonst erwähnten. In allen so beschossenen und gestempelten Flinten können deutsche Gebrauchspatronen, deren Schrotladungen die auf der Basküle gestempelten nicht übersteigen, ohne Weiteres benutzt werden. Im Gegensatz zu den meisten belgischen, italienischen und spanischen modernen Flinten sind die Kammern der französischen, wo nichts anderes angegeben ist, für 65 mm lange Hülsen eingerichtet und nur solche sollten darin benutzt werden.

Ergänzung

Am 12. Januar 1960 wurde in Frankreich ein neues Beschussgesetz verabschiebet, das mit seinen Ausführungsbestimmungen im Juni 1962 in Kraft trat. Die einschneidendste Änderung gegenüber dem alten Gesetz bestand in der Wiedereinführung der Beschusspflicht, die im Jahre 1885 aufgehoben worden war. Das neue Gesetz kann man grob in vier Abschnitte aufteilen:

1. Beschuss von Waffen mit glatten Läufen
2. Beschuss von Waffen mit gezogenen Läufen
3. Freiwilliger Vorbeschuss von glatten Läufen
4. Wiederholungs- und Instandsetzungsbeschuss von Waffen aller Art

Alle der Beschusspflicht unterliegenden Waffen müssen zum Beschuss mindestens weißfertig sein. Das bedeutet, dass alle materialschwächenden Arbeiten bereits abgeschlossen sind. Wenn die Waffen schon verkaufsfertig vorgelegt werden, erhalten sie zusätzlich zu den Beschusszeichen noch das Zeichen (1).

Vor dem Beschuss werden alle Waffen sorgfältig inspiziert. Defekte Waffen und solche, deren Haltbarkeit von vornherein fraglich ist, werden zurückgewiesen. Die Patronenlager- und Laufinnenmaße werden gemessen und bei Flinten auf den Lauf geschlagen. Bei Waffen mit gezogenen Läufen wird nur die Kaliberbezeichnung aufgebracht. Die Waffeninnenmaße müssen den Maßen entsprechen, die durch die C.I.P. (Ständige internationale Kommission für Beschusswesen der Länder Belgien, Chile, Deutschland, Frankreich, Italien, Österreich, Spanien und der Tschechoslowakei) festgelegt wurden.

Für jede beschossene und anerkannte Waffe wird cinc Beschussbescheinigung ausgestellt, in der auch Art und Gasdruck des Beschusses vermerkt sind.

1. Der Beschuss von Waffen mit glatten Läufen (Flinten)

Für Flinten sind drei Beschussarten vorgesehen, die wahlweise angewendet werden können: der Schwarzpulverbeschuss, der normale Nitrobeschuss und der verstärkte Nitrobeschuss. Wie man sieht, ist der Nitrobeschuss nicht obligatorisch. Bei allen Prüfungsarten werden pro Lauf zwei entsprechende Beschusspatronen verschossen. Beim verstärkten Beschuss wird zum ersten Schuss eine normale Nitrobeschusspatrone verwendet und zum zweiten Schuss eine verstärkte Nitrobeschusspatrone.

Statt der Beschussladungen werden im neuen Gesetz die Beschussgasdrücke vorgeschrieben. Sie sind für glatte Läufe wie folgt:

Beschussart	Lagerlänge	Druck
I. Schwarzpulverbeschuss	65 mm	620 kp/cm^2
	70 mm	650 kp/cm^2
	75 mm	680 kp/cm^2
II. Normaler Nitrobeschuss	65 mm	850 kp/cm^2
	70 mm	900 kp/cm^2
	75 mm	950 kp/cm^2
III. Verstärkter Nitrobeschuss	65 mm	1100 kp/cm^2
	70 mm	1200 kp/cm^2
	75 mm	1200 kp/cm^2

Beschossene und anerkannte Waffen werden auf Lauf und Basküle mit folgenden Beschusszeichen gestempelt: (2; 3; 4)

2. Der Beschuss von Waffen mit gezogenen Läufen (Lang- und Kurzwaffen)

Bei Waffen mit gezogenen Läufen wird jeder Lauf mit zwei Beschusspatronen geprüft. Eine Ausnahme bilden nur die Revolver. Bei ihnen wird je Trommelbohrung eine Beschusspatrone geschossen. Die Beschusspatronen müssen einen Gasdruck entwickeln, der 30% über dem höchstzulässigen Gebrauchsgasdruck des jeweiligen Kalibers liegt. Für gezogene Läufe ist nur ein Nitrobeschuss vorgesehen. Beschossene und anerkannte Waffen werden auf dem Lauf und den Verschlussteilen mit folgenden Beschusszeichen gestempelt: (5; 6).

3. Der freiwillige Vorbeschuss von fertigen Flintenläufen

Diese Beschussart hat den Vorbeschuss von Laufrohlingen abgelöst. Da Flintenläufe heute aus nahtlos gezogenen Rohren hergestellt oder aus dem Vollen ausgebohrt und nicht mehr wie früher feuergeschweißt werden, hat der Beschuss von Laufrohlingen seine Bedeutung verloren. Anders ist es mit dem Vorbeschuss von fertigen Läufen.

In Frankreich werden noch in vielen Kleinbetrieben Luxusflinten hergestellt, die in der Preisklasse von 5000 bis 10 000 DM liegen. Die Büchsenmacher, die so teure Waffen fertigen, wollen ganz sicher gehen, dass sie nur bestes Material verwenden. Sie lassen daher die fertigen Flintenläufe, einzeln oder schon zusammengelegt, freiwillig beschießen. Damit haben sie die Gewissheit, dass die fertige Waffe, in die sie viel Arbeit investiert haben, nicht auf Grund einer Lunkerstelle im Lauf beim Endbeschuss zerspringt. Läufe, die dem freiwilligen Vorbeschuss unterzogen werden, müssen weitgehendst fertiggestellt sein. Sie sollen ohne Patronenlager, aber mit polierter Innenwandung vorgelegt werden. Nach dem Vorbeschuss dürfen sie nur noch höchstens 0,2 mm im Durchmesser erweitert werden. Im Beschussamt werden daher auf Wunsch des jeweiligen Büchsenmachers $^{1}/_{10}$ bis $^{2}/_{10}$ mm größere Maße als gemessen auf den Lauf geschlagen. Der Vorbeschuss wird generell mit feinem Schwarzpulver, 2 mm Schrot und Papierpfropfen durchgeführt. Drei verschiedene Beschüsse stehen zur Auswahl: der einfache Beschuss 1000 kp/cm^2, der doppelte Beschuss mit 1150 kp/cm^2 und der dreifache Beschuss mit 1250 kp/cm^2. Nach bestandener Prüfung werden die Läufe mit den Zeichen (7; 8; 9; 10; 11) und, wenn sie noch nicht zusammengelegt sind, zusätzlich mit dem Zeichen (12) gestempelt

Auf Wunsch des Antragstellers kann ein Beschuss mit noch höherem Gasdruck erfolgen. Hierfür gibt es jedoch kein besonderes Beschusszeichen. Die überhöhte Beschussladung ist nur aus der Beschussbescheinigung zu ersehen.

4. Der Wiederholungs- und Instandsetzungsbeschuss

Diesem Beschuss unterliegen:

1. Alle Waffen, die importiert werden und nicht aus C.I.P.-Ländern oder Großbritannien stammen (Großbritannien gehört nicht der C.I.P. an, hat aber mit einigen C.I.P.-Ländern, unter anderen Frankreich, Sonderverträge).
2. Alle beschossenen Waffen, an denen materialschwächende Arbeiten vorgenommen oder tragende Teile repariert oder ersetzt wurden, zum Beispiel Flinten, bei denen der Verschluss gedichtet, das Laufkaliber um

mehr als 0,2 mm erweitert, das Patronenlager 5 mm oder mehr verlängert oder das Gewicht des Laufbündels durch Überarbeiten um mehr als 6% verringert wurde.

Zum Wiederholungs- und Instandsetzungsbeschuss werden die gebräuchlichen Beschussladungen verwendet. Ein verstärkter Nitrobeschuss auf Wunsch wird nur noch in Paris durchgeführt. Die Beschussladungen für ungebräuchliche Kaliber werden von Fall zu Fall vom Beschussmeister festgelegt. Waffen ausländischen Fabrikats werden nur noch in Paris mit dem Zeichen „13" als solche gekennzeichnet. Für den Wiederholungs- und Instandsetzungsbeschuss wurden folgende neue Beschusszeichen geschaffen: 14; 15; 16. Sie beinhalten alle den Buchstaben R für „reeprouvee".

Zusammenfassung

Durch das neue Beschussgesetz von 1960 wurden einige veraltete Prüfmethoden aufgehoben und der Beschuss übersichtlicher gestaltet. Gleichzeitig wurden Maße und Gasdrücke weitgehend denen der anderen C.I.P.-Länder angeglichen. Außer den oben angeführten fünf Beschusszeichen für den Wiederholungs- und Instandsetzungsbeschuss wurden keine neuen Zeichen eingeführt. Weggefallen sind seit Inkrafttreten des Gesetzes im Jahre 1962 folgende Zeichen: 17; 18; 19; 20. 1965 wurde die Druckangabe kp/cm² durch bar ersetzt. Da 1 bar = 1,02 kp/cm² entspricht, sind die Beschussgasdrücke durch diese Änderung unwesentlich gestiegen.

Beschusszeichen

St. Etienne Paris

1. Zusatzzeichen beim Endbeschuss von fertigen Waffen

St. Etienne

2. Schwarzpulverbeschuss

3. Normaler Nitrobeschuss

4. Verstärkter Nitrobeschuss

5. Nitrobeschuss für Kurzwaffen und Kleinkaliber-Waffen

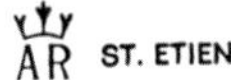

AR

6. Nitrobeschuss für Büchsen

7. + 8. Freiwilliger Vorbeschuss mit 1000 kp/cm²

9. + 10. Freiwilliger Vorbeschuss mit 1150 kp/cm²

ST. ETIENNE

11. Freiwilliger Voreschuss mit 1250 kp/cm²

N.A.

12. Zusatzzeichen für einzelne Läufe im Zusammenhang mit Zeichen 7 bis 11

13. Zusatzzeichen für Waffen ausländischen Fabrikats

St. Etienne	Paris	
	R	14. Wiederholungs- und Instandsetzungsbeschuss mit Schwarzpulver
		15. Wiederholungs-und Instandsetzungsbeschuss mit Nitropulver
		16. Verstärkter Wiederholungs- und Instandsetzungsbeschuss mit Nitropulver

2. Ergänzung

Zum 1. Januar 1993 wurde das Beschussamt in Paris aufgelöst. Die Nebenstellen in Issy-les-Moulineaux, Mulhouse und Hendaye, wurden dem Beschussamt in St. Etienne zugeordnet.

Im XXI. Sitzungsprotokoll der C.I.P. vom Juni 1990 wurde dann eine Zusammenstellung der neuen französischen Beschusszeichen veröffentlicht (siehe C.I.P.). Teilweise werden alte Stempel weiter verwendet, es kamen aber auch neue Stempel hinzu.

Später kamen dann noch der Stempel für die Zurückweisung von Waffen und den Beschuss für Stahlschrot hinzu.

Beschusszeichen:

Typenprüfung von waffenähnlichen Geräten

Wiederholungsbeschuss von Langwaffen mit gezogenen Läufen

ARR

Wiederholungsbeschuss von Kurzwaffen

R

Munitionskontrolle

C.I.P
BANC D'EPREUVE
ST ETIENNE

Zurückweisung von Waffen

R

Beschuss mit „Stahlschrot“ von Waffen mit glatten Läufen

Italien

Von den bedeutenden waffenherstellenden Ländern ist Italien wohl das einzige, wo sich ein Beschuss von Feuerwaffen in der Vergangenheit nicht feststellen lässt. Italien schloss sich erst 1920 den in der Konvention von Brüssel im Jahre 1914 vertretenen Ländern an und führte den Beschuss ein. Dieser war zuerst freiwillig, wurde aber laut königlichem Dekret vom 30. Dezember 1923, Nummer 3152, zu einem obligatorischen. Die Ausführungsverordnung dazu datiert vom 16. Oktober 1924, Nummer 2121. Sie ist auch heute noch in Kraft, nur wurden im Jahre 1951 die Stempel geändert, indem die Königskrone durch einen fünfzackigen Stern ersetzt wurde.

Bei der Einführung des Beschusses in Italien wurde eine Beschussanstalt in Brescia mit einer Zweigstelle in Gardone Val Trompia eingerichtet. Erstgenannte wurde 1930 zeitweilig nach Gardone überführt und ist inzwischen stillgelegt; die Beschussanstalt nebst Verwaltung nach Gardone Val Trompia überführt. Die 1951 neu eingeführten Stempel sind aber auch für Brescia vorgesehen.

Wie nicht anders zu erwarten, entspricht das italienische Beschussgesetz vollkommen den internationalen Bestimmungen, geht aber in einigen Punkten darüber hinaus, um sich den Bedingungen der Waffenerzeugung in Italien anzupassen. Wir wollen nur diese Punkte herausheben und uns im Übrigen auf die Beschreibung der Beschussstempel beschränken.

Der sonst meist übliche, manchmal allerdings nur freiwillige, vorläufige Beschuss der rohen Läufe – heute wohl meist nur noch der Prüfung des Laufmaterials dienend – war früher auch in Italien üblich. Heute wird er so gehandhabt, dass er mit dem endgültigen Beschuss der weißfertigen oder gebrauchsfertigen baskülierten Läufe zusammenfällt. Der Beschuss mit Schwarzpulver besteht seit 1931 nur noch für Vorderladergewehre, Hinterladerflinten werden nur noch für den Gebrauch mit rauchschwachem Pulver beschossen. Aus jedem Lauf werden zwei Schuss abgegeben, wovon der erste einen Druck von 900 kg/cm^2 in Läufen von Kaliber 16 aufwärts und Patronenlagern bis 70 mm Länge erzeugt und 1000 kg/cm^2 in den kleineren Kalibern. Für Läufe mit längeren Patronenlagern als 70 mm wird der Druck der Beschussladung entsprechend proportionell verstärkt. Auf den beschossenen Läufen werden das Laufkaliber in mm, das Gewicht beider Läufe, der Durchmesser und die Länge des Patronenlagers, der Durchmesser der Würgebohrung und der Beschussstempel geschlagen, auf der Basküle dagegen nur der Beschussstempel. Hier möchte ich gleich noch darauf aufmerksam machen, dass alle mit rauchschwachem Pulver in Italien beschossenen Waffen den Stempel „PSF“ tragen müssen, während mit Schwarzpulver beschossene den Stempel „PN“ tragen, wobei das N Schwarzpulver (pulvere nera) bedeutet, nicht wie sonst überall „Nitro“.

Gezogene Waffen werden mit Ladungen beschossen, die einen Überdruck entwickeln, der von 30 bis 50% über dem Druck liegt, den die stärkste Gebrauchspatrone entwickelt, deren Gebrauch nicht als gefahrbringend angenommen werden kann. Die Waffen müssen zum Beschuss vollkommen gebrauchsfertig eingeliefert werden. Für Faustfeuerwaffen wird der Beschussdruck auf einem besonderen Schein verzeichnet, der mit jeder beschossenen Faustfeuerwaffe mitgeliefert wird. Wir sehen hier in dieser Verfügung des italienischen Beschussgesetzes einen Vorläufer des deutschen Gesetzes von 1939, dessen Bestimmungen allerdings noch schärfer sind als die italienischen. Die Beschussmarken werden bei gezogenen Waffen mit langen Läufen hinten auf der unteren Laufseite und auf dem Verschluss aufgeschlagen.

Selbstladepistolen werden mit einem Schuss mit Beschussladung gefolgt von soviel Schuss mit normaler Handelsmunition beschossen, als das Magazin Patronen fasst. Revolver mit je einem Schuss mit Beschussladung aus jedem Patronenlager der Trommel. Die Beschussstempel werden auf Lauf und Gehäuse oder Trommel aufgeschlagen. Der Abnahmestempel kommt auf den Lauf. In Italien zählen auch die Entenkanonen zu den Handfeuerwaffen. Sie werden mit einer Schwarzpulverladung mit 30% Überdruck beschossen. Sie müssen zum Beschuss gebrauchsfertig sein. Die Beschussstempel werden auf Lauf und Verschluss geschlagen.

Die italienischen Beschussstempel

Brescia Gardone

Von 1923 bis 1950

Abnahmestempel, der Beschussanstalt, der auf alle Waffen, die den endgültigen Beschuss überstanden haben, aufgeschlagen wird.

Seit 1950

Von 1923 bis 1950

Seit 1950

Endgültiger Beschuss von Vorderladerflinten, der auf den Läufen, Basküle und Gehäuse der mit 620 kg/cm² beschossenen Waffen, die weißfertig vorgestellt werden, aufgeschlagen wird.

Von 1923 bis 1950

Seit 1950

Endgültiger Beschuss für Waffen, die gebrauchsfertig eingeliefert werden.

Brescia Gardone

Von 1923 bis 1950

Seit 1950

Rauchloser Beschuss glatter Läufe von Hinterladergewehren. Die Stempel werden auf Lauf und Verschluss geschlagen. Für weißfertig eingelieferte Flinten.

Von 1923 bis 1950

Seit 1950

Rauchloser Beschuss für gebrauchsfertig eingelieferte Flinten.

Von 1923 bis 1950

oder

Seit 1950

oder PSF

Schwarzpulver- oder rauchschwacher Beschuss gezogener Waffen.

Von 1923 bis 1950

Diesselben wie bei Flinten

Seit 1950

Diesselben wie bei Flinten

Schwarzpulver- oder rauchschwacher Beschuss von Pistolen mit glatten Läufen für Schrotpatronen. Diese werden mit denselben Ladungen beschossen und ebenso gestempelt wie die Hinteladerflinten derselben Kaliber.

Brescia Gardone

Von 1923 bis 1950

Seit 1950

Entenkanonen (Espingarden) werden mit Schwarzpulver mit 30% Überdruck beschossen. Die Stempel werden auf Lauf und Verschluss geschlagen.

Auswechselbare Läufe unterliegen demselben Beschuss wie die Waffen für die sie bestimmt sind. Sie müssen basküliert oder gebrauchsfertig mit dem dazugehörigen Kolben eingeliefert werden.

PN steht für Schwarzpulver
PSF steht für Nitropulver

Für den im Gesetz von 1923 vorgesehenen, heute aber nicht mehr angewandten, vorläufigen Beschuss glatter, roher Läufe waren folgende Stempel vorgesehen.

Von 1923 bis 1950

Für einzelne rohe Läufe

Seit 1950
Ein Stern im Kreis wie oben

Von 1923 bis 1950
Zwei Kronen

Für einzelne oder schon zusammengelötete, weißfertige Läufe

Seit 1950
Zwei Sterne wie oben

Zusammenfassung

Italienische rauchschwach beschossene Waffen sind, falls in gutem Zustande und mit dem Stempel „PSF“ versehen, ohne Weiteres mit für das betreffende Patronenlager passender deutscher rauchschwacher Munition zu gebrauchen.

Ergänzung

Am 2. November 1962 wurden einige Bestimmungen geändert und ergänzt. Neu eingeführt wurde der verstärkte Beschuss von Flinten und das zugehörige Beschusszeichen. Dieser verstärkte Beschuss ist für Flintenläufe mit Patronenlagern länger als 70 mm obligatorisch, kann aber auch bei 70 mm langen Lagern auf Wunsch durchgeführt werden. Der erhöhte Beschussdruck beträgt 1240 kp/cm^2. Waffen, die so geprüft sind, tragen das neue Zeichen:

PSF

☆	Vollchoke
☆☆	¾-Choke
☆☆☆	½-Choke
☆☆☆☆	¼-Choke
CL	Zylinderbohrung

2. Nachtrag

Entsprechend der Ergänzung des Beschusswesens kamen zu den aufgeführten italienischen Beschusszeichen, das Zeichen für die Munitionskontrolle und für den Beschuss für Stahlschrot hinzu.

Munitionskontrolle

Beschuss mit „Stahlschrot" von Waffen mit glatten Läufen

Russland

Die russische Waffenindustrie existiert seit dem 17. Jahrhundert. In den Fabriken war man damit beschäftigt, die Armeen Zar Peters des Großen auszurüsten. Eine Beschusspflicht gab es allerdings nicht – obwohl die Waffen geprüft wurden. Beschusszeichen oder Stempel wurden dabei allerdings nicht angebracht.

Die Waffenfabrik Tula war später anscheinend die einzige, die Waffen für den privaten Gebrauch herstellte und auch Beschusszeichen anbrachte. Kurz vor dem Ersten Weltkrieg existierten Pläne, auch in Russland die allgemeine Beschusspflicht einzuführen, doch der Weltkrieg und die Revolution machten diese wieder zunichte.

1920 wurde dann die Waffenfabrik in Tula und Ishevsk verstaatlicht, so dass die Regierung das Monopol für militärische und zivile Waffen hatte. Ab diesem Zeitpunkt wurde auch eine Beschusspflicht eingeführt, und zwar mit Schwarz- oder Nitropulver in der Reihenfolge: Vorbeschuss Schwarzpulver – Endbeschuss Schwarzpulver – Endbeschuss Nitropulver. Allerdings waren die Zeichen nicht einheitlich und wurden zudem oft gewechselt.

Gegenwärtig ist der Beschuss in Tula und Ishevsk einheitlich, nur werden teilweise etwas unterschiedliche Stempel verwendet. Der Beschuss von Flinten wird wie folgt durchgeführt:

Bei Doppelflinten wird jeder einzelne Lauf vor dem Zusammenlegen einem Nitrobeschuss unterworfen, wobei folgende Werte angesetzt sind:

Kaliber	Gasdruck	Gewicht der Schrotladung
12	930	35
16	980	30
20	1035	25

Bei einläufigen Flinten erfolgt diese Art von Vorbeschuss nicht, es wird lediglich der Nitroendbeschuss durchgeführt, wobei man folgende Werte zugrunde legt:

Kaliber	Gasdruck	Gewicht der Schrotladung
12	830	35
16	880	30
20	930	25
28	980	20
32	1035	15

Die Chokebohrung wird entweder durch Angaben des Laufdurchmessers und des Chokedurchmessers oder durch Symbole angegeben, wobei die Nummern folgende Bedeutung haben:

	Verengung in mm	
Nr. 1	0,25	¼-Choke
Nr. 2	0,50	½-Choke
Nr. 3	0,75	¾-Choke
Nr. 4	1,00	Voll-Choke
Nr. 5	1,25	Extra-Voll-Choke

Des Weiteren wird in Russland bei Flinten die Treffpunktlage und Streuung entsprechend der Choke überprüft, und zwar auf eine Scheibe mit 90 cm Durchmesser auf eine Entfernung von 35 m. Zur Überwachung der Qualität hat man in jeder Fabrik eine Kontrollabteilung eingerichtet, welche die Gebrauchstüchtigkeit überprüft. Manchmal werden auf den Waffen auch Angaben über Stahlqualität geschlagen.

Beschusszeichen der Waffenfabrik Tula vor 1917

Beschusszeichen der Waffenfabrik Tula und Ishevsk ab 1950

Vorbeschuss mit Schwarzpulver

Endbeschuss mit Schwarzpulver

УК

Stempel für den Endbeschuss, Prüfung der Treffpunktlage sowie Streuung

NITRO НИТРО (Н)

Б И Д П / 3,5 г

ИСПЫТАНЫ БЕЗД. ПОРОХ.

Endbeschuss mit Nitropulver

Kontrollstempel

До 700 ат

НЕ БОЛЕЕ 700 АТМ.

700 АТМ.

Angabe über den höchsten Gebrauchsgasdruck

⓬ 16k K16x70 12x70

70mm $\frac{70}{20,7}$ $\frac{12X70,1}{20,65}$

Kaliberangaben, Patronenlagermaße und Hülsenlänge

Angaben über Laufmaße und Chokebohrung

$\frac{16,9}{16,2}$	ЦИЛ	ЧОК	
¾-Choke	Zylinderbohrung	Voll-Choke	Voll-Choke

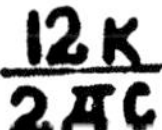

1/2 Ch. 1/2 Ch.

Zeichen der Waffenfabrik Tula

Zeichen der Waffenfabrik Ishevsk

Technische Kontrollmarken

Bezeichnung der verwendeten Stahlsorten

50РА 30ХН2 М[illegible]А 50-А 3ВХСА

Zeichen, dass für diese Waffe Papierpatronen vorgeschrieben sind

БУМ

Zur besseren Übersicht hier eine Skizze der Beschusszeichen bei einer Doppelflinte, die in Ishevsk hergestellt und beschossen wurde.

1. Vorbeschuss mit Schwarzpulver
2. Angabe über den Gebrauchsgasdruck
3. Endbeschuss mit Nitropulver
4. + 7. Angabe über Lauf- und Chokedurchmesser
5. Herstellungsjahr
6. Seriennummer mit Buchstaben davor
8. Firmenzeichen Ishevsk
9. Kaliberangabe

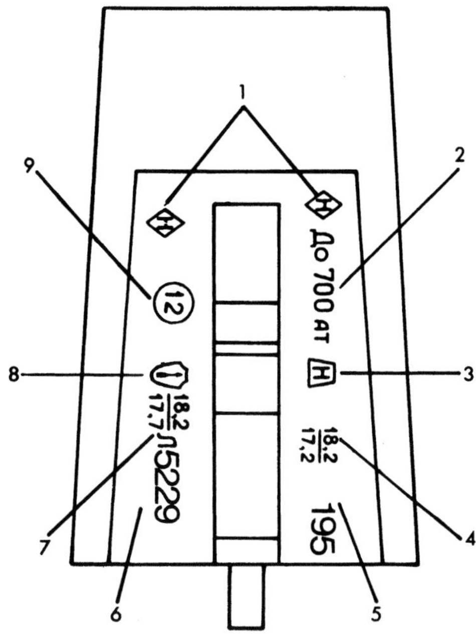

Nachtrag

In der Liste der Mitgliedsländer der C.I.P. vom 31. Dezember 1994 wird nun auch die Russische Föderation als Mitglied geführt. Dementsprechend wurden auch neue Beschusszeichen eingeführt.

Beschuss von Waffen und Munition
Beschussamt Ishevsk ab 1998

Beschuss von Waffen und Munition
Beschussamt Klimovsk ab 1996

Beschuss von Waffen und Munition
Beschussamt Krasnozavodsk

Beschuss mit „Stahlschrot" von Waffen
mit glatten Läufen

2. Nachtrag

In Klimovsk wurde ein neues, zweites Beschussamt eingerichtet. Es bezeichnet sich als Klimovsk II und verwendet als Amtszeichen den nachfolgenden Stempel:

Beschussamt Klimovsk II

Spanien

Spanische Historiker behaupten, dass schon am Anfang des 16. Jahrhunderts in Placencia in der Nähe von Eibar eine Art von Beschussanstalt existiert habe. Wie dem auch sei, jedenfalls ist später von derselben nichts mehr zu hören gewesen. Erst 1844 hörte man wieder von einer Beschussanstalt in Eibar, dem Zentrum der spanischen Waffenfabrikation. In einem Befehl der spanischen Regierung an die Stadt Eibar steht geschrieben, dass die Gebäude für eine Beschussanstalt für die Krone Spaniens kostenlos zu erbauen sind. Damals und in der Folgezeit war der Beschuss aber freiwillig und blieb es bis zum Jahre 1923, in dem sich Spanien den Beschlüssen der Brüsseler Konvention vom 14. Juli 1914 anschloss.

Damals hatte die spanische Waffenindustrie keinen guten Ruf. Inzwischen hat sich aber auch hier vieles geändert. Besonders spanische Flinten in den höheren Preislagen, die nach dem Weltkrieg hergestellt wurden, kann man als durchaus als gut bezeichnen. Bei billigeren Waffen, ebenso wie bei Revolvern und Selbstladepistolen, findet man aber immer noch ziemlich häufig die bekannte spanische Tendenz einer manchmal recht sinnreichen Systemvereinfachung und der Verwendung minderwertigen Materials für die inneren Teile. Die äußere Bearbeitung ist heute schon fast immer gut. Jedenfalls ist die spanische Waffenindustrie durchaus als wettbewerbsfähig auf dem Weltmarkt anzusehen. Schon allein durch die Konkurrenz im Inland bedingt, müssen die Hersteller ihre Erzeugnisse ständig bessern.

Beschussmarken der Beschussanstalt von Eibar vor dem Jahre 1923 in Gebrauch bis zum Jahre 1910

1. Vorläufiger Beschuss von Flintenläufen mit Schwarzpulver.

2. Vorläufiger Beschuss von Flintenläufen mit Schwarzpulver und endgültiger Beschuss von Vorderladerflinten.

3. Hinterladerflinten mit Verschlusshebel über dem Bügel müssen außer den Stempeln 1 und 2 noch diesen tragen.

4. Hinterladerflinten mit Verschlusshebel unter dem Vorderschaft müssen außer den Stempeln 1 und 2 noch diesen tragen.

5. Hinterladerflinten mit zwei oder mehr Laufhaken müssen außer den Stempeln 1 und 2 und gegebenenfalls 3 oder 4 noch diesen Stempel tragen. Er ist der endgültige Abnahmestempel für mit 750 kg/cm^2 Druck mit Schwarzpulver beschossene Hinterladerflinten.

6. Rauchloser Beschuss für Hinterladerflinten bei einem Druck von 850 kg/cm^2. Bevor Flinten diesem Beschuss unterworfen werden können, müssen sie den Schwarzpulverbeschuss ausgehalten haben und die Stempel 1, 2, 3 und 5 tragen.

7. Rauchloser Beschuss von Hinterladerflinten unter 900 kg/cm² Druck. Die Flinten müssen die Stempel 1, 2, 3 und 5 tragen.

Im Jahre 1910 wurden die Stempel Nummer 1, 2 und 4 durch folgende ersetzt:

8. Vorläufiger Beschuss der Flintenläufe mit Schwarzpulver (ersetzt Nummer 1).

9. Endgültiger Schwarzpulverbeschuss von Vorderladerflinten (ersetzt Nummer 2).

10. Endgültiger Schwarzpulverbeschuss für Hinterladerflinten mit Verschlusshebel unter dem Vorderschaft (ersetzt Nummer 4).

Beschussstempel der staatlichen Beschussanstalt in Eibar vom 18. Juli 1923 an bis zum 14. Dezember 1929

11. Einmaliger, endgültiger Schwarzpulverbeschuss von doppelläufigen Vorderladerflinten.

12. Einmaliger und endgültiger Schwarzpulverbeschuss glatter, einläufiger Hinterladerflinten (man vergleiche mit den Stempeln 22 und 23, mit denen dieser nicht zu verwechseln ist).

13. Einmaliger endgültiger Schwarzpulverbeschuss für doppelläufige Hinterladerwaffen mit gezogenen Läufen.

14. Einmaliger und endgültiger Schwarzpulverbeschuss für einläufige gezogene Hinterladerwaffen.

15. Stempel für den freiwilligen Beschuss von ein- und doppelläufigen Hinterladerflinten mit vom Einlieferer vorgeschriebenen verstärkten Ladungen. Heutzutage wird statt dieses Stempels der Druck in kg/cm^2 aufgeschlagen.

16. Einmaliger und endgültiger Beschuss von gezogenen Waffen vom Typ der Heereswaffen.

17. Einmaliger und endgültiger Beschuss von gewöhnlichen Pistolen, das heißt keine Selbstladepistolen.

18. Einmaliger und endgültiger Beschuss von Selbstladepistolen und Revolvern.

Obgleich die Regeln aus jener Zeit nichts darüber aussagen, ist anzunehmen, dass die Beschüsse Nummer 15 bis 17 auch für den Gebrauch der betreffenden Waffen mit rauchschwachem Pulver Geltung haben.

Beschussstempel der staatlichen Beschussanstalt Eibar im Gebrauch vom 14. Dezember 1929 bis 9. Juli 1931

Durch die Einführung der folgenden Stempel werden alle bisherigen (Nummer 1 bis 18) für null und nichtig erklärt, doch dürfen natürlich so gestempelte Waffen weiter gehandelt werden.

19. Annahmestempel der Beschussanstalt.

20. Damals existierte auch noch eine Zwergstelle der Beschussanstalt in Barcelona. Diese benutzte auf allen Lang- und Faustfeuerwaffen diesen Annahmestempel (Achtung – nicht mit dem späteren Nummer 34 verwecheln).

21. Endgültiger Schwarzpulverbeschuss für glatte Vorderladerflinten mit einem oder zwei Läufen. Dieser Beschuss findet statt unter einem Druck von mindestens 700 kg/cm^2. Die Waffe muss dazu vollkommen weißfertig in ihren endgültigen Abmessungen vorgestellt werden. Das Laufkaliber wird in mm und Zehntelmillimeter aufgeschlagen.

22. Vorläufiger Schwarzpulverbeschuss glatter Läufe für ein- und doppelläufige Hinterladerflinten einschließlich der Selbstlader. Die Läufe müssen zum Beschuss weißfertig, und im Falle von doppelläufigen einzeln oder schon fertig gelötet, innen fertig gebohrt, aber ohne Kammern und mit einer Schraube für den provisorischen Verschlussbolzen versehen, vorgestellt werden. Dieser Beschuss findet mit Beschuss-Schwarzpulver unter einem Druck von mindestens 850 kg/cm^2 statt. Auf die Läufe, die diesen Beschuss überstehen, wird der Stempel Nummer 22 und das Kaliber des Laufes in mm und Zehntelmillimeter geschlagen.

23. Endgültiger Beschuss für ein- oder doppelläufige Hinterladerflinten mit glatten Läufen, einschließlich der Selbstlader, die zum Beschuss vollständig fertig vorgestellt werden müssen.Das Laufkaliber darf das bei dem vorläufigen Beschuss aufgeschlagene um nicht mehr als $^4/_{10}$ mm übertreffen (vergleiche hierzu die belgischen und italienischen Bestimmungen, die $^2/_{10}$ mm betragen). Falls das neue Laufkaliber das bei dem vorläufigen Beschuss aufgeschlagene um $^4/_{10}$ mm übertrifft, gilt der vorläufige Beschuss als null und nichtig und muss für das neue Kaliber wiederholt werden. Dieser Beschuss findet mit einer mit Beschuss-Schwarzpulver geladenen Patrone statt – ein Schuss pro Lauf – die einen Druck von 620 kg/cm^2 entwickelt. Auf Lauf und Basküle der Waffen, die diesen Beschuss überstehen,

wird die Beschussmarke, das endgültige Kaliber in mm und Zehntelmillimeter, die Länge des Patronenlagers und das Gewicht des oder der Läufe geschlagen. Der Durchmesser der Würgebohrung oder der des Laufes an der Mündung wird in Spanien nicht aufgeschlagen. Selbstlader werden mit drei Schuss beschossen, von denen der erste einen Druck von 620 kg/cm^2 entwickelt, wenn die Waffe nur zum Gebrauch von Schwarzpulver bestimmt ist, oder aber 850 kg/cm^2, wenn rauchschwaches Pulver aus ihr geschossen werden soll, während die beiden letzten gewöhnliche Handelspatronen sind, die dazu dienen, das richtige Arbeiten des Verschlussmechanismus zu prüfen.

24. Einmaliger und endgültiger Beschuss gezogener Langwaffen aller Arten. Dieser Beschuss findet statt am vollständig fertigen Gewehr und besteht aus einem Schuss aus jedem Lauf mit einer Patrone, deren Druck 30% über der Gebrauchspatrone liegt – also nicht mit der stärksten Ladung, die sich ins Patronenlager einfuhren lässt, wie beim deutschen Gesetz von 1939. Selbstladebüchsen werden mit vier Schuss beschossen. Die betreffenden Beschusspatronen sind mit dem in der Waffe zum Gebrauch vorgesehenen Pulver so zu laden, dass sie einen Überdruck von 30% über dem mittleren normalen Druck entwickeln; die beiden letzten Patronen dagegen sind normal geladen. Falls in der Patronenhülse eine Ladung, die den erforderlichen Überdruck von 30% entwickelt, kein Platz ist, wird ein anderes, stärkeres Pulver verwendet. Als Geschoss dient das normale Gebrauchsgeschoss.

25. Beschuss der lang- und kurzläufigen sogenannten „Salonwaffen“, also das, was man in Deutschland als „Flobert“ bezeichnet. Der Beschuss findet statt mit einem Schuss Gebrauchspulver, mit dem die normale Hülse gefüllt wird. Sollte

das nicht möglich sein, so wird ebenso verfahren wie unter 24 beschrieben.

26. Stempel für den Schwarzpulverbeschuss von gezogenen Pistolen, Selbstlader ausgenommen. Der Beschuss wird mit zwei Schuss Beschuss-Schwarzpulver mit einem Überdruck von 30% über dem Druck der Gebrauchspatrone vorgenommen.

27. Beschussstempel für Revolver. Der Beschuss wird mit einem Schuss Beschusspulver in jedem Patronenlager der Trommel vorgenommen. Der Druck der Beschussladung muss 30% höher sein als der gebräuchlicher Handelspatronen desselben Kalibers einer anerkannten Marke.

28. Der Beschuss von Selbstladepistolen wird mit vier Patronen vorgenommen, wobei sowohl das verwendete Pulver wie auch das Geschoss denjenigen der Gebrauchsladung entsprechen müssen. Von diesen vier Patronen sind zwei Beschusspatronen, die genügend stark geladen sein müssen, um einen Überdruck von wenigstens 30% über den mittleren Gebrauchsdruck von Handelspatronen einer anerkannten Marke desselben Kalibers zu entwickeln. Die beiden anderen dagegen sind normale Handelspatronen.

29. Ein Stempel der auf Lang- und Faustfeuerwaffen geschlagen wird, die zu einem vollkommen standardisierten Typ gehören und die in allen ihren Teilen innerhalb der erforderlichen Toleranzen bleiben, um mit der handelsüblichen Munition richtig zu funktionieren, insoweit als dieses Funktionieren sich auf die Läufe und Patronenlager bezieht. Wenn die zu beschießenden Waffen aber von den allgemein angenommenen Typen abweichen, so wird von ihnen jedoch nicht das Einhalten gewisser Maße verlangt, sondern sie werden mit der vom

Hersteller gelieferten Munition beschossen, wobei ein Überdruck von 30% vorgeschrieben ist, falls die Waffen gezogene Läufe haben. (Der Sinn dieser etwas sehr gewundenen Bestimmungen besteht darin, dass man den Fabrikanten erlauben will, in Spanien nicht gebräuchliche Kaliber, also meist ausländische Kaliber herzustellen, die ihnen von irgendeiner Seite in Auftrag gegeben worden sind.)

30. Beschussstempel für rauchlos beschossene Flintenläufe, mit 850 kg/cm² Druck.

31. Stempel für verstärkten rauchlosen Beschuss von Flintenläufen, die dabei einem Druck von 900 kg/cm² unterworfen werden.

Die beiden unter 30. und 31. erwähnten Beschussarten sind freiwillig und werden nur auf besonderes Ersuchen des Einsenders vorgenommen. Falls die Waffe, die vorher den Beschuss nach Nummer 23 ausgehalten haben muss, den normalen (Stempel Nummer 30) oder verstärkten (Nummer 31) Beschuss mit rauchschwachem Pulver nicht aushalten sollte, so wird auch der vorhergehende obligatorische Beschuss mit Schwarzpulver annuliert und die Waffe als unbeschossen zurückgegeben oder unbrauchbar gemacht.

32. Ausländische Waffen, die nach Spanien eingeführt werden, müssen einen von der spanischen Regierung anerkannten ausländischen Beschussstempel tragen, um ohne neuen Beschuss eingeführt werden zu dürfen. Haben sie diesen nicht, so werden sie einer vorläufigen Untersuchung unterworfen und dann ihrer Art entsprechend mit der für den endgültigen Beschuss vorgeschriebenen Ladung beschossen. Nach der Prüfung werden Lauf und wichtigste Teile mit diesem Stempel versehen.

Beschussstempel der Staatlichen Beschussanstalt Eibar in Gebrauch ab 9. Juli 1931

33. Stempel, der den Annahmestempel der Beschussanstalt Nummer 19 ersetzt.

34. Die Zweigstelle in Barcelona, die seit dem Jahre 1935 nicht mehr existiert, benutzte in der Zeit zwischen 1931 und 1935 als Ersatz des Stempels Nummer 20 den hier abgebildeten. Bei den meist recht kleinen Abmessungen der Stempel auf den Läufen ist eine Verwechslung der beiden leicht möglich.

35. Endgültiger Beschuss für gezogene Pistolen ausgenommen Selbstlader. Dieser Stempel ersetzt die Nummer 26.

36. Ersatz für den Beschussstempel Nummer 29 für Waffen, die innerhalb bestimmter Toleranzen hergestellt worden sind.

37. Rauchschwacher Beschuss von Flintenläufen mit 850 kg/cm^2 Druck. Dieser Stempel ersetzt die Nummer 30, Der rauchschwache Beschuss von Flintenläufen ist weiter freiwillig.

Die Beschussanstalt in Eibar übernimmt auch auf Verlangen der Einsender die Kontrolle von Schrotpatronen, um deren ballistische Leistungen festzustellen. Die genauen Bedingungen dieser Proben werden auf Wunsch mitgeteilt.

Zusammenfassung

Spanische, für den Gebrauch von rauchschwachem Pulver beschossene Läufe, welche die Stempel Nummer 30 oder 37 und besonders den Stempel Nummer 31 tragen, sind, falls in gutem Zustand, ohne Weiteres mit deutscher, für das betreffende Patronenlager passender rauchschwacher Munition zu gebrauchen. Dasselbe gilt für spanische Selbstladepistolen, die den Stempel Nummer 28 tragen. Man muss jedoch bedenken, dass der Beschussstempel sich allein auf die Sicherheit beim Gebrauch der Waffe bezieht, nicht aber auf deren Leistungsfähigkeit und Robustheit. Alle spanischen Waffen dagegen, die ältere Stempel – auch für rauchlosen Beschuss – tragen, sollten vor einer eventuellen Ingebrauchnahme mit rauchschwachem Pulver von einem erfahrenen Büchsenmacher untersucht werden und eventuell noch einmal in Deutschland beschossen werden. Dies gilt insbesonder für Waffen, welche die Stempel Nummer 6 und 7 tragen.

Nachtrag

Auch Spanien musste im Zuge der Änderungen und Anforderungen die Prüfzeichen ergänzen. Das Zeichen des Beschussamtes Eibar ist nun auch das Zeichen der Munitionskontrolle, das Zeichen für den Beschuss für Stahlschrot und ein neues Zeichen als Typenprüfzeichen für Handfeuerwaffen.

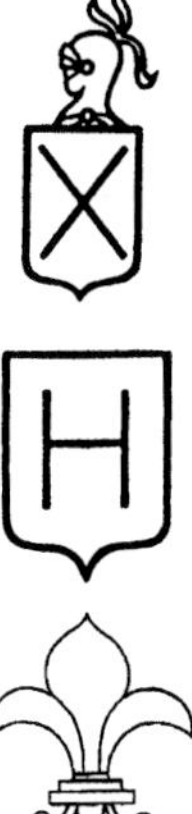

Zeichen des Beschussamtes Eibar
und Zeichen für die Munitionskontrolle

Prüfung bestimmter Handfeuerwaffen
und tragbarer Schussapparate

Beschuss mit „Stahlschrot" von Waffen
mit glattem Lauf

Vereinigte Arabische Emirate

Die Vereinigten Arabischen Emirate mit dem Beschussamt in Abu Dhabi im gleichnamigen Emirat Abu Dhabi haben sich der C.I.P. angeschlossen und sind seit November 2010 Mitglied.
Hier werden nun keine länderspezifischen Beschusszeichen verwendet, sondern die neuen Zeichen der C.I.P. im Sechseck. Der Hinweis auf das Beschussamt ist das Amtszeichen, das hier einen stilisierten Turm darstellt.

Amtszeichen vom Beschussamt Abu Dhabi	
Normaler Beschuss	CIP N
Verstärkter Beschuss bei Flinten	CIP S
Schwarzpulverbeschuss	CIP PN
Beschuss < Stahlschrot >	CIP
Typenzulassung	CIP T
Munitionsprüfung	CIP M

Dänemark

Beschuss-, Beschau-, Abnahme- oder Werkszeichen	
Herstellerzeichen vom Vaabenarsenalet (Königlich-Dänisches Arsenal)	VAR
Zulassungszeichen 1916	16
Zulassungszeichen 1924	24
Zulassungs- und Kontrollzeichen	
Name der Waffenfabrik 1915 bis 1922	HÆRENS TOJHUS
Name der Waffenfabrik 1922 bis 1932	HÆRENS RUSTKAMMER
Name der Waffenfabrik 1932 bis 1943	HÆRENS VAPENARSENAL

Stempel auf einer Selbstladeflinte Kaliber 12, Fabrikat Sjøgren, hergestellt vom Vaabenarsenalet (Königlich-Dänisches Arsenal); Herstellungsjahr 1906

S

Laufbeschuss bis 1933

Laufbeschuss ab 1933

DK

Waffe, beschossen und funktionsgeprüft

61

Schusswaffe, hergestellt vom Haerens Vaabenarsenalet (Kgl.-Dän.)

Schusswaffe, hergestellt vom Vaabenarsenale (Königlich-Dänisches Arsenal)

VA

Schweiz

Beschuss-, Beschau-, Abnahme- oder Werkszeichen

a) Kontrollstempel

Die Eidgenössische Waffenkontrolle wurde zu Beginn des Jahres 1864 erstmals durch die Wahl von Oberst Schmidt besetzt. Seine Tätigkeit übte er in der Schweizerischen Industrie-Gesellschaft in Neuhausen aus, weil in der damaligen Zeit die Eidgenossenschaft keine eigene Werkstätte besaß. Erst im Jahre 1871 beschloss der Bundesrat eine eigene Montierwerkstätte zu erstellen. Diese wurde Ende 1874 bezogen und der erste Oberkontrolleur, Oberst Schmidt, als Direktor gewählt. Ein Jahr später wurde die Montierwerkstätte in Eidgenössische Waffenfabrik umbenannt.

Der Kontrollstempel bestätigt die fehlerfreie Ausführung und Funktion einer Ordonnanzwaffe. Die nachfolgend aufgeführten Oberkontrolleure besaßen einen eigenen Kontrollstempel bis 1942, wobei der letzte Kontrolleur 1943 einen vom Bundesrat bewilligten Ordonnanzstempel einführte.

 1864 bis 1874	Oberst Schmidt
 1875 bis Mitte 1879	Oberst Werdmüller
 1879 bis 1912	Oberst Vogelsang
 1913 bis 1941	Oberst Mühlemann
 1942	Hauptmann Hauri
 1943	Eidgenössische Kontrollstempel, Waffenkontrolle

Das Kreuz bestätigt die Eidgenössische Ordonnanz. Weitere Kontrollstempel wurden für die Annahme oder den Ausschuss von Einzelteilen verwendet.

b) Beschussstempel

Dieser Stempel wurde erstmals bei den Infanterie-Gewehren 1889 angewendet und diente als Beweis dafür, dass die Waffe mit einer Überdruckpatrone beschossen wurde. (Sogenannter Tormentierbeschuss = circa ein Drittel höherer Druck als bei der Normalpatrone.) Dieser Stempel wird heute noch verwendet. Bei den Faustfeuerwaffen wurden die Revolver nie und die 7,65-mm-Parabellum-Pistolen erst ab dem Jahr 1906 mit Überdruckpatronen beschossen.

Amtliche Kontrollstempel

Jeder einzelne Bestandteil (Ausnahmen nachstehend) unterliegt der Kontrolle und Stempelung nach Vorschrift durch die Kontrolleure der Eidgenössischen Waffenfabrik, die dazu amtliche Stempel führen, und zwar:
a. die Annahme bezeichnend, an vorgeschriebener Stelle einzuschlagen;
b. die Verwerfung (Ausschuss) bezeichnend, an der für den Ausschuss verursachenden Stelle einzuschlagen.

Diese Kontrollstempel sind von bestimmter Form und Größe und tragen vom Kontrolleur den Anfangsbuchstaben des Namens. Sie sind mit dem eidgenössischen Kreuz versehen – ein Amtszeichen. Die Ausschussstempel tragen vor dem vorgenannten Buchstaben ein (= rebut).

Annahme- und Ausschuss-Stempel

 Annahme-Stempel (erhaben) für größere Metallteile

 Annahme-Stempel für Holzteile

 Ausschuss-Stempel für Metallteile

 Ausschuss-Stempel für Holzteile

Stempel der Übernahme-Kontrolle
Die Stempel der Übernahme-Kontrolleure der technischen Abteilung der eidgenössischen Kriegsverwaltung sind:

 Annahme-Stempel

 Ausschuss-Stempel

Von den amtlichen Kontrollstempel, deren Nachahmung oder anderweitiger Gebrauch untersagt ist, werden Abdrücke aufbewahrt.

Herkunftszeichen

Schweizer Kreuz, als Staatssymbol auf militärischen und zivilen Waffen

  Prüfzeichen der Waffenfabrik Bern

 Prüfzeichen der Waffenfabrik Bern

Schweden

Beschuss, - Beschau, - Abnahme- oder Werkszeichen

Zeichen der Husqvarna Vapenfabriks A.B.

Zeichen der Husqvarna Vapenfabriks A.B.

Fabrikbeschuss mit Nitropulver bei Husqvarna Vapenfabriks A.B.

Waffenfabrik Carl Gustavs Stads Geversfaktori

Zeichen für Vollchoke

Zeichen für kalt geschmiedeten Lauf

Kontrollzeichen

Kontrollzeichen

Kontrollzeichen

Verstärkter Beschuss

Norwegen

Beschuss-, Beschau-, Abnahme- oder Werkszeichen

Prüfzeichen der Stadt Kongsberg

Herstellerzeichen der Waffenfabrik Kongsberg

Abnahmezeichen der Waffenfabrik Kongsberg

Abnahmestempel

Holland

Beschuss-, Beschau-, Abnahme- oder Werkszeichen

Herkunftszeichen

Herkunftszeichen

Kontrollzeichen der Kontrolleure

Zulassungszeichen

HEMBRUG Zeichen der Waffenfabrik

Portugal

Beschuss-, Beschau-, Abnahme- oder Werkszeichen

Wappen auf Militärwaffen

Herkunftszeichen

Zeichen der Marine

Zeichen der Marine

Zeichen der Nationalgarde

Kennzeichnung von Militärwaffen

Polen

Beschuss-, Beschau-, Abnahme- oder Werkszeichen

F.B.RADOM — Herstellerzeichen

Herkunftszeichen

Kontrollstempel

Rückblick auf die Entstehung des Beschusswesens der Waffenstadt Suhl

Die Geschichte von Suhl im heutigen Thüringen reicht weit zurück. Im Jahre 1216 wird von einem Hof gesprochen, wo später Salzquellen und Eisenerz gefunden wurde. In einem Dokument der Grafen Wilhelm und Heinrich von Henneberg wird 1437 ein Hammer (Schmiedehammer) aufgeführt. Der Bergbau ermöglichte das Entstehen einer Gewehrfabrik und Fürst Ernst von Henneberg erlaubte 1563 den Büchsenmachern seines Landes eine Innung. Streitigkeiten über schlechte Ware und deren Händler führten am 10. Dezember 1666 zu einem Vertrag, in dem von der Herstellung bis zum Verkauf alles neu geregelt wurde.

Nachfolgend einige Auszüge aus dem „Extrakt aus der Handlungs-Verbesserung ergangenen Verordnung“ des Fürstl. Naumburgischen Ober-Amtmannes, Suhl, vom 19.Dezember 1669, die den Beschuss betreffen:

„Extrakt aus der in der Handlungs-Verbesserung ergangenen Verordnung“

XV.
„Zum Beschießen sollen tüchtige Persohnen mit des Amtes Vorwissen erwählet werden, welche jederzeit tüchtig Pulver gebrauchen, und das untüchtige, ohne Ansehen der Person verschlagen.“

XVI.
„Die Beschießmaase sollen bey denen Mousqueten Kugelschwer seyn, ein Verschlag auf das Pulver gethan und die Kugel mit dem Stempel eingeschlagen werden.“

XVII.
„Pistol, und Carabinerrohre sollen mit keinen anderen als guten Pirst Pulver beschossen und zum Versuch dazu? der Kugelschwer gebraucht werden.“

XVIII.
„Dic Rohre sollen, ehe sie beschossen werden, mit den Schwanz Schrauben, Gesicht und Haft richtig ausgemacht seyn."

XIX.
„Gelötethe Rohre sollen, wenn sie die Prob wieder aushalten, passiert, zum andermal aber nicht gelöthet werden."

XX.
„Kein Rohrschmied soll bey Beschißung seiner Rohre seyn."

XXI.
„Beschieß Meister sollen die Rohre aufs fleißigste, besonders ob selbige loß-gegangen, besehen."

(Aus: „Die Gewehrfabrik in Suhl" von Heinrich Anschütz, 1811, Reprint 1986, Leipzig)

Notizen:

Notizen: